建筑设备类专业系列教材

建筑电气消防技术

主编　侯文宝　李德路　张　刚

江苏大学出版社
JIANGSU UNIVERSITY PRESS
镇　江

图书在版编目(CIP)数据

建筑电气消防技术 / 侯文宝,李德路,张刚主编
. — 镇江:江苏大学出版社,2021.1(2024.1 重印)
ISBN 978-7-5684-1462-3

Ⅰ. ①建… Ⅱ. ①侯… ②李… ③张… Ⅲ. ①建筑物 – 电气设备 – 防火系统 – 教材 Ⅳ. ①TU892

中国版本图书馆 CIP 数据核字(2020)第 259484 号

建筑电气消防技术
Jianzhu Dianqi Xiaofang Jishu

主　　编/侯文宝　李德路　张　刚
责任编辑/张小琴
出版发行/江苏大学出版社
地　　址/江苏省镇江市京口区学府路 301 号(邮编:212013)
电　　话/0511-84446464(传真)
网　　址/http://press.ujs.edu.cn
排　　版/镇江文苑制版印刷有限责任公司
印　　刷/镇江文苑制版印刷有限责任公司
开　　本/787 mm×1 092 mm　1/16
印　　张/12. 75
字　　数/305 千字
版　　次/2021 年 1 月第 1 版
印　　次/2024 年 1 月第 5 次印刷
书　　号/ISBN 978-7-5684-1462-3
定　　价/48.00 元

如有印装质量问题请与本社营销部联系(电话:0511-84440882)

前言

Preface

现代建筑的特点是规模大、高度高、功能多、装修档次高、产生火灾因素多、易燃物品多，火灾发生时蔓延迅速、扑救难度大，如不能有效预防和灭火，极易造成巨大的财产损失和人员伤亡。因此，必须加强消防队伍的建设和配备完善的消防设施。发生火灾时，应能够及早知道，迅速灭火和抢救，最大限度地避免和减少火灾所造成的人员伤亡及财产损失。火灾自动报警系统，就是设置在建筑物内部，用于发现、确认、传递火灾信息，联动控制灭火及减灾，及时有效地隔离、扑灭火灾，组织人员安全撤离的设施和设备。

本书作为高职高专建筑智能化工程技术专业主干课程的教材，在编写方面，为体现教学改革和课程改革精神，认真选取和组合教材内容。主要体现在：第一，课程内容的实用性强。本书将火灾自动报警系统的基础知识、常用设施设备、工程设计、安装调试与检测，以及消防相关资质考试训练等内容进行了有机的组合，形成了一个较完整的体系，为教学组织和学生的学习提供了方便。第二，本书在内容的选取方面体现了职业教育的特点，强调理论的应用性，以必需、够用为度，尽量通俗易懂，避免过广、过深，注重技能训练，紧密结合工程实际，充分体现以能力为本位的职业教育理念。第三，注重反映消防技术领域的新知识、新技术、新产品，严格贯彻国家及行业的最新标准和规范。

全书按60～80学时讲授，每个项目结尾有项目小结和复习思考题供读者复习巩固之用。

全书共6个项目，由江苏建筑职业技术学院侯文宝、李德路、张刚主编，吴玮参与了编写工作。

本书在编写过程中参考了大量的技术资料和书刊，吸取了许多有益的知识，并引用了部分材料，在此向各位作者致以衷心的感谢。

由于编者水平有限，书中内容难免有不妥之处，敬请各位同行、专家和广大读者批评指正。

编　者

2020年9月

目录

Contents

项目 1　建筑消防认知

1.1　建筑消防系统认知

消防自动化系统

1.1.1　消防系统的形成和发展

早期的防火、灭火都是人工实现的。当发生火灾时，立即组织人工在统一指挥下采取一切可能措施迅速灭火，这是早期消防系统的雏形。随着科学技术的发展，人们逐步学会使用仪器监视火情，用仪器发出火警信号，然后在人工统一指挥下，用灭火器械灭火。这是较为发达的消防系统，即自动报警、人工消防。在规模不大的场所应用这种消防系统可以降低建设成本，同时达到消防目的。然而，现代化的大楼越来越向高层发展，在高层、超高层建筑中，人员及物资的疏散非常不便，加之很多高层建筑都是裙楼围绕主楼的形式，主楼一旦发生火灾，消防车辆难以接近，消防人员扑救也相当困难。因此，在现代化的大楼中必须设置自动报警、自动消防系统，即消防系统。

消防系统无论从器件、线制还是类型的发展来看，大体经历过传统型和现代型两种。

1. 传统型消防系统

传统型消防系统主要是指开关量多线制系统，其主要特点是简单、成本低，但有以下明显的不足：① 因为火灾判断依据仅仅是根据所探测的某个火灾现象参数是否超过其自身设定值（阈值）来确定是否报警，所以无法排除环境和其他因素的干扰。② 性能差、功能少，无法满足发展需要。例如，多线制系统费钱、费力；不具备现场编程能力；无法自动探测系统重要组件的真实状态；不能自动补偿探测器灵敏度的漂移；当线路短路或开路时，不能切断故障点，缺乏故障自诊断、自排除能力；电源功耗大等。

2. 现代型消防系统

现代型消防系统主要是指可寻址总线制系统及智能系统。其中，总线制系统中的二总线制系统尤其被广泛使用。其优点有：省钱、省工；所有的探测器均并联到总线上；每只探测器均设置地址编码；可连接带地址码模块的手动报警按钮、水流指示器及其他中继器等；增设了可现场编程的键盘；具有系统自检和复位功能；具有火灾地址和时钟记忆与显示功能：具有故障显示功能；具有探测点开路、短路时的隔离功能；能准确确定火情部位，增强火灾探测或判断火灾发生的能力等。而智能火灾报警系统中探测器具有智能功能，对火灾信号进行分析和智能处理，做出恰当的判断，然后将这些判断信息传给控制器。控制器相当于人脑，既能接收探测器送来的信息，也能对探测器的运行状态进行监视和控制。由于探测部分和控制部分的双重智能处理，系统的运行能力大大提高。

目前，消防系统中还具有无线火灾自动报警系统，这是最新产品。无线火灾自动报警系统由传感发射机、中继器及控制中心三大部分组成，并以无线电波为传播媒体。探测部分与发射机合成一体，由高能电池供电，每个中继器只接收自己组内的传感发射机信号。当中继器接收到某传感器的信号时，进行地址对照，一致时判读接收数据并通过中继器将信息传给控制中心，控制中心显示信号。此系统具有节省布线费用及工时、安装开通容易的优点，适用于不宜布线的楼宇、工厂、仓库等，也适用于改造工程。

纵观火灾自动报警系统的发展史，消防产品不断更新换代，使火灾报警系统发生了一次次变革。未来火灾探测及报警技术的发展将呈现误报率不断降低、探测性能越来越完善的趋势。

1.1.2 消防系统的组成

消防系统主要由两大部分组成：一部分为感应机构，即火灾自动报警系统；另一部分为执行机构，即消防联动控制系统，如图 1-1 所示。

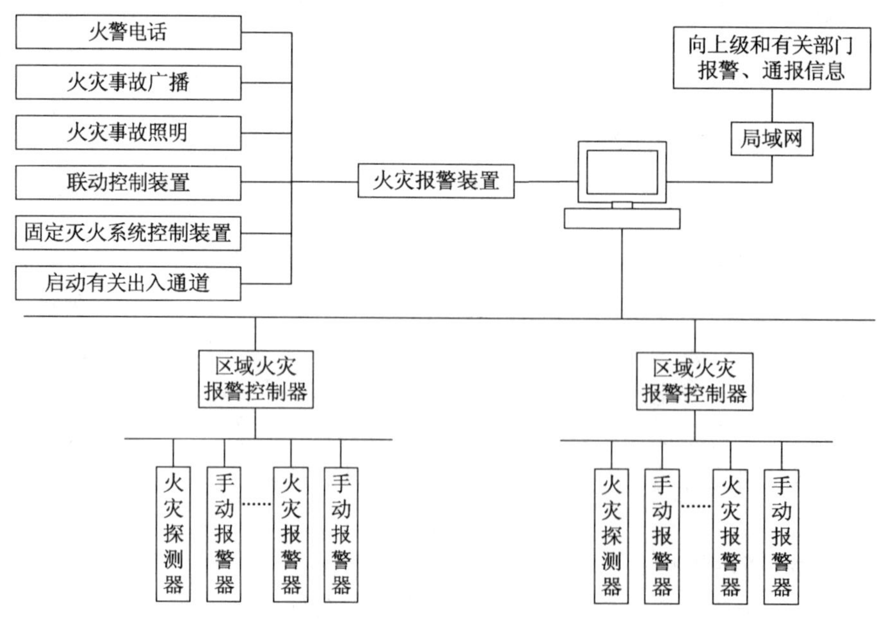

图 1-1 消防系统的构成

火灾自动报警系统在现场由感烟探测器、感温探测器、紫外火焰探测器、手动报警按钮及火灾显示盘、声光讯响器等组成。监控室包括火灾报警控制器、CRT 图形显示系统等设备。联动系统有火灾事故照明及疏散指示标志、消防专用通信系统及防排烟设施等，均是为发生火灾时人员能较好地疏散、减少伤亡所设。与现场消防设备相关的消防联动控制装置主要有：室内消火栓灭火系统的控制装置；自动喷水灭火系统的控制装置；卤代烷、二氧化碳等气体灭火系统的控制装置；电动防火门、防火卷帘等防火分割设备的控制装置；通风、空调、防排烟设备及电动防火阀的控制装置；电梯的控制装置、断电控制装置；备用发电控制装置；火灾事故广播系统及其设备的控制装置；消防通信系统，火警电铃、火警灯等现场声光报警控制装备；事故照明装置；等等。

消防系统的主要功能：在火灾发生时，自动捕捉火灾探测区域内的烟雾或热气，然后发出声光报警并控制自动灭火系统；同时联动其他设备的输出接点，控制事故照明及疏散标记、事故广播及通信、消防给水和防排烟设施，实现自动化的监测、报警和灭火。

1.1.3　消防系统的分类

按消防方式的不同，消防系统可分为两种类型。

1. 自动报警、自动消防

火灾发生时可自动喷洒水进行消防，而且在消防中心的报警器附近设有直接连接消防部门的电话。消防中心在接到火灾报警信号后，立即发出疏散通知（利用紧急广播系统），并启动消防泵和电动防火门等消防设备，从而实现自动报警、自动消防。

2. 自动报警、人工消防

中等规模的旅馆在客房等处均设置火灾探测器。当发生火灾时，本层服务台处的火灾报警器就会发出信号，同时总服务台将显示出某一层（或某分区）发生火灾，消防人员根据报警情况进行消防。

1.2　火灾形成过程

1.2.1　火灾形成原理

火灾就是在时间和空间上失去控制的燃烧所造成的灾害。火灾形成的过程是一种发光、放热的复杂化学现象，是物质分子游离基的一种连锁反应。物质燃烧过程的发生和发展必须具备三个必要条件，即可燃物、氧化剂和温度（引火源），只有这三个条件同时具备且相互作用才能发生燃烧。

1. 可燃物

凡是能与空气中的氧或其他氧化剂起燃烧化学反应的物质称为可燃物。可燃物按物理状态可分为气体可燃物、液体可燃物和固体可燃物三种。可燃物大多是含碳和氢的化合物，某些金属（如镁、铝、钙等）在一定条件下也可以燃烧。

2. **氧化剂**

帮助和支持可燃物燃烧的物质，即能与可燃物发生氧化反应的物质称为氧化剂。燃烧过程中的氧化剂主要是空气中游离的氧，另外氟、氯等也可以作为燃烧反应的氧化剂。

3. **温度(引火源)**

温度（引火源）是指供给可燃物与氧或助燃剂发生燃烧反应的能量来源。常见的温度（引火源）是热能，其他的还有化学能、电能、机械能等转变的热能。

物体燃烧一般要经过阴燃、充分燃烧和衰减熄灭三个阶段，燃烧过程特征曲线（也称温度时间曲线）如图 1-2 所示。在阴燃阶段（即 *AB* 段），主要是预热温度升高，并生成大量可燃气体的烟雾。由于是局部燃烧，室内温度不高，因此容易灭火。在充分燃烧阶段（即 *BC* 段），除产生烟以外，还伴有光、热辐射等，一般火势猛且蔓延迅速，室内温度急速升高，可达 1 000 ℃左右，难以扑灭。在衰减熄灭阶段（即 *CD* 段），室内可燃物已基本燃尽而自行熄灭。燃烧特征可用图 1-3 所示的框图表示。

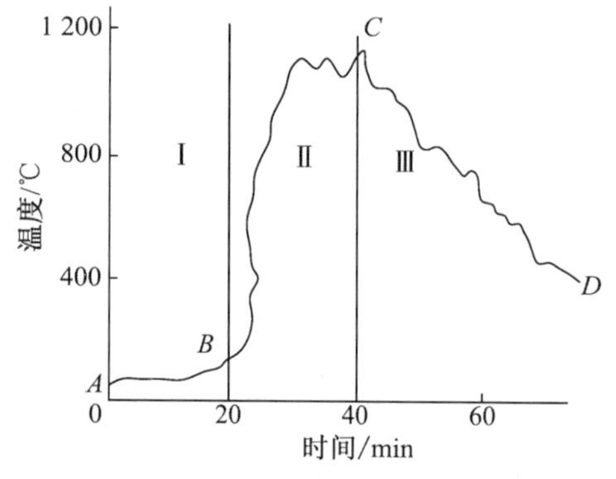

图 1-2　燃烧过程特征曲线（温度—时间曲线）

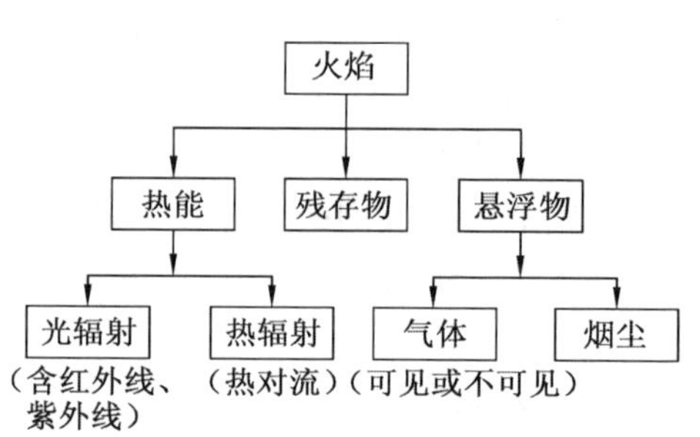

图 1-3　燃烧特征框图

在火灾发展的三个阶段中，燃烧的条件决定了每阶段的持续时间及达到某阶段的温度值。为了制定防火措施，世界各国都相继进行了科学的建筑火灾实验，并概括地制定了一个能代表一般火灾温度发展规律的标准，即温度—时间曲线。我国制定的标准火灾温度—时间曲线为制定防火措施及设计消防系统提供了参考依据。曲线值见表 1-1。

表 1-1　标准火灾温度曲线值

时间/min	温度/℃	时间/min	温度/℃
5	535	90	975
10	700	180	1 050
15	750	240	1 090
30	840	360	1 130
60	925		

1.2.2　造成火灾的原因

1. 人为火灾

工作和生活中的疏忽是造成火灾的直接原因。例如，学生玩火引起的火灾在寒暑假期间时有发生；电工带电维修设备不慎产生的电火花可引起火灾；建筑内乱接临时电源、滥用电加热器等可造成火灾；随便乱扔烟头、在床上吸烟、酒后吸烟、在危险场所吸烟可引起火灾；等等。

2. 可燃气体燃烧造成火灾

可燃性气体（包括可燃、易燃性液体蒸气）与空气混合达到一定浓度时，如遇到明火可发生燃烧或爆炸。可燃气体燃烧不像固体、液体那样经过融化、蒸发的过程，而是在常温下就具备了直接与氧结合的条件。可燃气体在燃烧时所需要的热量仅用于氧化或分解气体，或将气体加热到燃点，所以容易燃烧。一旦着火，其燃烧速度很快就会达到最大数值，直至燃尽。

可燃气体、蒸气或粉尘与空气混合后，遇火源产生爆炸的最高或最低浓度称为爆炸极限。能发生爆炸的最高浓度为爆炸上限，能发生爆炸的最低浓度为爆炸下限。当爆炸性混合物的浓度高于爆炸上限或低于爆炸下限时，都不会发生着火或爆炸。

在高层建筑和建筑群体中，可燃物多、用电量大、配电管线较集中，因此电气绝缘损坏或雷击等都可能引起火灾。在设计消防系统时，应针对可燃物的燃烧条件和现场实际情况，采取防火、防爆的具体措施。

3. 可燃固体燃烧造成火灾

可燃固体受热时，先蒸发出水分，当温度达到或超过一定限值时才开始分解出可燃气体，因此可燃固体从受热到燃烧需要较长的时间。分解出的可燃气体一旦遇到明火，便开始与空气中的氧气进行激烈的化学反应，并发光、放热，产生二氧化碳气体，这就是可燃固体的燃烧。可燃固体燃烧时的最低温度称为该可燃固体的燃点，部分可燃固体的燃点见表1-2。

表1-2　可燃固体的燃点

名称	燃点/℃	名称	燃点/℃
涤纶纤维	390	麻绒	150
松木	270～290	棉花	150
黏胶纤维	235	橡胶	130
棉布	200	纸张	130

木材、稻草、粮食、煤炭等可燃固体具有自燃现象。以木材为例，当受热超过100 ℃时木材就开始分解出可燃气体，同时释放出少量热能；当温度达到260～270 ℃时，释放出的热能剧烈增加，这时即使撤走外界热源，木材仍可依靠自身产生的热能来提高温度，并使其温度超过燃点温度而达到自燃温度，发生燃烧。

4. 可燃液体燃烧造成火灾

可燃液体在常温下挥发的速度有所不同。可燃液体是靠蒸发（汽化）燃烧的，所以挥发快的可燃液体要比挥发慢的可燃液体危险。在低温条件下，可燃液体与空气混合达到一定浓度时，遇到明火就会出现“闪燃”，此时的最低温度叫作闪点温度。闪点温度小于或等于45 ℃的液体称易燃性液体，闪点温度大于45 ℃的液体称为可燃性液体。部分易燃液体的闪点温度见表1-3。

表1-3 部分易燃液体的闪点温度

名称	闪点温度/℃	名称	闪点温度/℃
醋酸乙醇	+1	苯	−14
甲苯	+1	丙酮	−20
甲醇	+7	乙醚	−45
吡啶	+20	二硫化碳	−45
二氯乙烷	+21	石油醚	−50
氯乙烷	+38	汽油	−58～+10

由表1-3可知，易燃液体的闪点温度都很低。液体蒸发汽化时的温度如果低于闪点温度，则挥发速度较慢，闪燃持续时间很短；当温度继续上升到大于闪点温度时，挥发速度将加快，这时遇到明火就有燃烧爆炸的危险。因此，闪点是可燃、易燃液体燃烧的前兆，是确定液体火灾危险程度的主要依据。闪点温度越低，发生火灾的可能性越大，此时就需要加强防火措施。

5. 电气事故造成火灾

现代高层建筑中，用电设备多，电气系统复杂，用电量大，负荷密度高，火灾隐患多。例如电气设备安装不良，长期过载工作，电气设备的电气绝缘被破坏，电气线路短路，防雷接地不合要求，接地装置年久失修、未按时更换等也能造成火灾。

上述火灾中，固体物质火灾为A类火灾，液体火灾或可焙化的固体物质火灾为B类火灾，气体火灾为C类火灾，金属火灾为D类火灾，带电物体燃烧的火灾称为带电火灾。只要切断火灾蔓延的路径，将火灾控制在局部地区，就可避免形成大火而殃及整个建筑物。

1.3 建筑的特点及相关区域的划分

1.3.1 建筑分类和耐火等级的划分

1. 建筑分类

民用建筑根据其建筑高度和层数可分为单层民用建筑、多层民用建筑和高层民用建筑。高层民用建筑根据其建筑高度、使用功能和楼层的建筑面积可分为一类和二类民用建筑。民用建筑的分类应符合表1-4中的规定。

表 1-4　民用建筑的分类

名称	高层民用建筑		单、多层民用建筑
	一类	二类	
住宅建筑	建筑高度大于54 m的住宅建筑（包括设置商业服务网点的住宅建筑）	建筑高度大于27 m，但不大于54 m的住宅建筑（包括设置商业服务网点的住宅建筑）	建筑高度不大于27 m的住宅建筑（包括设置商业服务网点的住宅建筑）
公共建筑	① 建筑高度大于50 m的公共建筑； ② 建筑高度在24 m以上部分任一楼层建筑面积大于1 000 m^2 的商店、展览、电信、邮政、财贸金融建筑和其他多种功能组合的建筑； ③ 医疗建筑、重要公共建筑、独立建造的老年人照料设施； ④ 省级及以上的广播电视和防灾指挥调度建筑、网局级和省级电力调度建筑； ⑤ 藏书超过100万册的图书馆、书库	除一类高层公共建筑外的其他高层公共建筑	① 建筑高度大于24 m的单层公共建筑； ② 建筑高度不大于24 m的其他公共建筑

注：表中未列入的建筑，其类别应根据本表类比确定。

2. 耐火等级的划分

建筑构件按温度—时间标准曲线进行耐火试验。从受到火的作用时起，到失去支撑能力、完整性被破坏或失去隔火作用时止的这段时间，称为建筑构件的耐火极限，用小时（h）表示。

民用建筑的耐火等级可分为一、二、三、四级，其建筑构件的燃烧性能和耐火极限不应低于表1-5中的规定。

表 1-5　建筑构件的燃烧性能和耐火极限

构件名称		耐火等级			
		一级	二级	三级	四级
墙	防火墙	不燃性 3.00	不燃性 3.00	不燃性 3.00	不燃性 3.00
	承重墙	不燃性 3.00	不燃性 2.50	不燃性 2.00	难燃性 0.50
	非承重外墙	不燃性 1.00	不燃性 1.00	不燃性 0.50	可燃性
	楼梯间和前室的墙、电梯井的墙、住宅建筑单元之间的墙和分户墙	不燃性 2.00	不燃性 2.00	不燃性 1.50	难燃性 0.50
	疏散走道两侧的隔墙	不燃性 1.00	不燃性 1.00	不燃性 0.50	难燃性 0.25
	房间隔墙	不燃性 0.75	不燃性 0.50	难燃性 0.50	难燃性 0.25

续表

构件名称	耐火等级			
	一级	二级	三级	四级
柱	不燃性 3.00	不燃性 2.50	不燃性 2.00	难燃性 0.50
梁	不燃性 2.00	不燃性 1.50	不燃性 1.00	难燃性 0.50
楼板	不燃性 1.50	不燃性 1.00	不燃性 0.50	可燃性
屋顶承重构建	不燃性 1.50	不燃性 1.00	可燃性 0.50	可燃性

（1）民用建筑的耐火等级应根据其建筑高度、使用功能、重要性和火灾扑救难度等确定，并应符合下列规定：

① 地下或半地下建筑（室）和一类高层建筑的耐火等级不应低于一级；

② 单、多层重要公共建筑和二类高层建筑的耐火等级不应低于二级。

（2）建筑高度大于 100 m 的民用建筑，其楼板的耐火极限不应低于 2.00 h。

一、二级耐火等级建筑的上人平屋顶，其屋面板的耐火极限分别不应低于 1.50 h 和 1.00 h。

（3）一、二级耐火等级建筑的屋面板应采用不燃材料。屋面防水层宜采用不燃、难燃材料。当采用可燃防水材料且铺设在可燃、难燃保温材料上时，防水材料或可燃、难燃保温材料应采用不燃材料作防护层。

（4）二级耐火等级建筑内采用难燃性墙体的房间隔墙，其耐火极限不应低于 0.75 h；当房间的建筑面积不大于 100 m^2 时，房间隔墙可采用耐火极限不低于 0.50 h 的难燃性墙体或耐火极限不低于 0.30 h 的不燃性墙体。

二级耐火等级多层住宅建筑内采用预应力钢筋混凝土的楼板，其耐火极限不应低于 0.75 h。

（5）当建筑中的非承重外墙、房间隔墙和屋面板确需采用金属夹芯板材时，其芯材应为不燃材料。

（6）二级耐火等级建筑内采用不燃材料的吊顶，其耐火极限不限。

三级耐火等级中的医疗建筑、中小学校的教学建筑、老年人照料设施及托儿所、幼儿园的儿童用房和儿童游乐厅等儿童活动场所的吊顶，应采用不燃材料；采用难燃材料时，其耐火极限不应低于 0.25 h。

二级和三级耐火等级建筑的门厅、走道的吊顶应采用不燃材料。

（7）建筑内预制钢筋混凝土构件的节点外露部位，应采取防火保护措施，且节点的耐火极限不应低于相应构件的耐火极限。

1.3.2　相关区域的划分

报警区域

1. 报警区域

报警区域是指人们在设计中将火灾自动报警系统的警戒范围按防火分区或楼层划分的部分空间，是设置区域火灾报警控制器的基本单元。报警区域的划分应符合下列规定：

（1）报警区域应根据防火分区或楼层划分。可将一个防火分区或一个楼层划分为一个报警区域，也可将发生火灾时需要同时联动消防设备的相邻几个防火分区或楼层划分为一个报警区域。

（2）电缆隧道的一个报警区域宜由一个封闭长度区间组成，一个报警区域不应超过相连的3个封闭长度区间；道路隧道的报警区域应根据排烟系统或灭火系统的联动需要确定，且不宜超过150 m。

（3）甲、乙、丙类液体储罐区的报警区域应由一个储罐区组成，每个50 000 m^3及以上的外浮顶储罐应单独划分为一个报警区域。

（4）列车的报警区域应按车厢划分，每节车厢应划分为一个报警区域。

2. 探测区域

探测区域

（1）探测区域是将报警区域按探测火灾的部位划分的小单元。探测区域的划分应符合下列规定：

① 探测区域应按独立房（套）间划分。一个探测区域的面积不宜超过500 m^2。从主要入口能看清其内部，且面积不超过1 000 m^2的房间也可划为一个探测区域。

② 红外光束线型感烟火灾探测器的探测区域长度不宜超过100 m，缆式感温火灾探测器的探测区域长度不宜超过200 m，空气管差温火灾探测器的探测区域长度宜在20～100 m之间。

（2）符合下列条件之一的二级保护对象，可将几个房间划为一个探测区域。

① 相邻房间不超过5间，总面积不超过400 m^2，并在门口设有灯光显示装置。

② 相邻房间不超过10间，总面积不超过1 000 m^2，在每个房间门口均能看清其内部，并在门口设有灯光显示装置。

（3）下列场所应单独划分探测区域：

① 敞开或封闭的楼梯间。

② 防烟楼梯间前室、消防电梯前室、消防电梯与防烟楼梯间合用的前室。

③ 走道、坡道、管道井及电缆隧道。

④ 建筑物闷顶、夹层。

3. 防火分区

（1）高层建筑内应采用防火墙等划分防火分区，每个防火分区允许最大建筑面积不应超过表1-6的规定。

表 1-6 每个防火分区的允许最大建筑面积

建筑类别	每个防火分区建筑面积 /m^2
一类建筑	1 000
二类建筑	1 500
三类建筑	500

（2）当高层建筑内的商业营业厅、展览厅等设有火灾自动报警系统和自动灭火系统且采用不燃烧或难燃烧材料装修时，地上部分防火分区的允许最大建筑面积为 4 000 m^2，地下部分防火分区的允许最大建筑面积为 2 000 m^2。

（3）当高层建筑与其裙房之间设有防火墙等防火分隔设施时，其裙房的防火分区允许最大建筑面积不应大于 2 500 m^2；当设有自动喷水灭火系统时，防火分区允许最大建筑面积可增加一倍。

（4）高层建筑内设有上下层相连通的走廊、敞开楼梯、自动扶梯、传送带等开口部位时，应按上下连通层作为一个防火分区，其允许最大建筑面积之和不应超过表 1-6 中的规定。当上下开口部位设有耐火极限大于 3 h 的防火卷帘或水幕等分隔设施时，其面积可不叠加计算。

（5）高层建筑中庭防火分区面积应按上、下层连通的面积叠加计算，当超过一个防火分区面积时，应符合下列规定：

① 房间与中庭回廊相通的门、窗应设自行关闭的乙级防火门、窗。

② 与中庭相通的过厅、通道等应设乙级防火门或耐火极限大于 3 h 的防火卷帘分隔。

③ 中庭每层回廊应设有自动喷水灭火系统。

④ 中庭每层回廊应设有火灾自动报警系统。

4. 防烟分区

防烟分区是指在设置排烟措施的过道、房间中，用隔墙或其他措施（可以阻拦和限制烟气流动）分隔的区域。

建筑物发生火灾时，烟气会在建筑物内不断流动扩散传播，烟气中的有毒气体会在短时间内致人死亡，火灾时物质燃烧也会产生大量热量，使烟气温度迅速升高，金属材料强度降低，从而导致结构倒塌、人员伤亡。另外，当光线通过烟气时，光强度会减弱，人员的能见度会大大下降，这会引起人员的恐慌，也给消防人员的救援带来极大的不便。因此，采取相应的措施控制烟气合理流动显得尤为重要。用隔墙、顶棚下凸不小于 0.5 m 的梁、挡烟垂壁和吹吸式空气幕等划分防烟分区，阻断烟气传播，有利于控制火灾发生时火灾烟气的扩散程度，对于人员的自救及消防人员的救援工作都有极大的帮助。

防烟分区是指以屋顶挡烟隔板、挡烟垂壁或从顶棚下突出不小于 0.5 m 的梁为界，从地板到屋顶或吊顶之间的空间。防烟分区的划分要求如下：

（1）建筑面积较大时，可将每个排烟分区划分成几个排烟系统，并将竖井风道分散布置在几处，以尽量缩短水平风道。这样不仅排烟效果好，而且也较经济。

（2）在高层建筑中，可以在垂直风向分成数个系统。不过，将上层烟气引向下层的风道布置方式是不可取的。

（3）每个防烟区的面积不宜超过500 m^2（地下室不宜超过300 m^2），且防烟区不应跨越防火分区。

（4）走道按规定需设排烟设施，而房间（包括地下室）不设，且房间与走道相通的门为防火门时，可只按走道划分防烟区；如房间与走道相通的门不是防火门时，防烟区的划分应包括房间的面积。

（5）房间（包括地下室）按规定设排烟设施，而走道不设时，且房间与走道相通的门为防火门时，可只按房间划分防烟区；如房间与走道相通的门不是防火门时，防烟区的划分应包括走道的面积。

（6）走道和房间（包括地下室）按规定均应设排烟设施时，可根据具体情况分设或合设排烟设施，按分设或合设的情况划分防烟区。

1.3.3　高层建筑的特点

1. 建筑结构特点

高层建筑采用骨架承重体系，设有剪力墙，梁板柱为现浇钢筋混凝土，并设有客梯及消防电梯。

2. 电气设备特点

高层建筑电气设备特点如表1-7所示。

表1-7　高层建筑电气设备特点

序号	特点	内容
1	电气用房多	变电所一般设置在地下层或底层，有时为使变电所处于负荷中心，也将其设置在大楼的顶部或中间层。音控室、消防中心、电话站和监控中心等都要占用一定房间。此外，为了满足种类繁多的电气线路在竖向上的敷设，以及干线至各层的分配，还须设置电气竖井和电气小室
2	用电设备多	如给排水设备、厨房用电设备、电气照明设备、空调制冷设备、电梯用电设备、锅炉房用电设备、安全防雷设备、消防用电设备等
3	电气系统复杂	电气子系统及各个子系统都很复杂
4	电气线路多	根据高层系统情况，电气线路分为火灾自动报警与消防联动控制线路、音响广播线路、通信线路、高压供电线路及低压配电线路等
5	用电量大，负荷密度高	高层建筑的用电设备多，用电量大，负荷密度高，尤其是空调负荷大，约占总用电负荷的40%～50%。高层综合楼、高层商住楼、高层旅游宾馆和酒店等负荷密度都在60 W/m^2以上，有的高达150 W/m^2。即便是高层住宅或公寓，负荷密度也有10 W/m^2，有的达到50 W/m^2
6	供电可靠性要求高	虽然高层建筑中大部分电力负荷为二级负荷，但也有相当数量的负荷属一级负荷，所以高层建筑对供电可靠性要求高，一般均要求有两个或两个以上的高压供电电源。为了满足一级负荷的供电可靠性要求，很多情况下还需设置柴油发电机组（或汽轮发电机组）作为备用电源
7	自动化程度高	高层建筑的设备应进行自动化管理，这有利于对各类设备的运行、安全状况、能源使用状况及节能等实行综合自动监测、控制与管理，以实现对设备的最优化控制和最佳管理，从而降低能量损耗、减少设备的维修和更新费用、延长设备的使用寿命、提高管理水平。高层建筑消防应“立足自防、自救，采用可靠的防火措施，做到安全适用、技术先进、经济合理”

3. 高层建筑的火灾危险性及特点

（1）火灾扑救难度大

我国现有的消防云梯不能应对全部高层火灾，所以火灾发生时主要靠灭火救援人员利用室内楼梯或消防电梯登楼灭火。由于楼层高、器材多，灭火救援人员攀登一定高度后，体力严重下降，一定程度上会影响灭火救援行动。火灾发生后，一般整个高层建筑都停电，加之火灾时产生的浓烟大，室内能见度降低，也严重影响灭火救援行动。高层建筑燃烧范围大、火势猛烈时，外墙和内部平顶的采光玻璃、广告牌、空调辅机等会受热坠落，尤其是玻璃坠落下来会刺破水带，危及人员和车辆器材的安全，严重影响消防官兵的救援行动和救援进程。

（2）人员疏散困难

高层建筑物结构复杂，建筑物的使用人员对各楼层的功能并不熟悉，防灾意识有强有弱，再加上高层建筑内人员密集，事故中疏散撤离容易造成拥挤甚至踩踏。在发生火灾时由于各竖井空气流动畅通，火势和烟雾向上蔓延快，也增加了疏散的难度。我国有些经济较发达城市的消防部门购置了少量的登高消防车，有的极限高度可达100多米，但也远远满足不了越建越高的建筑安全和火灾扑救的需要。

（3）火灾、烟气蔓延速度快

高层建筑内部各种各样的竖井（如楼梯井、电梯井）、管道和孔洞使整座建筑上下连通，为火灾的水平和垂直蔓延提供了途径。火灾一旦发生，极易出现“烟囱效应”，如果防火分隔处理不好，火焰和热烟气流会很快通过这些竖井和管道蔓延扩散。如果火灾突破起火房间，火焰和热烟气流会快速地沿走廊水平蔓延，形成立体燃烧。据测定，在火灾初期阶段，因空气对流，在水平方向烟气扩散速度为0.3 m/s；在火灾燃烧猛烈阶段，各管井烟气扩散速度则可达3～4 m/s。假如一座高度为100 m的高层建筑发生火灾，在无阻挡的情况下，半分钟左右，烟气就能顺竖向管井扩散到顶层，其扩散速度是水平方向的10倍以上。此外，一般住宅楼的火灾荷载密度可达35～60 kg/m^2，高级旅馆可达45～60 kg/m^2。因此，高层建筑室内一旦发生火灾，极易在较短的时间内形成大面积火灾。

（4）人员逃生困难

由于高层建筑物离地面安全区域较远，所以火灾发生后，即使疏散楼梯井内空气环境很好，也需要很长时间才能步行下楼。然而，事实情况并不是那么理想。有些高层建筑内没有封闭楼梯，火灾发生后，楼梯井内充满热烟气流，照明电源被切断，能见度很低。热烟气流内携带大量有毒气体，容易使人中毒，降低人们的活动能力，甚至使人窒息身亡，所以在这种情况下逃离火场非常困难。

（5）容易发生爆燃

现代高层建筑物多采用集中空调系统，比较封闭，火灾一旦爆发，燃烧就会消耗大量氧气，同时燃烧产生的大量热量散发不出去。氧气浓度的降低使得燃烧不充分，产生大量不完全燃烧产物，这些产物与空气混合，达到一定浓度时，遇到火源即在瞬时发生燃烧，出现爆燃现象。爆燃使得着火区温度陡然上升，给人员的逃生和火灾的扑救带来很大危险。

1.4 消防系统技术依据

1.4.1 法律依据

消防系统的设计、施工及维修必须根据国家和地方颁布的有关消防法文件的具体要求进行。从事消防系统的设计、施工及维护人员应具备国家规定的有关资质证书。在工程实施过程中还应具备建设单位提供的设计清单，在基建主管部门主持下，由设计、建筑单位和公安消防部门协商。对于必要的设计资料，建筑单位又提供不了的，设计人员可以协助建筑单位提供设计资料。

1.4.2 设计依据

消防系统的设计，在公安消防部门政策、法规的指导下，根据建筑单位及消防系统的有关规程、规范和标准进行，有关规范列举如下。

1. 通用规范

《建筑设计防火规范》（GB 50016—2014）；

《火灾自动报警系统设计规范》（GB 50116—2013）；

《民用建筑电气设计标准》（GB 51348—2019）；

《智能建筑设计标准》（GB 50314—2015）；

《自动喷水灭火系统设计规范》（GB 50084—2017）。

2. 专项规范

《汽车库、修车库、停车场设计防火规范》（GB 50067—2014）；

《人民防空工程设计防火规范》（GB 50098—2009）；

《洁净厂房设计规范》（GB 50073—2013）。

3. 规范条文举例

《民用建筑电气设计标准》GB 51348—2019（摘）

13.5 电气火灾监控系统设计

13.5.1 电气火灾监控系统应由下列部分或全部设备组成：

1 电气火灾监控器、接口模块；

2 剩余电流式电气火灾探测器；

3 测温式电气火灾探测器；

4 故障电弧探测器。

13.5.2 TN-C-S 系统、TN-S 系统或 TT 系统中的非消防负荷的配电回路中设置电气火灾监控系统时，应符合下列规定：

1 电气火灾监控系统应独立设置，设有火灾自动报警系统的场所，电气火灾监控系统应作为其子系统。

2 电气火灾监控系统应检测配电线路的剩余电流和温度，当超过限定值时应报警。

3 电气火灾监控系统应具备图形显示装置接入功能，实时传送监控信息，显示监控数值和报警部位。

13.5.3 剩余电流式电气火灾探测器、测温式电气火灾探测器和电弧故障探测器的监测点设置应符合下列规定：

1 计算电流在 300 A 及以下时，宜在变电所低压配电室或总配电室集中测量；在 300 A 以上时，宜在楼层配电箱进线开关下端口测量。当配电回路为封闭母线槽或预制分支电缆时，宜在分支线路总开关下端口测量。

2 建筑物为低压进线时，宜在总开关下分支回路上测量。

3 国家级文物保护单位、砖木或木结构重点古建筑的电源进线宜在总开关的下端口测量。

13.5.4 已设置直接及间接接触电击防护的剩余电流保护电器的配电回路，不应重复设置剩余电流式电气火灾监控器。

13.5.5 设置了电气火灾监控系统的档口式家电商场、批发市场等场所的末端配电箱应设置电弧故障火灾探测器或限流式电气防火保护器。储备仓库、电动车充电等场所的末端回路应设置限流式电气防火保护器。

13.5.6 电气火灾监控系统的剩余电流动作报警值宜为 300 mA。测温式火灾探测器的动作报警值宜按所选电缆最高耐温的 70%～80%设定。

13.5.7 电气火灾监控系统应采用具备门槛电平连续可调的剩余电流动作报警器；测温式火灾探测器的动作报警值应具备 0~150 ℃连续可调功能。

13.5.8 采用独立式电气火灾监控设备的监控点数不超过 8 个时，可自行组成系统，也可采用编码模块接入火灾自动报警系统。报警点位号在火灾报警器上显示应区别于火灾探测器编号。

13.5.9 电气火灾监控系统的控制器应安装在建筑物的消防控制室内，宜由消防控制室统一管理。

13.5.10 电气火灾监控系统的导线选择、线路敷设、供电电源及接地，应与火灾自动报警系统要求相同。

1.4.3 施工验收依据

《自动喷水灭火系统施工及验收规范》(GB 50261—2017)；
《火灾自动报警系统施工及验收标准》(GB 50166—2019)；
《气体灭火系统施工及验收规范》(GB 50263—2007)；
《泡沫灭火系统施工及验收规范》(GB 50281—2006)；
《防火卷帘、防火门、防火窗施工及验收规范》(GB 50877—2014)；
《消防通信指挥系统施工及验收规范》(GB 50401—2007)；
《建设工程施工现场消防安全技术规范》(GB 50720—2011)；
《建筑内部装修防火施工及验收规范》(GB 50354—2005)；
《固定消防水炮灭火系统施工与验收规范》(GB 50498—2009)；
《汽车加油加气站设计与施工规范》(GB 50156—2012)(2014 年版)；

《电梯工程施工质量验收规范》（GB 50310—2016）；
《吸气式感烟火灾探测报警系统设计、施工及验收规范》（DB 11/1026—2013）；
《施工现场临时用电安全技术规范》（JGJ 46—2005）。

项目小结

本项目是建筑电气消防系统的入门项目，主要任务是使读者对建筑电气消防系统有一个综合的了解，以便在明确的目标中进行后续课程的学习。

本项目对建筑电气消防系统的形成、发展、组成及分类进行了概括的说明，对火灾的形成条件和原因进行了阐述，对高层建筑的特点及本书后面用到的相关区域，如报警区域、探测区域、防火分区、防烟分区、防火类别、耐火等级、耐火极限等给出了较准确的定义，同时介绍了消防系统施工及维护技术的依据。

复习思考题

1. 我们国家的消防方针是什么？
2. 简单说明消防系统的分类。
3. 消防系统由哪三部分组成？
4. 火灾的发生与发展主要有几个阶段？
5. 液化石油气火灾和沥青火灾分别属于A、B、C、D类中的哪类火灾？
6. 燃烧必须具备的三个条件是什么？
7. 物体燃烧一般经过哪三个阶段？简单说明它们的特点。
8. 烟是火灾中对人体非常有害的产物，请问烟的主要成分是什么？
9. 简述物体燃烧的过程。

10. 人防工程中的电影院，当设置有火灾自动报警系统和自动灭火系统时，其防火分区允许的最大建筑面积不应大于（ ）m^2。

A. 500　　B. 1 000　　C. 1 500　　D. 2 000

11. 下列4个区域按面积从大到小排列的顺序，正确的是（ ）。

A. 防火分区、报警区域、防烟分区、探测区域
B. 报警区域、防火分区、防烟分区、探测区域
C. 防火分区、防烟分区、探测区域、报警区域
D. 报警区域、防火分区、探测区域、防烟分区

12. 建筑物的耐火等级是由建筑构件的（ ）确定的。

A. 燃烧性能　　B. 耐火极限
C. 楼板的耐火极限　　D. 燃烧性能和耐火极限

13. 用不燃材料制成，从顶棚下垂不小于（ ）mm固定或活动的挡烟设施，

叫作挡烟垂壁。

A. 200　　B. 500　　C. 600　　D. 800

14. 下列场所中不应分别单独划分探测区域的是（ D ）。

A. 敞开或封闭楼梯间

B. 防烟楼梯间前室、消防电梯前室

C. 走道、管道井、电缆隧道

D. 建筑物顶层、地下室

15. 下列建筑或楼层中，可以开办幼儿园的是（ D ）。

A. 租用消防验收合格后未经改造的设有一个疏散楼梯的 6 层单元式住宅的第三层

B. 租用消防验收合格，能提供一个独立使用的封闭楼梯间的高层办公楼裙房的第四层

C. 租用消防验收合格，建筑面积为 500 m^2，有 2 个防烟楼梯间的单独建造的半地下室

D. 建筑面积为 600 m^2，安全耐性和消防设施满足要求的单层砖木结构的房屋

16. 某 16 层民用建筑，1～3 层为商场，每层建筑面积为 3 000 m^2。4～16 层为单位式住宅，每层建筑面积为 1 200 m^2，建筑首层室内地坪标高为+0. 000 m。室外地坪高为−0. 300 m，商场平面层面层标高为 14. 90 m，住宅平屋面面层高为 49. 7 m。女儿墙顶部标高为 50. 9 m。根据《建筑设计防火规范》（GB 50016—2014）规定的建筑分类，该建筑的类别应确定为（ D ）。

A. 二类高层公共建筑　　B. 一类高层公共建筑

C. 一类高层住宅建筑　　D. 二类高层住宅建筑

17. 简述高层建筑的定义。

18. 简述高层建筑的火灾危险性及特点。

19. 请写出至少 5 条你认为比较重要的设计依据。

项目 2　火灾自动报警系统

2.1　火灾自动报警系统概述

2.1.1　火灾自动报警系统的形成和发展

1. 火灾自动报警系统的形成

第一个消防系统是 1847 年美国牙科医生 Charmning 和缅因大学教授 Farmer 研究出的世界上第一台城镇火灾报警发送装置。这个阶段主要是感温探测器。20 世纪 40 年代末期，瑞士物理学家 ErnstMeili 研究的离子感烟探测器问世；70 年代末，光电感光探测器形成；80 年代，随着电子技术、计算机应用及火灾自动报警技术的不断发展，各种类型的探测器逐步形成，同时也在线制上有了很大改观。

多线制、总线制火灾报警控制系统

2. 火灾自动报警系统的发展

早期的防火、灭火都是人工实现的。当发生火灾时，立即组织人工在统一指挥下采取一切可能措施迅速灭火，这便是早期消防系统的雏形。随着科学技术的发展，人们逐步学会使用仪器监视火情，用仪器发出火警信号，然后在人工统一指挥下，用灭火器械去灭火，这便是较为发达的消防系统。火灾自动报警系统的发展大体可分为五个阶段：

（1）第一代产品称为传统的（多线制开关量式）火灾自动报警系统，其特点是简单、成本低。但它有许多明显的不足：误报率高、性能差、功能少，无法满足发展需要。

（2）第二代产品称为总线制可寻址开关量式火灾探测报警系统，其优点是省钱、省工，能准确地确定火情部位，增强了火灾探测或判断火灾发生的能力等。但它对火灾的判断和处置改进不大。

（3）第三代产品称为模拟量传输式智能火灾报警系统，其特点是降低误报，提高系统的可靠性。模拟量型探测器是一种内无固定阈值的火灾探测器，其主要特点是传感器测到的信号的大小被以电压或电流的大小形式传送到控制器，探测器本身并不做判断或处理，所有的处理过程都集中在控制器中，包括对探测环境的自动补偿，火灾信息的保存、处理和判断。

（4）第四代产品称为分布智能火灾报警系统（或称为多功能智能火灾自动报警系统）。探测器十分智能，相当于人的感觉器官，可对火灾信号进行分析和智能处理，做出恰当的判断，然后将这些判断信息传给控制器，使系统运行能力大大提高。此类系统分为三种：智能侧重于探测部分、智能侧重于控制部分和双重智能型。

（5）第五代产品称为无线火灾自动报警系统、空气样本分析系统、早期可视烟雾探测火灾报警系统（VSD）。该系统具有节省布线费及工时、安装与开通容易等优点。

火灾自动报警系统无论从消防器件、线制还是类型的发展，大体都可分为传统型和现代型两种。传统型主要是指开关量多线制系统，而现代型主要是指可寻址总线制系统及模拟量智能系统。

智能建筑、高层建筑及其群体的出现，展示了高科技的巨大威力。火灾自动报警系统（FA）是楼宇自控系统（BA）的一个分系统，服务于楼宇自控系统，共同完成对大楼的监控。

火灾自动报警系统必须与建筑业同步发展，这就使得从事消防的工程技术人员必须掌握现代电子技术、自动控制技术、计算机技术及通信网络技术等，以适应智能建筑的发展。

目前，自动化消防系统在功能上可实现自动检测现场、确认火灾，发出声、光报警信号，启动灭火设备自动灭火、排烟、封闭火区等，还能实现向城市或地区消防队发出救灾请求，进行通信联络。

在结构上，组成消防系统的设备、器件结构紧凑，反应灵敏，工作可靠，同时还具有良好的性能指标。智能化设备及器件的开发与应用，使自动化消防系统的结构趋于微型化及多功能化。

火灾自动报警系统的设计已经大量融入微机控制技术、电子技术、通信网络技术及现代自动控制技术，并且消防设备及仪器的生产已经系列化、标准化。

总之，火灾产品的不断更新换代，使火灾自动报警系统发生了一次次变革，为及时、准确地报警提供了重要保障。现代消防系统为适应智能建筑的需求，正以惊人的速度发展。

2.1.2 火灾自动报警系统的组成

火灾自动报警系统是由触发器件、火灾报警控制装置、火灾报警装置及具有其他辅助功能的装置组成的火灾报警系统。它能够在火灾初期将燃烧产生的烟雾、热量和光辐射等物理量，通过感温、感烟和感光等火灾探测器变成电信号，传输到火灾报警控制器，并同时显示出火灾发生的部位，记录火灾发生的时间。一般火灾自动报警系统和自动喷水灭火系统、室内消火栓系统、防排烟系统、通风系统、空调系统、防火门、防火卷帘、挡烟垂壁等相关设备联动，自动或手动发出指令，启动相应的防火灭火装置。

1. 触发器件

触发器件指在火灾自动报警系统中，自动或手动产生火灾报警信号的器件，主要包括火灾探测器和手动报警按钮，如图 2-1 所示。火灾探测器是能对火灾参数（如烟、温、光、火焰辐射、气体浓度等）响应，并自动产生火灾报警信号的器件，按照响应火灾参数的不同，火灾探测器分为感温火灾探测器、感烟火灾探测器、感光火灾探测器、可燃气体探测器和复合火灾探测器五种基本类型。不同类型的火灾探测器适用于不同类型的火灾和不同的场所。手动火灾报警按钮是手动方式产生火灾报警信号、启动火灾自动报警系统的器件，也是火灾自动报警系统中不可缺少的组成部分之一。

(a) 火灾探测器

(b) 手动报警按钮

图 2-1　触发器件

2. **火灾报警控制装置**

在火灾自动报警系统中，用以接收、显示和传递火灾报警信号，并能发出控制信号和具有其他辅助功能的控制指示设备称为火灾报警控制装置。火灾报警控制器就是其中最基本的一种，如图 2-2 所示。火灾报警控制器担负着为火灾探测器提供稳定的工作电源，监视探测器及系统自身的工作状态，接收、转换、处理火灾探测器输出的报警信号，进行声光报警，指示报警的具体部位及时间；同时执行相应的辅助控制等诸多任务，是火灾报警系统中的核心组成部分。

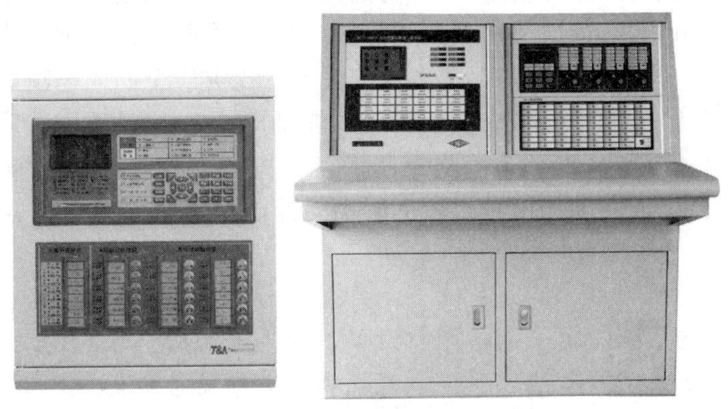

图 2-2　火灾报警控制器

火灾报警控制器的基本功能主要有：主电源、备用电源自动转换；备用电源充电；电源故障监测；电源工作状态指示；为探测器回路供电；控制器或系统故障声、光报警；火灾声、光报警；火灾报警记忆；火灾报警优先故障报警；声报警、音响消音及再次声响报警。

在火灾报警控制装置中，还有一些如火灾显示盘、区域显示器、中断器等功能不完整的报警装置。它们可视为火灾报警控制器的演变或补充，在特定条件下应用，与火灾报警控制器同属于火灾报警控制装置。

3. 火灾警报装置

在火灾自动报警系统中，用以发出区别于环境声、光的火灾警报信号的装置称为火灾警报装置。声光报警器是一种最基本的火灾警报装置（如图 2-3 所示），通常与火灾报警控制器组合在一起，以声、光音响方式向报警区域发出火灾警报信号，以警示人们采取安全疏散、灭火救灾措施。警铃也是一种火灾警报装置（如图 2-4 所示），用于将火灾报警信号进行声音中继的一种电气设备，警铃大部分安装于建筑物的公共空间部分，如走廊、大厅等。

图 2-3 声光报警器

图 2-4 警铃

4. 消防控制设备

在火灾自动报警系统中，当接收到来自触发器件的火灾报警信号后，能自动或手动启动相关消防设备并显示其状态的设备，称为消防控制设备。它主要包括火灾报警控制器，自动灭火系统的控制装置，室内消火栓系统的控制装置，防烟排烟系统及空调通风系统的控制装置，常开防火门、防火卷帘的控制装置，电梯回降控制装置，以及火灾应急广播、火灾警报装置、消防通信设备、火灾应急照明与疏散指示标志的控制装置这十类控制装置中的部分或全部。消防控制设备一般设置在消防控制中心，以便于实行集中统一控制，也有的消防控制设备设置在被控消防设备所在现场（如消防电梯控制按钮），但其动作信号必须返回消防控制室，实行集中与分散相结合的控制方式。

5. 电源

火灾自动报警系统的属于消防用电设备，其主电源应当采用消防电源，备用电源采用蓄电池。系统电源除为火灾报警控制器供电外，还为与系统相关的消防控制设备等供电。

火灾报警控制系统—系统形式的选择及要求

2.1.3 火灾自动报警系统的基本形式

火灾自动报警系统的基本形式有三种，即区域报警系统、集中报警系统和控制中心报警系统。

1. 区域报警系统

（1）系统应由火灾探测器、手动火灾报警按钮、火灾声光警报器、火灾报警控制器等组成，系统中可包括消防控制室图形显示装置和指示楼层的区域显示器。

（2）火灾报警控制器应设置在有人值班的场所。

（3）系统设置消防控制室图形显示装置时，该装置应具有传输《火灾自动报警系统设计规范》（GB 50116—2013）中附录A和附录B规定的有关信息的功能；系统未设置消防控制室图形显示装置时，应设置火警传输设备。

区域报警系统可以自成体系独立工作，也可以作为集中报警系统的子系统，具体组成如图2-5所示。

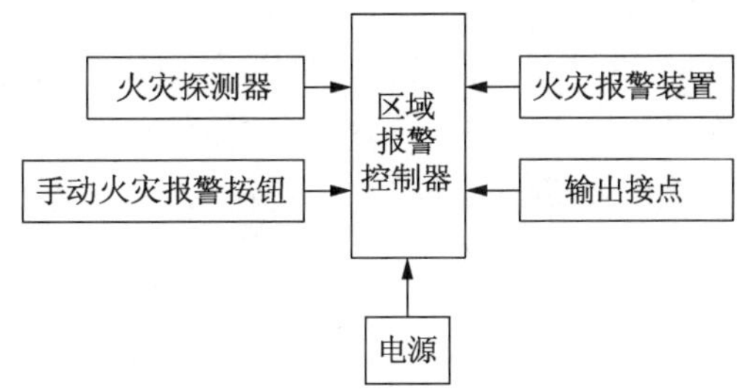

图2-5　区域火灾报警系统

2. 集中报警系统

（1）系统应由火灾探测器、手动火灾报警按钮、火灾声光警报器、消防应急广播、消防专用电话、消防控制室图形显示装置、火灾报警控制器、消防联动控制器等组成。

（2）系统中的火灾报警控制器、消防联动控制器和消防控制室图形显示装置、消防应急广播的控制装置、消防专用电话总机等起集中控制作用的消防设备，应设置在消防控制室内。

（3）系统设置的消防控制室图形显示装置应具有传输《火灾自动报警系统设计规范》（GB 50116—2013）中附录A和附录B规定的有关信息的功能。集中报警系统由集中报警控制器、区域火灾报警控制器和火灾探测器等组成，是功能较复杂的火灾自动报警系统，具体组成如图2-6所示。

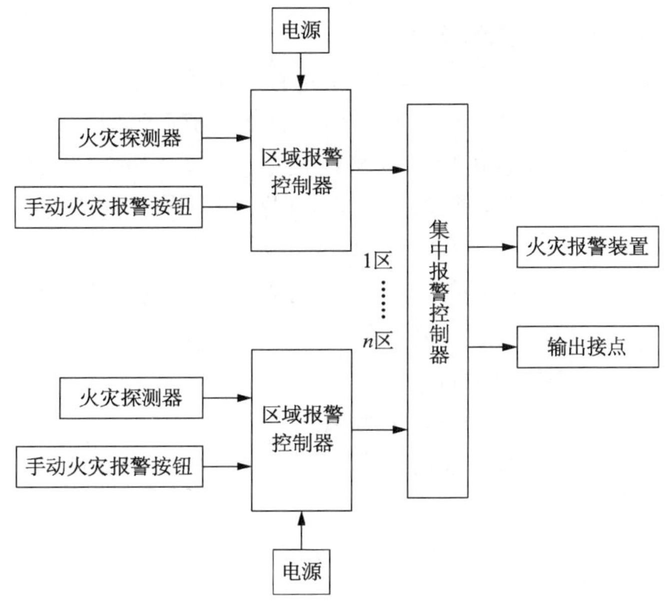

图2-6　集中报警系统

3. 控制中心报警系统

(1) 有两个及以上消防控制室时，应确定一个主消防控制室。

(2) 主消防控制室应能显示所有火灾报警信号和联动控制状态信号，并应能控制重要的消防设备；各分消防控制室内消防设备之间可互相传输、显示状态信息，但不应互相控制。

(3) 系统设置的消防控制室图形显示装置应具有传输《火灾自动报警系统设计规范》(GB 50116—2013) 中附录 A 和附录 B 规定的有关信息的功能。该系统的容量较大，消防设施控制功能较全，具体组成如图 2-7 所示。

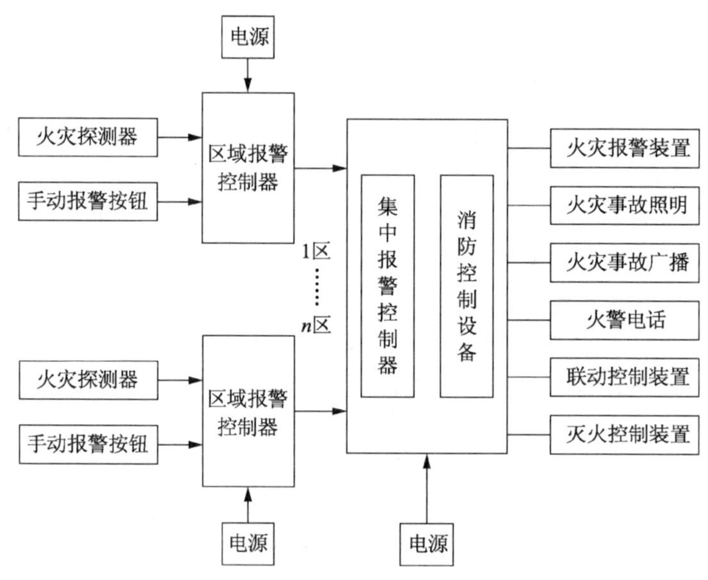

图 2-7 控制中心报警系统

4. 火灾自动报警系统形式的选择

选择火灾自动报警系统的形式时，应符合下列规定：

(1) 仅需要报警，不需要联动自动消防设备的保护对象时宜采用区域报警系统。

(2) 不仅需要报警，而且需要联动自动消防设备，同时只设置一台具有集中控制功能的火灾报警控制器和消防联动控制器的保护对象时，应采用集中报警系统，并应设置一个消防控制室。

(3) 设置两个及以上消防控制室的保护对象，或已设置两个及以上集中报警系统的保护对象时，应采用控制中心报警系统。

5. 住宅建筑火灾自动报警系统

(1) 住宅建筑火灾自动报警系统的分类

住宅建筑火灾自动报警系统可根据实际应用过程中保护对象的具体情况分为 A、B、C、D 四类，具体情况如下：

① A 类系统可由火灾报警控制器、手动火灾报警按钮、家用火灾探测器、火灾声警报器、应急广播等设备组成。

② B 类系统可由控制中心监控设备、家用火灾报警控制器、家用火灾探测器、

火灾声警报器等设备组成。

③ C类系统可由家用火灾报警控制器、家用火灾探测器、火灾声警报器等设备组成。

④ D类系统可由独立式火灾探测报警器、火灾声警报器等设备组成。

（2）住宅建筑火灾自动报警系统的选择

① 有物业集中监控管理且设有需联动控制的消防设施的住宅建筑应选用A类系统。

② 仅有物业集中监控管理的住宅建筑宜选用A类或B类系统。

③ 没有物业集中监控管理的住宅建筑宜选用C类系统。

④ 别墅式住宅和已投入使用的住宅建筑可选用D类系统。

（3）住宅建筑火灾自动报警系统的设计要求

① A类系统：系统在公共部位的设计应符合《火灾自动报警系统设计规范》（GB 50116—2013）的有关规定。住户内设置的家用火灾探测器可接入家用火灾报警控制器，也可直接接入火灾报警控制器。设置的家用火灾报警控制器应将火灾报警信息、故障信息等相关信息传输给相连接的火灾报警控制器。建筑公共部位设置的火灾探测器应直接接入火灾报警控制器。

② B类和C类系统：住户内设置的家用火灾探测器应接入家用火灾报警控制器。家用火灾报警控制器应能启动设置在公共部位的火灾声警报器。B类系统中，设置在每户住宅内的家用火灾报警控制器应连接到控制中心监控设备，控制中心监控设备应能显示发生火灾的住户。

③ D类系统：有多个起居室的住户，宜采用互连型独立式火灾探测报警器。应选择电池供电时间不少于3年的独立式火灾探测报警器。

④ 采用无线方式将独立式火灾探测报警器组成系统时，系统设计应符合A类、B类或C类系统之一的设计要求。

2.2 火灾探测器

2.2.1 火灾探测器的分类和型号

1. 火灾探测器的分类

火灾探测器是消防火灾自动报警系统中对现场进行探查，发现火灾的设备。火灾探测器是系统的“感觉器官”，它的作用是监视环境中有没有火灾的发生。一旦有了火情，就将火灾的特征物理量，如温度、烟雾、气体和辐射光强等转换成电信号，并立即向火灾报警控制器发送报警信号。

火灾发生时，会产生烟雾、高温、火光及可燃性气体等理化现象。火灾探测器按探测火灾不同的理化现象分为感烟探测器、感温探测器、感光探测器、可燃性气体探测器、复合式探测器；按照保护面积和范围分为点型和线型探测器；按照智能程度分为开关量、模拟量（类比式）和智能化探测器。

常用探测器的分类，如图 2-8 所示。

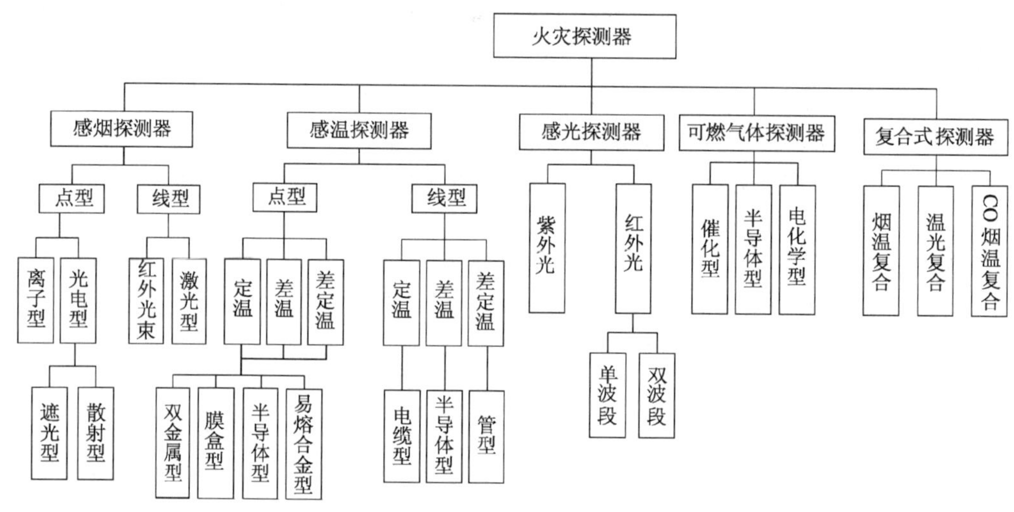

图 2-8　常用探测器的分类

2. **火灾探测器的型号**

火灾报警产品种类较多，附件更多，都是按照国家标准编制命名的。国标型号均是按汉语拼音字头的大写字母组合而成的，从名称就可以看出产品类型与特征。

火灾探测器的型号意义，如图 2-9 所示。

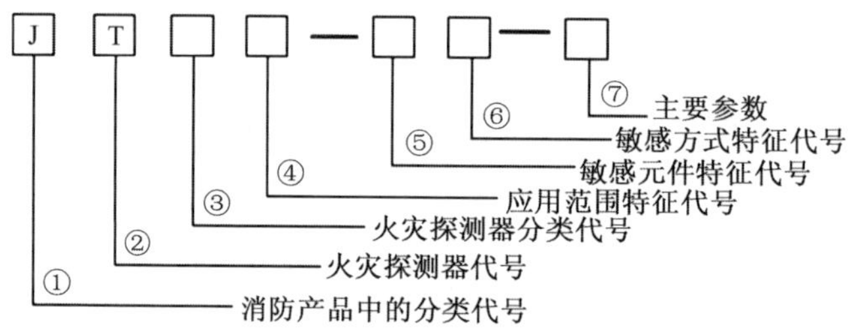

图 2-9　火灾探测器的型号意义

图中①～⑦的意义如下：

① J（警）——消防产品中的分类代号（火灾报警设备）。

② T（探）——火灾探测器代号。

③ 火灾探测器分类代号，具体表示方法如下：

Y（烟）——感烟火灾探测器；

W（温）——感温火灾探测器；

G（光）——感光火灾探测器；

Q（气）——可燃气体探测器；

F（复）——复合式火灾探测器。

④ 应用范围特征代号，表示方法如下：

B（爆）——防爆型；

C（船）——船用型。

非防爆型或非船用型的特征代号可省略。

⑤、⑥ 探测器特征表示法（敏感元件、敏感方式特征代号）：

LZ（离子）——离子；

GD（光电）——光电；

MC（膜差）——膜盒差温；

MD（膜定）——膜盒定温；

GW（光温）——感光感温；

YW（烟温）——感烟感温；

YW-HS（烟温—红束）——红外光束感烟感温。

⑦ 主要参数——表示灵敏度等级（1、2、3 级），对感烟感温探测器标注。灵敏度表示对被测参数的敏感程度。

3. 火灾探测器的主要技术性能

（1）可靠性

可靠性通常用误报率来衡量。误报率是指火灾初期探测器的漏报与监视警戒状态时探测器的虚报现象。

（2）工作电压和允差

工作电压是指探测器正常工作时所需要的工作电压值，也称为额定电压。工作电压由火灾报警控制器供给。一般探测器的工作电压为 DC 24 V。

允差是指探测器正常工作所允许波动的电压范围。允差为额定电压的 -15% ~ +15%。允差越大，表明探测器适应电压变化的能力越强，对火灾报警控制器供电的精度要求越低。

（3）灵敏度

灵敏度是指火灾探测器响应火灾参数的灵敏程度，是探测器的重要技术指标。

（4）监视电流（警戒电流）

监视电流是指火灾探测器处于监视状态时的电流。由于工作电压是定值，因此监视电流的数值代表探测器运行功耗，即运行成本。探测器的监视电流越小越好。

（5）报警电流

报警电流是指火灾探测器报警时的工作电流。报警电流越大，表明探测器过载能力越强。

（6）保护面积

保护面积是指一个探测器警戒（监视）的有效地面面积，是确定探测器数量的基本依据。保护面积与许多因素有关，如安装高度、安装位置、安装方式、被监视区域的建筑结构，以及监视区内存放物的情况等，都影响着探测器的实际保护面积。一般由探测器所处的探测区域的实际情况来确定。

（7）工作环境

工作环境包括探测器使用环境的温度、相对湿度、气流速度、污染程度等。工作环境是保证探测器长期正常工作必要的外部条件，也是选用探测器的重要依据。

2.2.2 火灾探测器的构造及原理

1. 感烟探测器

感烟式火灾探测器是将探测部位烟雾浓度的变化转换为电信号实现报警目的的一种器件。在火灾初期，由于温度较低，物质多处于阴燃阶段，所以产生大量烟雾。烟雾是早期火灾的重要特征之一。感烟式火灾探测器是能对可见的或不可见的烟雾粒子响应的火灾探测器，所以它对火灾前期及早期报警很有效，应用最广泛。感烟式火灾探测器有离子型、光电型、红外光束激光型等几种类型。

感烟类火灾探测器—主要原理及应用

（1）离子感烟探测器

离子感烟探测器是根据电离原理进行火灾探测的点型火灾探测器。它的主要部件包括电离室、外壳结构件及电路板。电离室内有放射源、电极板和固定部件。外壳起着保护内部结构的作用，更重要的是外壳结构还对外界气流进入电离室的速度和电离室的性能有重要影响。电离室内的放射源（镅 241）将室内的纯净空气电离，形成正、负离子，当两个收集极板间加一电压后，在极板间形成电场。在电场的作用下，离子分别向正、负极板运动形成离子流。当烟雾粒子进入电离室后，由于烟雾粒子的直径大大超过被电离的空气粒子的直径。因此，烟雾粒子在电离室内对离子产生阻挡和俘获的双重作用，从而减少离子流。

如图 2-10 所示，离子感烟探测器有两个电离室，一个为烟雾粒子可以自由进入的探测室（也称外电离室），另一个为烟雾不能进入的补偿室（也称内电离室）。两个电离室串联并在两端外加电压，正常状态下 $V=V_1+V_2$。当烟雾粒子进入外电离室时，离子流减少，两个电离室电压重新分配，V_1 变成 V_{11}，V_2 变成 V_{22}。当 $V_{11}<V_1$，$V_{22}<V_2$ 时，即第 2 结点的电位发生变化，从而输出火灾报警信号。

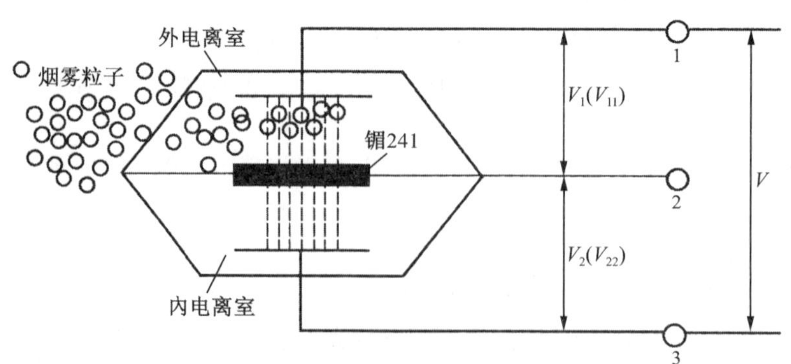

图 2-10 离子感烟探测器原理图

（2）光电感烟探测器

光电感烟探测器是利用火灾发生时产生的烟雾改变光的传播特性，并通过光电效应而制作的一种火灾探测器。因为它具有可靠性高、无放射性、寿命长、结构紧凑等优点，近年来得到越来越广泛的应用。光电感烟探测器又分为遮光型和散射型两种。遮光型光电感烟探测器的原理如图 2-11 所示。它由发光元件、寿光元件和检测室组成。当有烟雾从暗室开的小孔进入检测室时，烟粒子将光源发出的光束遮挡，使接收器接收到的光能量减弱，减弱程度与进入检测室的烟雾浓度有关。当烟雾渐浓，接收到的光能量减弱到一定程度时，接收器输出一个电信号，经放大器放大后送到火灾报警控制器报警。

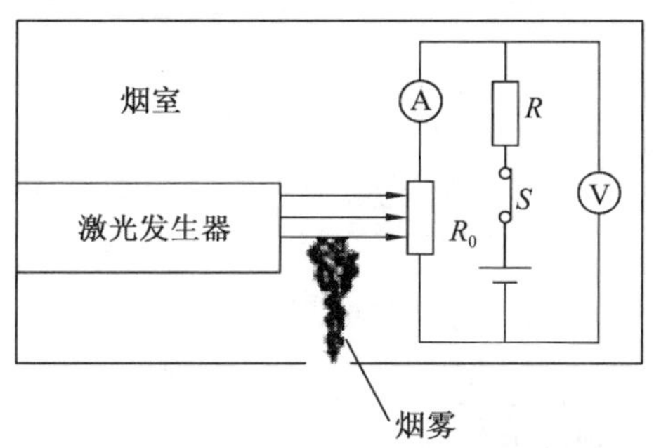

图 2-11　遮光型光电感烟探测器原理图

散射型光电感烟探测器的原理如图 2-12 所示。它是利用烟雾粒子对光的散射作用而制成的。它与遮光型光电感烟探测器的主要区别在于检测室结构不同，其余电路组成、抗干扰方法等基本相同。

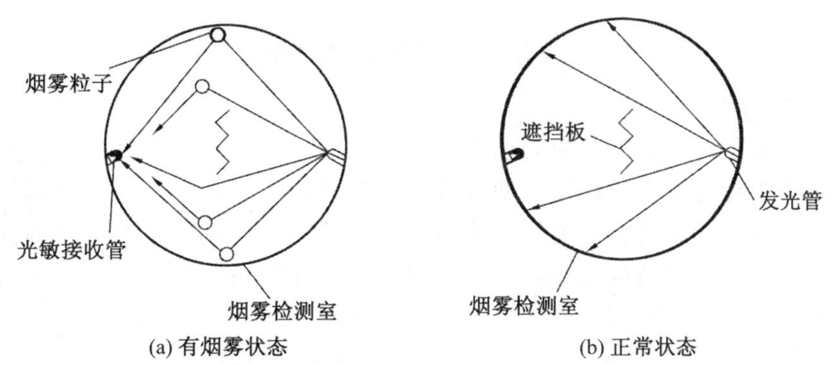

图 2-12　散射型光电感烟探测器原理图

（3）红外光束感烟探测器

红外光束感烟探测器是线型探测器，是对警戒范围内某一连续线路周围烟气参数响应的火灾探测器。其特点是监视范围广（直线可达 200 m）、保护面积大、使用环境要求低等，通常安装于跨度大、内部空间高的建筑内。红外光束感烟探测器的应用原理是烟雾粒子吸收或散射红外光束，使其强度发生变化。

红外光束感烟探测器又分为对射型和反射型两种。对射型火灾探测器通常由发射器和接收器两部分组成，两部分分别位于保护空间的两侧，如图 2-13a 所示。现在也有很多厂家将发射器和接收器合二为一，容纳在一个外壳内，通过反射板反射光束，即反射型火灾探测器，如图 2-13b 所示。相对于对射型火灾探测器，反射型火灾探测器不需要电源，可以降低工程布线的费用和难度，而且在调试时对准光线也更加容易。

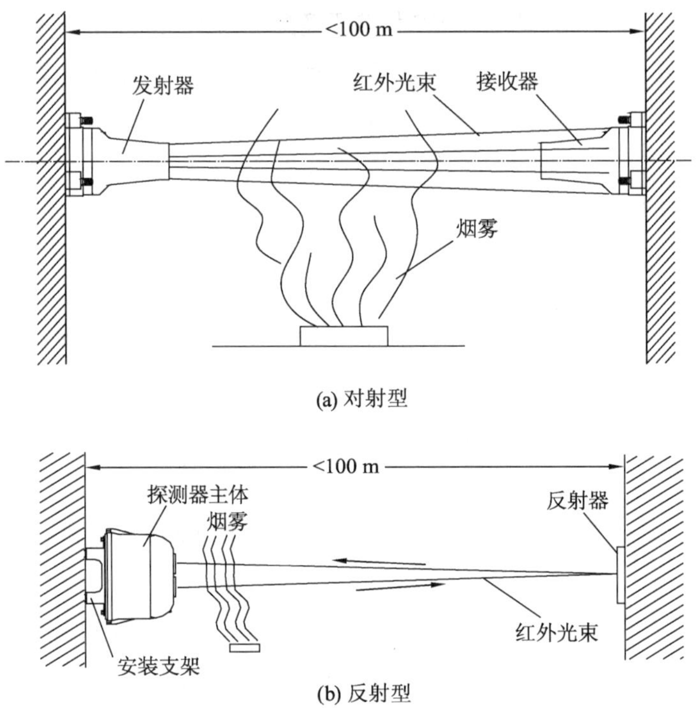

(a) 对射型

(b) 反射型

图 2-13　红外光束感烟探测器

2. **感温探测器**

感温探测器是对警戒范围中的温度进行监测的一种探测器。物质在燃烧过程中释放出大量热量，使环境温度升高，探测器中热敏元件发生物理变化，从而将温度转变为电信号，传输给控制器，由其发出火灾信号。根据结构造型的不同，感温火灾探测器可分为点型感温探测器和线型感温探测器两类。根据监测温度参数的特性不同，感温火定探测器可分为定温型、差温型及差定温组合型三类。定温型火灾探测器用于响应环境的异常高温；差温型火灾探测器响应环境温度异常变化的升温速率；差定温组合型火灾探测器是以上两种火灾探测器的组合。点型感温探测器外形如图 2-14 所示。

火灾自动报警系统—点型感温火灾探测器

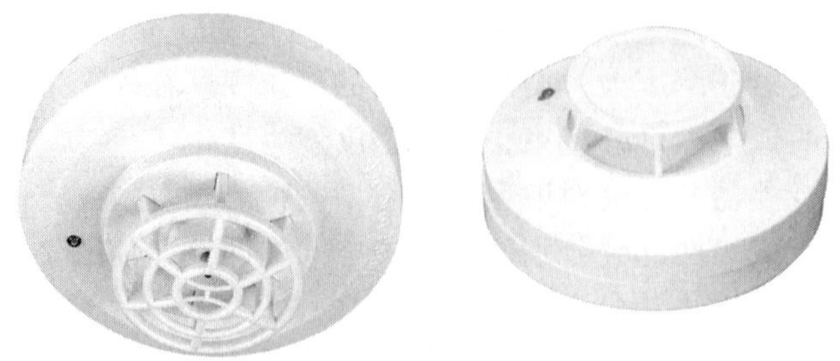

图 2-14　点型感温探测器外形示意图

（1）定温火灾探测器

点型定温火灾探测器的工作原理：当它的感温元件被加热到预定温度值时发出报

警信号。它一般用于环境温度变化较大或环境温度较高的场所，用来监测火灾发生时温度的异常升高，常用的有双金属型、易熔合金型、水银接点型、热敏电阻型及半导体型几种。

双金属定温火灾探测器是以具有不同热膨胀系数的双金属片为敏感元件的一种定温火灾探测器。常用的结构形式有圆筒状和圆盘状两种，圆筒状的结构如图 2-15a、b 所示，由不锈钢管、铜合金片、调节螺栓等组成。两个铜合金片上各装有一个电接点，其两端通过固定块分别固定在不锈钢管上和调节螺栓上。由于不锈钢管的膨胀系数大于铜合金片，当环境温度升高时，不锈钢管的伸长大于铜合金片，因此铜合金片被拉直。在图 2-15a 中两接点闭合时发出火灾报警信号；在图 2-15b 中两接点打开时发出火灾报警信号。双金属圆盘状定温火灾探测器的结构如图 2-15c 所示。

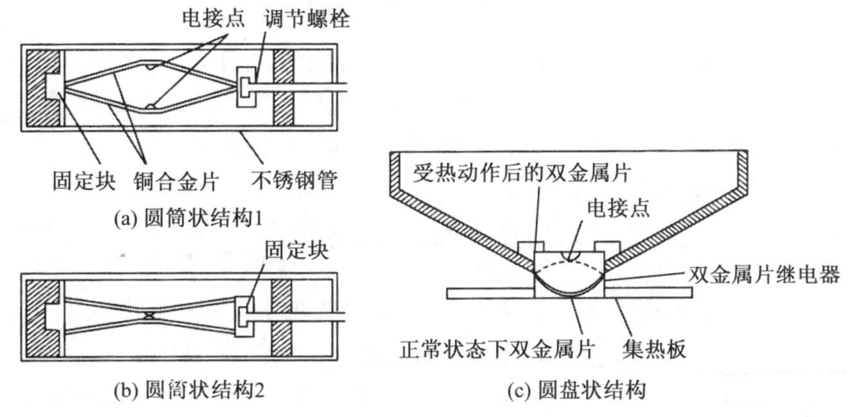

图 2-15　定温火灾探测器的结构

热敏电阻型及半导体 PN 结型定温火灾探测器是分别以热敏电阻及半导体为敏感元件的定温火灾探测器。两者的原理基本相同，区别仅仅是火灾探测器所用的敏感元件不同。热敏电阻定温火灾探测器的工作原理如图 2-16 所示。当环境温度升高时，热敏电阻 R_T 的电阻值变小，点 A 电位升高；当环境温度达到或超过某一规定值时，点 A 电位高于点 B 电位，电压比较器输出高电平，信号经处理后输出火灾报警信号。

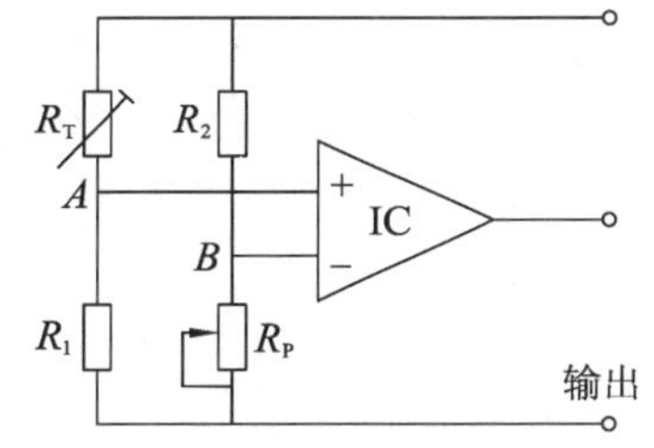

图 2-16　热敏电阻定温火灾探测器的工作原理

电缆式线型定温火灾探测器实际上是一条热敏电缆，它由两根弹性钢丝、热敏绝缘材料、塑料包带及塑料外套组成，如图 2-17 所示。在正常监视状态下，两根钢丝间呈绝缘状态。火灾报警控制器通过传输线、接线盒、热敏电缆及终端盒构成回路。报警控制器和所有报警回路组成线型感温火灾报警系统，如图 2-18 所示。

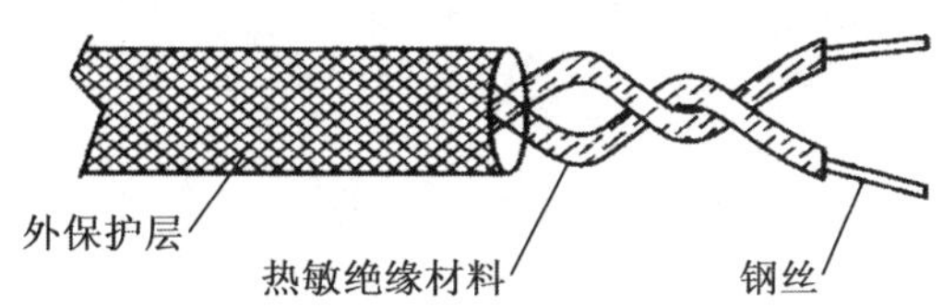

图 2-17　缆式线型定温探测器

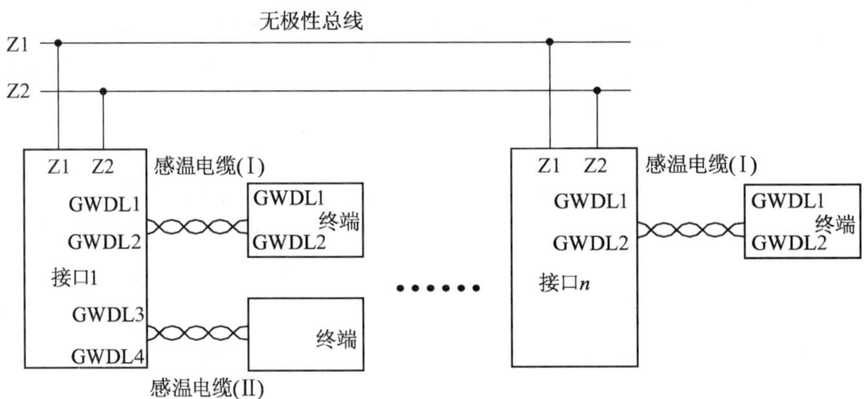

图 2-18 线型感温火灾报警系统

当热敏电缆线路上任何部位温度上升到其额定动作温度（有 68，85，105，138 ℃等）时，绝缘电阻变小或绝缘材料熔化，此时报警回路电流骤然增大，报警控制器发出声光报警；同时数码管显示报警回路号和火警的距离。

（2）差温火灾探测器

当火灾发生时，室内局部温度将以超过常温数倍的异常速率升高。差温火灾探测器就是利用对这种异常速率产生感应而研制的一种火灾探测器。当环境温度以不大于 1 ℃/min 的温升速率缓慢上升时，差温火灾探测器将不发出火灾报警信号，这种探测器适用于发生火灾时温度快速变化的场所。点型差温火灾探测器主要有膜盒型、双金属型、热敏电阻型等几种类型。常见的膜盒型差温火灾探测器由感温外壳、波纹片、漏气孔及定触点等几部分构成，其结构如图 2-19 所示。

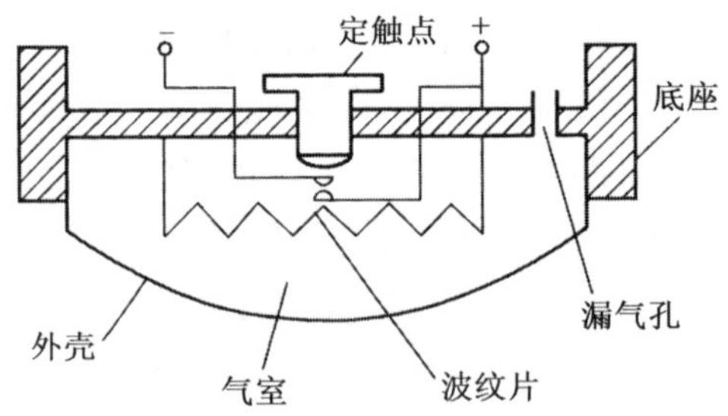

图 2-19 膜盒式差温火灾探测器结构

图 2-20 所示为空气管线型差温探测器结构。当气温正常变化时，受热膨胀的气体能从传感元件泄气孔排出，因此不能推动膜盒膜片，动接点和静接点不会闭合。发生火灾时，现场温度（7.5，15，30 ℃/min）急剧上升，空气管内的空气突然受热膨胀，泄气孔不能立即排出，膜盒内压力增加推动膜片产生位移，动、静接点闭合，输出报警信号。

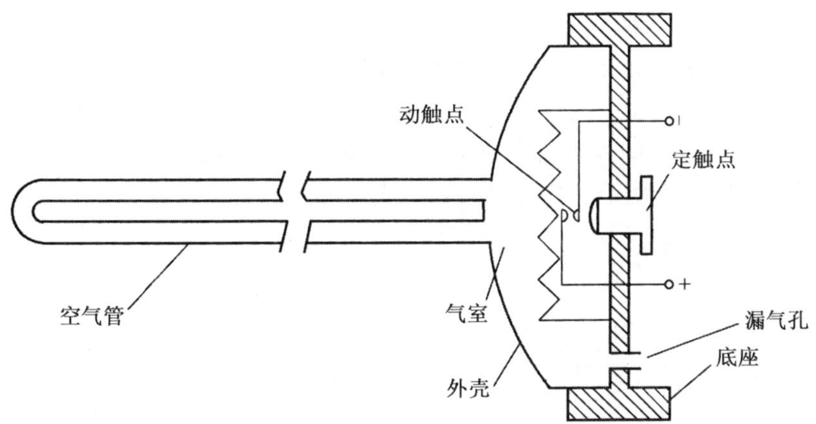

图 2-20　空气管线型差温探测器结构

（3）差定温火灾探测器

差定温火灾探测器是将差温型、定温型两种感温探测器结合在一起，同时兼有两种火灾探测功能的一种火灾探测器。其中某一种功能失效，另一种功能仍起作用，因而大大提高了可靠性，使用相当广泛。点型差定温火灾探测器主要有膜盒差定温火灾探测器、双金属差定温火灾探测器和热敏电阻差定温火灾探测器三种。

膜盒差定温火失探测器的结构如图 2-21 所示。它的差温部分的工作原理同膜盒差温火灾探测器。它的定温部分的工作原理如下：弹簧片的一端用低熔点合金焊在外壳内侧。当环境温度达到标定温度时，易熔合金熔化，弹簧片弹回，压迫固定在波纹片上的动触点，从而发出火灾报警信号。

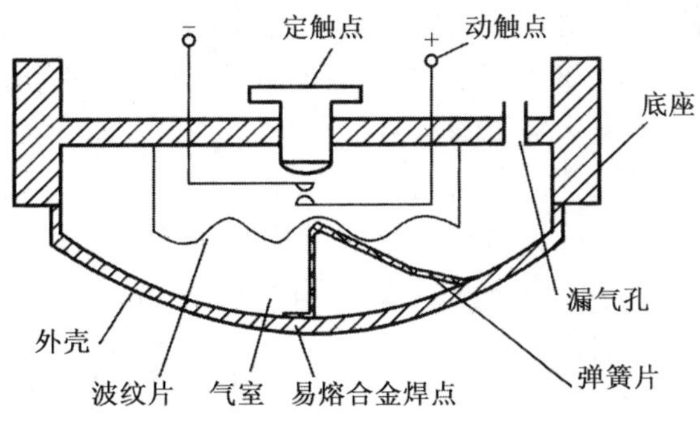

图 2-21　膜盒差定温火灾探测器结构

3. 感光探测器

物质燃烧时，在产生烟雾和放出热量的同时，也产生波长为 400 mm 以下的紫外光、波长为 400～700 nm 的可见光和波长为 700 nm 以上的红外光。由于火焰辐射的紫外光和红外光具有特定的峰值波长范围，因此，感光火灾探测器可以用来探测火焰辐射的红外光和紫外光。感光火灾探测器又称火焰探测器，能响应火灾的光学特性，即辐射光的波长和火焰的闪烁频率。它可分为红外火焰探测器和紫外火焰探测器两种。感光火灾探测器对火灾的响应速度比感烟、感温火灾探测器快，其传感元件在接收辐射光后几毫秒，甚至几微秒内就能发出信号，特别适用于突然起火而无烟雾的易燃易爆场所。它不受气流扰动的影响，是唯一能在室外使用的火灾探测器。

(1) 红外火焰探测器

红外火焰探测器是对火焰辐射光中红外光敏感的一种探测器。在大多数火灾燃烧中，火焰的辐射光谱主要偏向红外波段，同时火焰本身具有一定的闪烁性，其闪烁频率为 3～30 Hz。红外火焰探测器内部电路的工作流程如图 2-22 所示。用于红外火焰探测器的敏感元件有硫化铝、热敏电阻、硅光电池等。

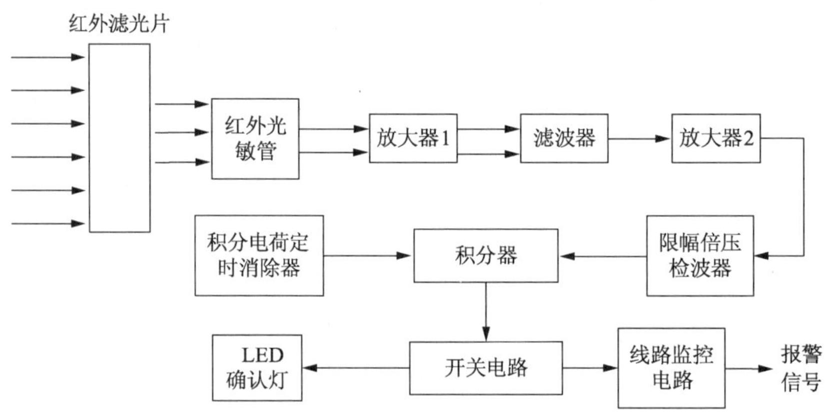

图 2-22　红外火焰探测器的工作流程

燃烧产生的辐射光经红外滤光片的过滤，只有红外光进入探测器内部，红外光经凸透镜聚焦在红外光敏元件上，将光信号转换成电信号，其放大电路根据火焰闪烁频率鉴别出火焰燃烧信号并进行放大。为防止现场其他红外光辐射源偶然波动可能引起的错误动作，红外探测器还有一个延时电路，它给探测器一个相应的响应时间，用来排除其他红外源的偶然变化对探测器的干扰。延时时间的长短根据光场特性和设计要求选定，通常有 3，5，10，30 s 等几挡。当连续鉴别所出现信号的时间超过给定要求后便触发报警装置，发出火灾报警信号。

(2) 紫外火焰探测器

紫外火焰探测器是对火焰辐射光中的紫外光敏感的一种探测器。其灵敏度高、响应速度快，对于爆燃火灾和无烟燃烧（如酒精）火灾尤为适用。火灾发生时，大量的紫外光通过透紫玻璃片射入光敏管，光电子受到电场的作用而加速。由于管内充有一定的惰性气体，当光电子与气体分子碰撞时，惰性气体分子被电离成正离子和负离子（电子），而电离后产生的正、负离子又在强电场的作用下被加速，从而使更多的气体分子电离。于是在极短的时间内，造成“雪崩”式放电过程，使紫外光敏管导通，产生报警信号。其结构如图 2-23 所示。

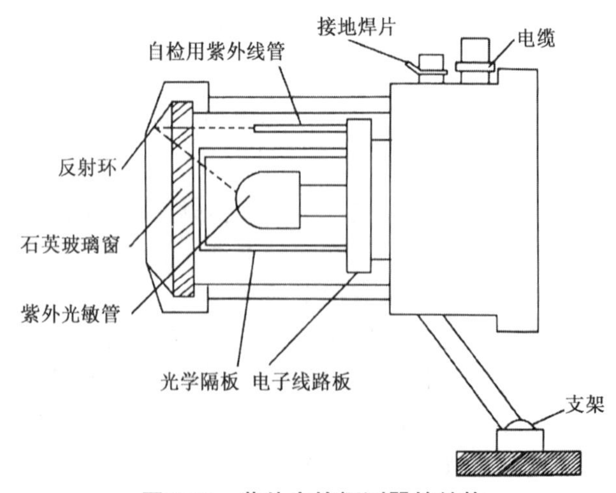

图 2-23　紫外火焰探测器的结构

4. 可燃气体探测器

可燃气体探测器是对单一或多种可燃气体浓度响应的探测器，有催化型、红外光学型两种。催化型可燃气体探测器是利用难熔金属铂丝加热后的电阻变化来测定可燃气体浓度。当可燃气体进入探测器时，在铂丝表面引起氧化反应（无焰燃烧），其产生的热量使铂丝的温度升高，导致铂丝的电阻率发生变化。红外光学型是利用红外传感器通过红外线光源的吸收原理来检测现场环境的碳氢类可燃气体。可燃气体探测器能探测的气体有烷（甲烷、乙烷等）、醛（丙醛、丁醛等）、炔（乙炔等）、一氧化碳及氢气等。其实物图如图 2-24 所示。

其适用场所为溶剂仓库、压气机站、炼油厂、输油输气管道的可燃气体，预防潜在的爆炸或毒气危害的工业场所及民用建筑（煤气管道、液化气罐等），起防火、防爆、监测环境污染的作用。

(a) 家用可燃气体探测器

(b) 甲苯气体探测器

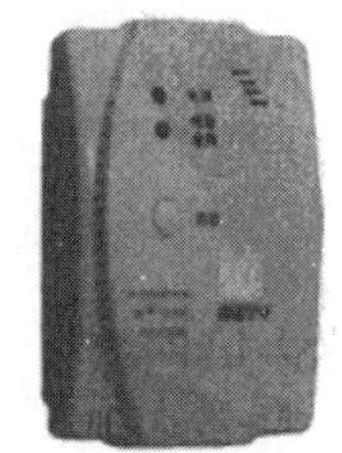
(c) 红外可燃气体探测器

图 2-24 可燃气体探测器

5. 复合火灾探测器

复合火灾探测器是一种可以响应两种或两种以上火灾参数的探测器，只要有一种火灾信号参数达到相应的阈值，探测器立即报警，这提高了火灾报警的可靠性；集成在每个探测器内的微处理机芯片，对相互关联的每个探测器的测量值进行计算，这降低了误报率。例如，在厨房、地下车库、发电机房等场所，以及有气体自动灭火装置的地方，需要提高火灾报警的可靠性，可使用感烟感温复合式探测器，也可配合使用感温探测器与感烟探测器。其实物图如图 2-25 所示。复合探测技术是目前国际上流行的新型多功能高可靠性的火灾探测技术。

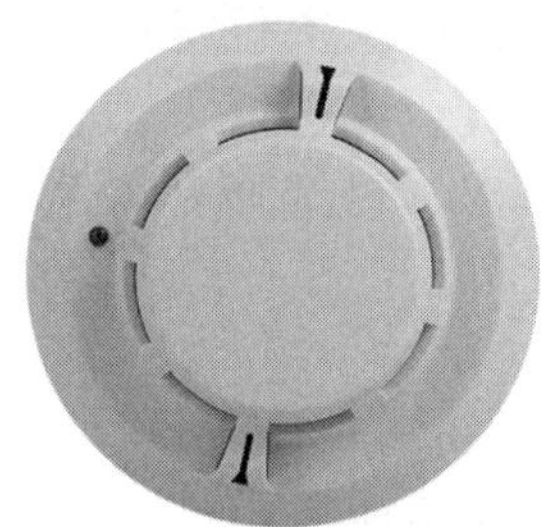

图 2-25 感烟感温复合探测器

2.2.3 火灾探测器的选择与布置

1. **火灾探测器选择的基本要求**

火灾探测器的选择应根据探测区域内的环境条件、火灾特点、安装场所气流状况、房间高度等，选用与其相适宜的探测器或几种探测器的组合。

受可燃物质的类别、着火的性质、可燃物质的分布、着火场所的条件、火载荷重、新鲜空气的供给程度及环境温度等因素的影响，一般把火灾的发生与发展分为四个阶段：前期、早期、中期、晚期。火灾特点分析如表 2-1 所示。

表 2-1 火灾特点分析

火灾阶段	火灾形成情况	环境参数	损失程度
前期	尚未形成	有一定量的烟	基本无
早期	开始形成	烟量大增，温度上升	较小
中期	形成	温度很高	较大
晚期	扩散	火焰较大	大

根据表 2-1 对火灾特点的分析，对探测器选择的基本要求如下：

（1）对火灾初期有阴燃阶段，产生大量的烟和少量的热，很少或没有火焰辐射的场所，应选择感烟火灾探测器。

（2）对火灾发展迅速，可产生大量热、烟和火焰辐射的场所，可选择感温火灾探测器、感烟火灾探测器、火焰探测器或其组合。

（3）对火灾发展迅速，有强烈的火焰辐射和少量烟、热的场所，应选择火焰探测器。

（4）对火灾初期有阴燃阶段且需要早期探测的场所，宜增设一氧化碳火灾探测器。

（5）对使用、生产可燃气体或可燃蒸气的场所，应选择可燃气体探测器。

（6）应根据保护场所可能发生火灾的部位和燃烧材料的分析，以及火灾探测器的类型、灵敏度和响应时间等选择相应的火灾探测器，对火灾形成特征不可预料的场所，可根据模拟试验的结果选择火灾探测器（保证系统稳定性的前提下，提高火灾探测器的灵敏度）。

（7）同一探测区域内设置多个火灾探测器时，可选择具有复合判断火灾功能的火灾探测器和火灾报警控制器。

2. **点型火灾探测器的选择**

（1）根据房间高度选择探测器

房间高度，是指装设火灾探测器的安装面（顶棚或屋顶）最高点至室内地面的垂直距离。在不同高度的房间内设置火灾探测器时，应先按表 2-2 的规定初选探测器的类型，再根据被保护对象发生火灾时的燃烧特征和可能出现的主要火灾参数（烟、温度、光），以及被保护场所的环境条件，最后确定探测器的具体型号。

表 2-2 对不同房间高度选择点型火灾探测器

房间高度 h/m	点型感烟火灾探测器	点型感温火灾探测器			火焰探测器
		A1、A2	B	C、D、E、F、G	
$12<h\leqslant 20$	不适合	不适合	不适合	不适合	适合
$8<h\leqslant 12$	适合	不适合	不适合	不适合	适合
$6<h\leqslant 8$	适合	适合	不适合	不适合	适合
$4<h\leqslant 6$	适合	适合	适合	不适合	适合
$h\leqslant 4$	适合	适合	适合	适合	适合

表中 A_1、A_2、B、C、D、E、F、G 为点型感温探测器的不同类别，其具体参数应符合表 2-3 的规定。

表 2-3 点型感温火灾探测器的分类 ℃

探测器类别	典型应用温度	最高应用温度	动作温度下限值	动作温度上限值
A1	25	50	54	65
A2	25	50	54	70
B	40	65	69	85
C	55	80	84	100
D	70	95	99	115
E	85	110	114	130
F	100	125	129	145
G	115	140	144	160

高出顶棚的面积小于整个顶棚面积的 10%时，只要这部分顶棚面积不大于一只探测器的保护面积，则该较高的顶棚部分同整个顶棚面积一样看待。否则，较高的顶棚部分应视为另外的房间处理。

（2）宜选择点型感烟火灾探测器的场所

① 饭店、旅馆、教学楼、办公楼的厅堂、卧室、办公室、商场、列车载客车厢等。

② 计算机房、通信机房、电影或电视放映室等。

③ 楼梯、走道、电梯机房、车库等。

④ 书库、档案库等。

（3）不宜选择点型离子感烟火灾探测器的场所

符合下列条件之一的场所，都不宜选择点型离子感烟火灾探测器。

① 相对湿度经常大于 95%。

② 气流速度大于 5 m/s。

③ 有大量粉尘、水雾滞留。

④ 可能产生腐蚀性气体。

⑤ 在正常情况下有烟滞留。

⑥ 产生醇类、醚类、酮类等有机物质。

（4）不宜选择点型光电感烟火灾探测器的场所

符合下列条件之一的场所，都不宜选择点型光电感烟火灾探测器。

① 有大量粉尘、水雾滞留。

② 可能产生蒸气和油雾。

③ 高海拔地区。

④ 在正常情况下有烟滞留。

（5）宜选择点型感温火灾探测器的场所

符合下列条件之一的场所，宜选择点型感温火灾探测器。

① 相对湿度经常大于 95%。

② 可能发生无烟火灾。

③ 有大量粉尘。

④ 吸烟室等在正常情况下有烟或蒸气滞留的场所。

⑤ 厨房、锅炉房、发电机房、烘干车间等不宜安装感烟火灾探测器的场所。

⑥ 需要联动熄灭“安全出口”标志灯的安全出口内侧。

（6）宜选择点型火焰探测器或图像型火焰探测器的场所

符合下列条件的场所，宜选择点型火焰探测器或图像型火焰探测器。

① 火灾时有强烈的火焰辐射。

② 可能发生液体燃烧等无阴燃阶段的火灾。

③ 需要对火焰做出快速反应。

（7）不宜选择点型火焰探测器和图像型火焰探测器的场所

符合下列条件之一的场所，不宜选择点型火焰探测器和图像型火焰探测器。

① 在火焰出现前有浓烟扩散。

② 探测器的镜头易被污染。

③ 探测器的“视线”易被油雾、烟雾、水雾和冰雪遮挡。

④ 探测区域内的可燃物是金属和无机物。

⑤ 探测器易受阳光、白炽灯等光源直接或间接照射。

（8）宜选择可燃气体探测器的场所

① 使用可燃气体的场所。

② 燃气站和燃气表房，以及存储液化石油气罐的场所。

③ 其他散发可燃气体和可燃蒸气的场所。

④ 探测区域内正常情况下有高温物体的场所，不宜选择单波段红外火焰探测器。

⑤ 正常情况下有明火作业，探测器易受 X 射线、弧光和闪电等影响的场所，不宜选择紫外火焰探测器。

（9）其他

① 可能产生阴燃火或发生火灾不及时报警将造成重大损失的场所，不宜选择点型感温火灾探测器。

② 温度在 0 ℃以下的场所，不宜选择定温探测器。

③ 温度变化较大的场所，不宜选择具有差温特性的探测器。

3. 线型火灾探测器的选择

（1）宜选择线型光束感烟火灾探测器的场所

无遮挡的大空间或有特殊要求的房间，宜选择线型光束感烟火灾探测器。

（2）不宜选择线型光束感烟火灾探测器的场所

符合下列条件之一的场所，不宜选择线型光束感烟火灾探测器。

① 有大量粉尘、水雾滞留。

② 可能产生蒸气和油雾。

③ 在正常情况下有烟滞留。

④ 固定探测器的建筑结构由于振动等原因会产生较大位移的场所。

（3）宜选择电缆式线型感温火灾探测器的场所或部位

① 电缆隧道、电缆竖井、电缆夹层、电缆桥架。

② 不宜安装点型探测器的夹层、闷顶。

③ 各种皮带输送装置。

④ 其他环境恶劣不适合点型探测器安装的场所。

（4）宜选择线型光纤感温火灾探测器的场所或部位

① 除液化石油气外的石油储罐。

② 需要设置线型感温火灾探测器的易燃易爆场所。

③ 需要监测环境温度的地下空间等场所宜设置具有实时温度监测功能的线型光纤感温火灾探测器。

④ 公路隧道、敷设动力电缆的铁路隧道和城市地铁隧道等。

（5）线型定温火灾探测器的选择

应保证其不动作温度符合设置场所的最高环境温度的要求。

4. 吸气式感烟火灾探测器的选择

（1）宜选择吸气式感烟火灾探测器的场所

① 具有高速气流的场所。

② 点型感烟、感温火灾探测器不适宜的大空间、舞台上方、建筑高度超过 12 m 或有特殊要求的场所。

③ 低温场所。

④ 需要进行隐蔽探测的场所。

⑤ 需要进行火灾早期探测的重要场所。

⑥ 人员不宜进入的场所。

（2）不宜选择没有过滤网和管路自清洗功能的管路采样型吸气感烟火灾探测器的场所

虽然管路采样式吸气型感烟火灾探测器可以通过采用具备某些形式的灰尘辨别实现对灰尘的有效探测，但灰尘比较大的场所将很快导致管路采样型吸气式感烟火灾探测器和管路受到污染。如果没有过滤网和管路自清洗功能，探测器很难在这样恶劣的条件下正常工作。

5. 根据探测器灵敏度选择探测器

火灾探测器灵敏度是指探测器对火灾某参数（烟、温度、光）所能显示出的敏感程度，一般分为Ⅰ、Ⅱ、Ⅲ级。其中Ⅰ级探测器灵敏度最高。

火灾自动报警系统的响应时间与探测器的响应时间及灵敏度有关，探测器的灵敏度愈高，响应愈快，报警时间愈早，但受干扰而误报的可能性也就愈大。报警时间与报警的真实性、误警之间有一定的关系。一般火灾自动报警系统的最佳报警时间都选在折中点。所以在选择探测器的灵敏度级别时，要根据使用场所的实际情况而定。如图书馆、计算机房等禁烟场所要选择较高灵敏度级别的探测器，而旅馆的客房则选用一般灵敏度级别的探测器；会议室、车站候车室等公共场所以选择较低灵敏度级别的探测器为宜。

2.2.4 火灾探测器的设计

1. 探测器数量的确定

每个探测区域内至少设置一只火灾探测器，一个探测区域所需设置探测器的数量可用下式表示

$$N \geqslant \frac{S}{k \cdot A}$$

式中：N 为一个探测区域内所设置的探测器的数量，单位为“只”，N 应取整数。

S 为一个探测区域的地面面积（m^2）。

A 为探测器的保护面积（m^2），指一只探测器能有效探测的地面面积。由于建筑物房间的地面通常为矩形，因此，所谓“有效”探测器的地面面积实际上是指探测器能探测到的矩形地面面积。探测器的保护半径 R（m）是指一只探测器能有效探测的单向最大水平距离。

k 为安全修正系数。容纳人数超过 10 000 人的公共场所宜取 k 为 0.7～0.8，容纳人数为 2 000～10 000 人的公共场所宜取 k 为 0.8～0.9，容纳人数为 500～2 000 人的公共场所宜取 k 为 0.9～1.0，其他场所可取 k 为 1.0。

注意：安全修正系数的选取应根据设计者的实际经验，并考虑发生火灾对人和财产的损失程度、火灾危险性大小、疏散及扑救火灾的难易程度及对社会的影响大小等多种因素。而一个探测器的保护面积和保护半径的大小与其探测器的类型、探测区域的面积、房间高度及屋顶坡度都有一定的联系。表 2-4 是常用的探测器的保护面积、保护半径与其他参量之间的关系。

表 2-4 探测器的保护面积 A、保护半径 R 与其他参量的关系

火灾探测器种类	地面面积 S/m^2	房间高度 h/m	房顶坡度 θ					
			$\theta \leqslant 15°$		$15° < \theta \leqslant 30°$		$\theta > 30°$	
			A/m^2	R/m	A/m^2	R/m	A/m^2	R/m
感烟探测器	$S \leqslant 80$	$h \leqslant 12$	80	6.7	80	7.2	80	8
	$S > 80$	$6 < h \leqslant 12$	80	6.7	100	8	120	9.9
		$h \leqslant 6$	60	5.8	80	7.2	100	9
感温探测器	$S \leqslant 30$	$h \leqslant 8$	30	4.4	30	4.9	30	5.5
	$S > 30$	$h \leqslant 3$	20	3.6	30	4.9	40	6.3

通风换气对感烟探测器的面积有影响，在通风换气房间，烟的自然蔓延方式受到破坏。换气越频繁，燃烧产物（烟气体）的浓度越低，部分烟被空气带走，导致探测器接受烟量减少，或者说探测器感烟灵敏度相对降低。常用的补偿方法有两种：一是压缩每只探测器的保护面积；二是增大探测器的灵敏度，但要注意防误报。设计时，可按照表 2-5 根据房间每小时换气次数将探测器的保护面积乘以一个压缩系数。

表 2-5 感烟探测器的换气系数

每小时换气次数 n	保护面积的压缩系数
$10<n\leq 20$	0.9
$20<n\leq 30$	0.8
$30<n\leq 40$	0.7
$40<n\leq 50$	0.6
$50<n$	0.5

设房间换气系数为 50 次/h，感烟探测器的保护面积为 80 m^2。考虑换气影响后，探测器的保护面积为 $A=80\times 0.6=48$（m^2）。

2. 探测器的布置

探测器布置及安装得合理与否，直接影响保护效果。在布置探测器时，首先考虑安装间距的确定，然后考虑梁的影响及特殊场所探测器的安装要求。

（1）安装间距的确定

探测器在房间中布置时，如果是单只探测器，则应该安装在中心位置；如果是多只探测器，那么将两只探测器的水平距离和垂直距离称为安装间距，分别用 a 和 b 表示。安装间距 a、b 的确定方法有很多种，其中常用的有计算法和经验法。

① 计算法：根据从表 2-4 中查得的探测器的保护面积 A 和保护半径 R，计算直径 $D=2R$；根据所算得值的大小对应保护面积 A 在图 2-26 的粗实线上（即由 D 值所包围部分上）取一点，此点所对应的数值即为安装间距 a、b 的值。注意，实际应不大于查得的 a、b 值；具体布置后，再检验探测器到最远点水平距离是否超过了探测器的保护半径，如超过则应重新布置或增加探测器的数量。

图 2-26 为火灾探测器的安装间距曲线。从图中可见，曲线中的安装间距是以二维坐标的极限曲线的形式给出的。给出感温探测器的 3 种保护面积（20，30，40 m^2）和 5 种保护半径（3.6，4.4，4.9，5.5，6.3 m）所适宜的安装间距极限曲线 $D_1\sim D_5$。

给出感烟探测器的 4 种保护面积（64，84，100，120 m^2）和 6 种保护半径（5.8，6.7，7.2，8.0，9.9 m）所适宜的安装间距极限曲线 $D_6\sim D_{11}$（含 D_9'）。

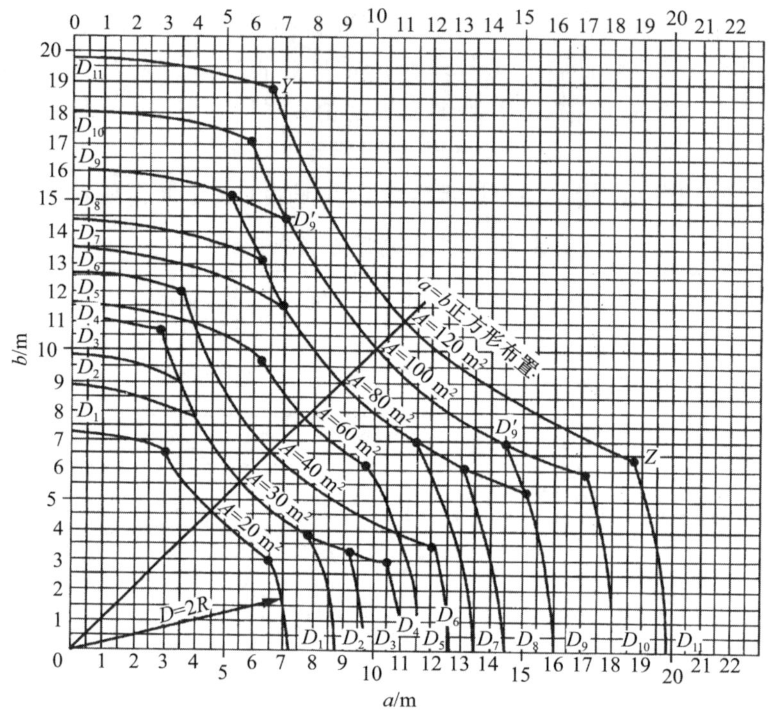

图 2-26 探测器安装间距的极限曲线

图中 Y、Z 为极限曲线的端点（在 Y 和 Z 两点间的曲线范围内，保护面积可得到充分利用）。

② 经验法：一般点型探测器的布置采用均匀布置法，因为距墙的最大距离为安装间距的一半，两侧墙分别到最近探测器的间距加起来为 1 个安装间距，所以可以根据工程实际总结计算法如下：

$$横向间距\ a=\frac{该房间(探测区域)的长度}{横向安装间距个数+1}=\frac{该房间的长度}{横向探测器的个数}$$

$$纵向间距\ b=\frac{该房间(探测区域)的宽度}{纵向安装间距个数+1}=\frac{该房间的宽度}{纵向探测器的个数}$$

由此可见，这种方法不需要查看图形也可非常方便地求出 a、b 的值。

例 2-1 一个地面面积为 30 m×40 m 的生产车间，其屋顶坡度为 15°，房间高度为 8 m，使用点型感烟火灾探测器保护。试问，应设多少只感烟火灾探测器？如何布置这些探测器？

解 ① 确定感烟火灾探测器的保护面积 A 和保护半径 R。查表 2-4，得感烟火灾探测器保护面积为 $A=80\ \text{m}^2$，保护半径 $R=6.7$ m。

② 计算所需探测器设置数量。

选取 $k=1.0$，按公式有 $N=\frac{S}{k\cdot A}=\frac{30\times40}{1.0\times80}=15$（只）。

③ 确定探测器的安装间距 a、b。

$a=\frac{40}{5}=8$ m，$b=\frac{30}{3}=10$ m，其布置方式见图 2-27。

④ 校核按安装间距 $a=8$ m、$b=10$ m 布置后，探测器到最远点水平距离 R'是否符合保护半径要求，按公式 $R'=\sqrt{\left(\frac{a}{2}\right)^2+\left(\frac{b}{2}\right)^2}$ 计算。即 $R'=6.4$ m<$R=6.7$ m，在保护半径之内。

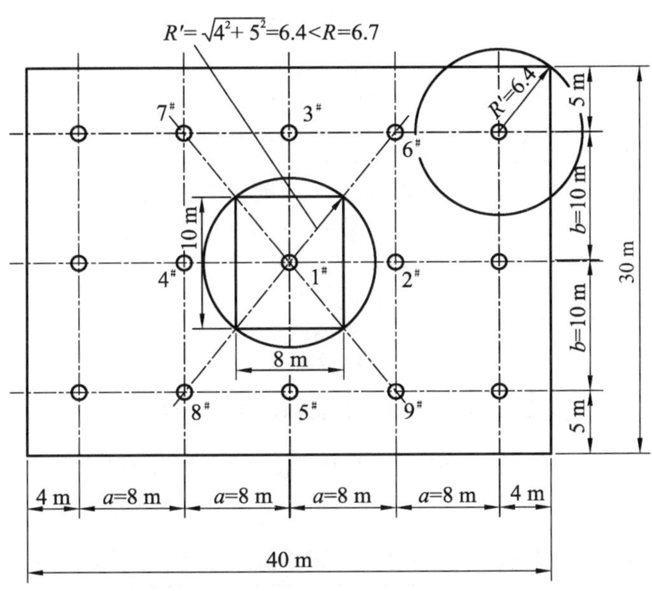

图 2-27 经验法布置探测器示例

（2）梁对探测器的影响

在顶棚有梁时，如果梁间区域的面积较小，梁对热气流（或烟气流）形成障碍，并吸收一部分热量，因而探测器的保护面积必然下降。在有梁的房间内安装探测器时，一般设计方法如下：

首先根据房间高度、梁的高度和使用的探测器类型、灵敏度级别和图 2-28 确定梁是否对探测器的布置有影响。

由图 2-28 可看出，房间高度在 5 m 以上，梁高大于 200 mm 时，探测器的保护面积受梁高的影响按房间高度与梁高之间的线性关系考虑。由图 2-28 还可看出，C、D、E、F、G 型感温火灾探测器房高极限值为 4 m，梁高限度为 200 mm；B 型感温火灾探测器房高极限值为 6 m，梁高限度为 225 mm；A1、A2 型感温火灾探测器房高极限值为 8 m，梁高限度为 275 mm；感烟火灾探测器房高极限值为 12 m，梁高限度为 375 mm。若梁高超过上述限度，即线性曲线右边部分，均需计梁的影响。当梁间净距小于 1 m 时，也可视为平顶棚，不计梁的影响。

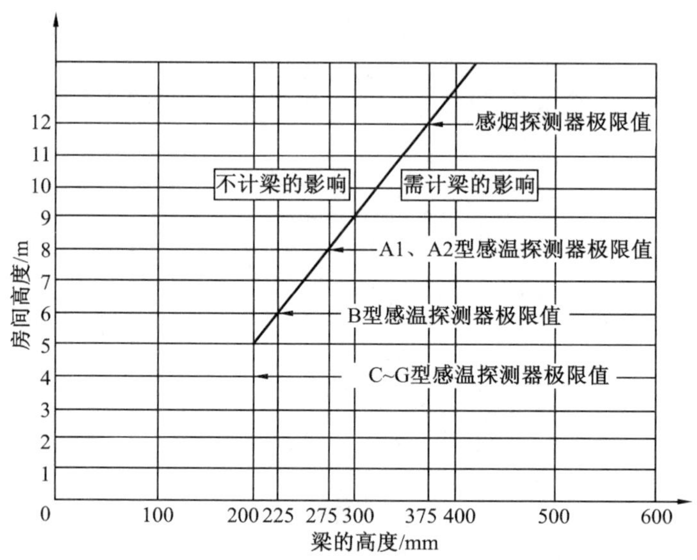

图 2-28 不同高度的房间梁对探测器设置的影响

当梁的高度在 200～600 mm 之间，且梁的影响不可忽视时，应按照表 2-6 选择探测器的数量。

表 2-6 按梁间区域面积确定一只探测器能够保护的梁间区域的个数

探测器的保护面积 A/m^2		梁隔断的梁间区域面积 Q/m^2	一只探测器保护的梁间区域的个数
感温探测器	20	$Q>12$	1
		$8<Q\leqslant 12$	2
		$6<Q\leqslant 8$	3
		$4<Q\leqslant 6$	4
		$Q\leqslant 4$	5
	30	$Q>8$	1
		$12<Q\leqslant 18$	2
		$9<Q\leqslant 12$	3
		$6<Q\leqslant 9$	4
		$Q\leqslant 6$	5
感烟探测器	60	$Q>36$	1
		$24<Q\leqslant 36$	2
		$18<Q\leqslant 24$	3
		$12<Q\leqslant 18$	4
		$Q\leqslant 12$	5

续表

探测器的保护面积 A/m^2		梁隔断的梁间区域面积 Q/m^2	一只探测器保护的梁间区域的个数
感烟探测器	80	$Q>48$	1
		$32<Q\leqslant48$	2
		$24<Q\leqslant32$	3
		$16<Q\leqslant24$	4
		$Q\leqslant10$	5

当梁突出顶棚的高度小于 200 mm 时，可不计梁对探测器保护面积的影响。当梁突出顶棚的高度超过 600 mm 时，被梁阻断的部分需单独划为一个探测区域，即每个梁间区域应至少设置一只探测器。如果被梁阻断的区域面积超过一只探测器的保护面积时，则应将被阻断的区域视为一个探测区域，并应按规范有关规定计算探测器的设置数量。探测区域划分如图 2-29 所示。

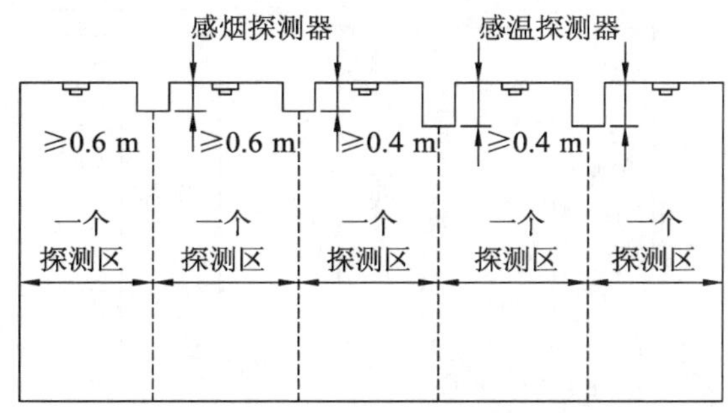

图 2-29　探测区域的划分

如果探测区域内有过梁，定温型感温探测器安装在梁上时，其探测器下端到安装面必须在 0. 3 m 以内；感烟型探测器安装在梁上时，其探测器下端到安装面必须在 0. 6 m 以内，如图 2-30 所示。

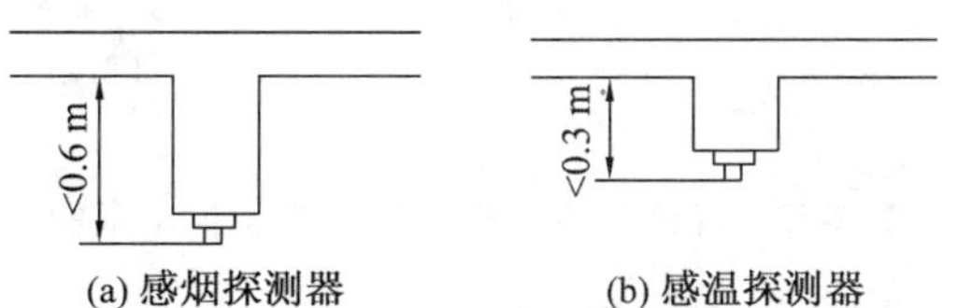

(a) 感烟探测器　(b) 感温探测器

图 2-30　梁下安装时探测器至顶棚的距离

3. 探测器在一些特殊场合安装时的注意事项

（1）在宽度小于 3 m 的内走道的顶棚设置探测器时应居中布置，感温探测器的安装间距不应超过 10 m，感烟探测器安装间距不应超过 15 m，探测器至端墙的距离不应大于安装间距的一半，在内走道的交叉和汇合区域上必须安装一只探测器，如图 2-31所示。

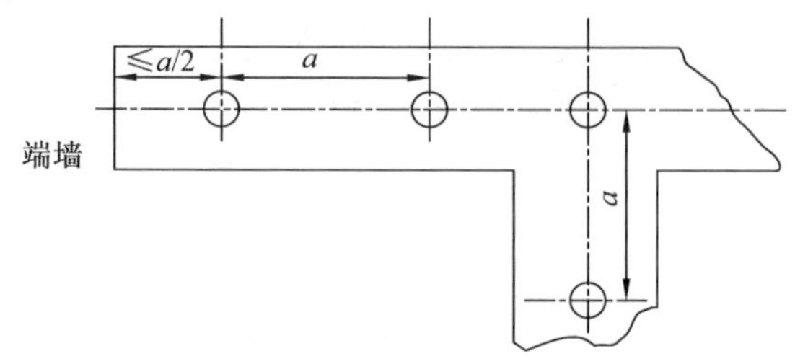

图 2-31 探测器布置在内走道的顶棚上

（2）探测器至墙壁、梁边的水平距离不应小于 0.5 m；探测器周围 0.5 m 内，不应有遮挡物。

（3）房间被书架、贮藏架或设备等阻断分隔，其顶部至顶棚或梁的距离小于房间净高 5%时，每个被隔开的部分至少安装一只探测器，如图 2-32 所示。

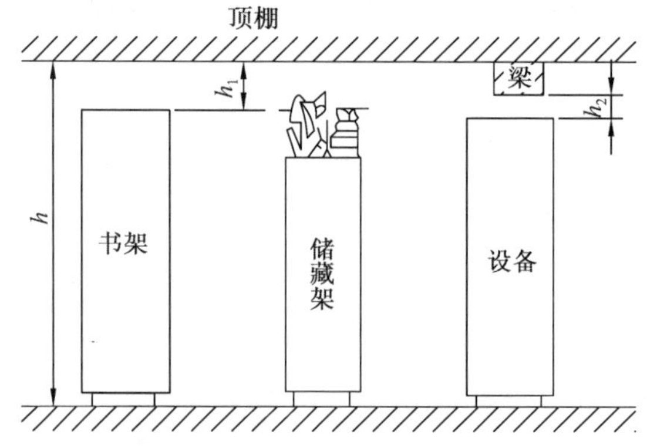

图 2-32 房间有书架、设备分隔时探测器的设置

（4）在空调机房内，探测器应安装在离送风口 1.5 m 以上的地方，离多孔送风顶棚孔口的距离不应小于 0.5 m，如图 2-33 所示。

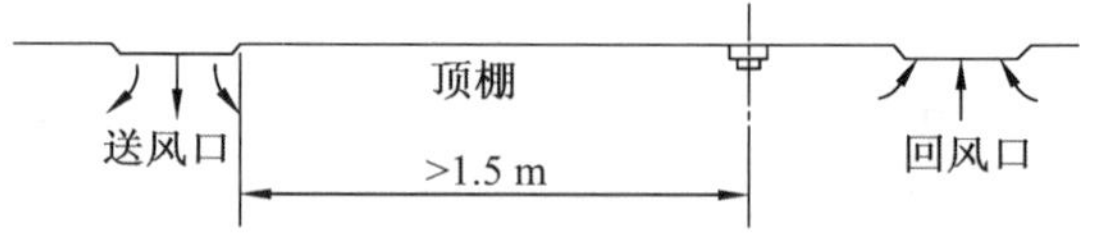

图 2-33 探测器在有空调的室内设置示意图

（5）感烟探测器与顶棚或屋顶之间的距离与顶棚或屋顶的形状和探测器的安装高度有关。这是因为，在顶棚上可能形成空气滞留层，有时屋顶受热辐射作用形成热屏障。火灾时，该热屏障在烟和气流通向探测器的道路上形成障碍，带有金属屋顶的仓库在昼间，屋顶下边的空气可能被加热，同样可产生热屏障，使烟在热屏障下边开始分层。在冬天，降温作用妨碍烟的扩散。因此，安装感烟探测器时下表面至顶棚（或屋顶）的距离应符合表 2-7。

表 2-7 感烟探测器下表面至顶棚（或屋顶）的距离

探测器的安装高度 h/m	感烟探测器下表面至顶棚（或屋顶）的距离 d/mm					
	$\theta \leqslant 15°$		$15° < \theta \leqslant 30°$		$\theta > 30°$	
	最小	最大	最小	最大	最小	最大
$h \leqslant 6$	30	200	200	300	300	500
$6 < h \leqslant 8$	70	250	250	400	400	600
$8 < h \leqslant 10$	100	300	300	500	500	700
$10 < h \leqslant 12$	150	350	350	600	600	800

（6）锯齿型屋顶和坡度大小为15°的“人”字形屋顶，应在每个屋脊处设置一排探测器，安装示意图如图 2-34 所示。探测器下表面至屋顶最高处的距离，应符合表 2-7 的规定。

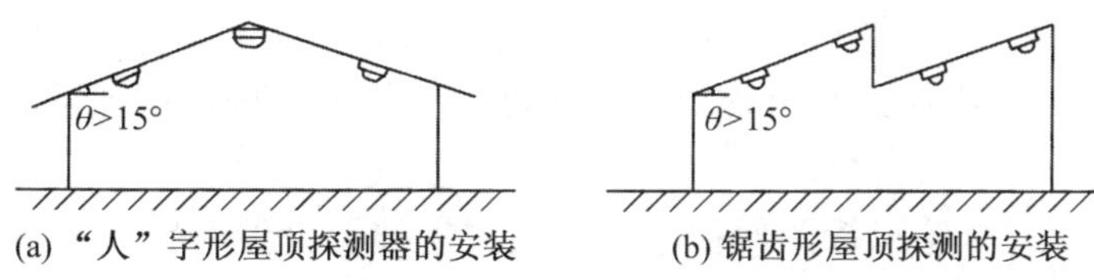

(a)“人”字形屋顶探测器的安装　　(b) 锯齿形屋顶探测的安装

图 2-34 “人”字形和锯齿形屋顶探测器安装示意图

（7）探测器宜水平安装，如需倾斜安装时，角度不应大于 45°。当屋顶坡度大于 45°时，应加木台或类似方法安装探测器，如图 2-35 所示。

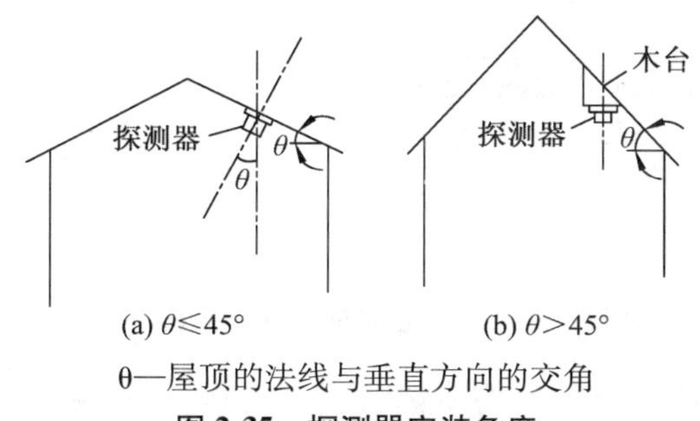

(a) $\theta \leqslant 45°$　　(b) $\theta > 45°$

θ—屋顶的法线与垂直方向的交角

图 2-35 探测器安装角度

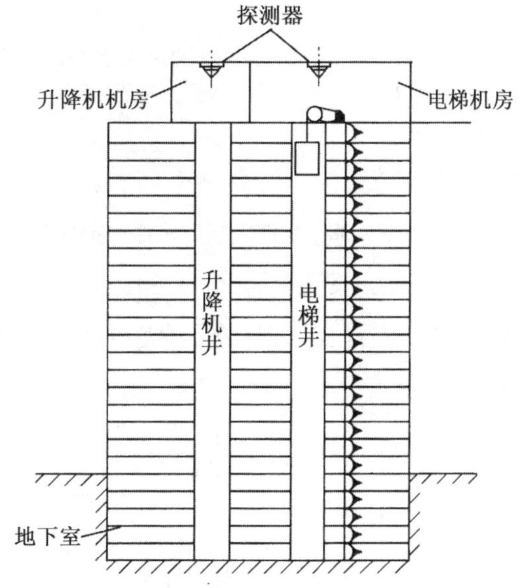

图 2-36 探测器在井道上方机房顶棚上的设置

（8）在电梯井、升降机井设置探测器时，其位置宜在井道上方的机房顶棚上，如图 2-36 所示。这种设置既有利于井道中火灾的探测，又便于日常检验维修。因为通常在电梯井、升降机井的提升井绳索的井道盖上都有一定的开口，烟会顺着井绳冲到机房内部。为尽早探测火灾，规定用感烟探测器保护，且在顶棚上安装。

（9）楼梯或斜坡道至少垂直距离每 15 m（Ⅲ级灵敏度的火灾探测器为 10 m），应安装一只探测器。安装位置应在楼板下面，靠近室内便于维修管理的位置。

（10）线型光束感烟探测器的光束轴线至顶棚的垂直距离宜为 0. 3～1. 0 m，距地高度不宜超过 20 m。相邻两组线型光束感烟探测器的水平距离不应大于 14 m。探测器至侧墙的水平距离不应大于 7 m，且不应小于 0. 5 m。探测器的发射器和接收器之间的距离不宜超过 100 m，这是为了保证探测器的灵敏度，也是为了防止建筑位移使探测器产生误报，如图 2-37 所示。

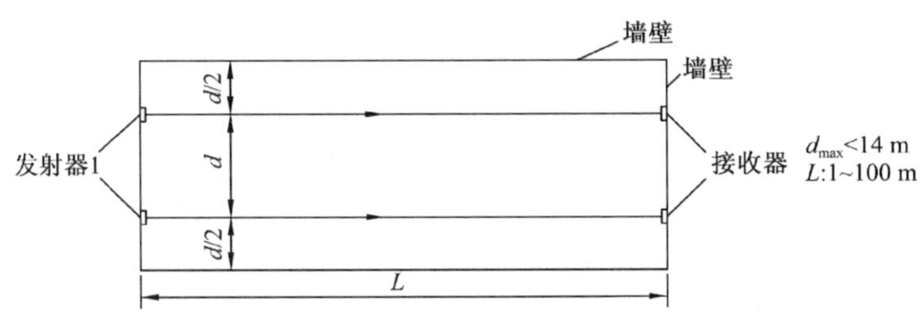

图 2-37　线型光束感烟火灾探测器在相对两面墙壁上安装的平面示意图

探测器应设置在固定结构上，以保证其接收端避开日光和人工光源直接照射。选择反射式探测器时，应保证在反射板与探测器间任何部位进行模拟试验，探测器均能正确响应。

（11）电缆式线型感温探测器在电缆桥架或支架上设置时，火灾早期探测的关键期是温度的升高阶段。线性感温火灾探测器在电缆桥架或支架上设置时，应采用接触式敷设方式，即敷设于被保护电缆（表层电缆）的外护套上，如图 2-38 所示，图中固定卡具宜选用阻燃塑料卡具。

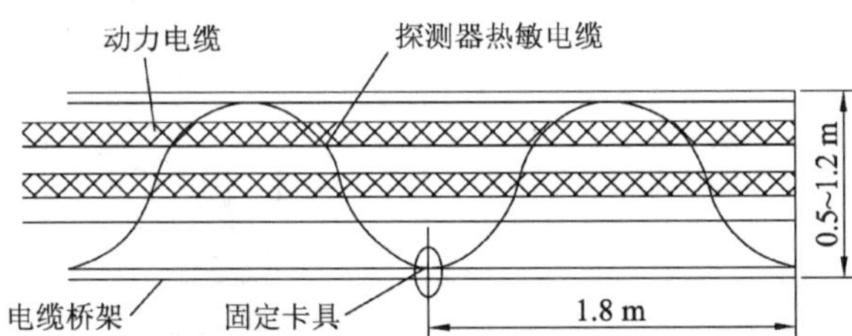

图 2-38　电缆式线型感温火灾探测器在电缆桥架或支架上接触式的布置示意图

（12）设置在顶棚下方的线型感温探测器，至顶棚的距离宜为 0. 1 m。探测器的保护半径应符合点型感温火灾探测器的保护半径要求；管路至墙壁的距离宜为 1 ~ 1. 5 m。如图 2-39 所示。

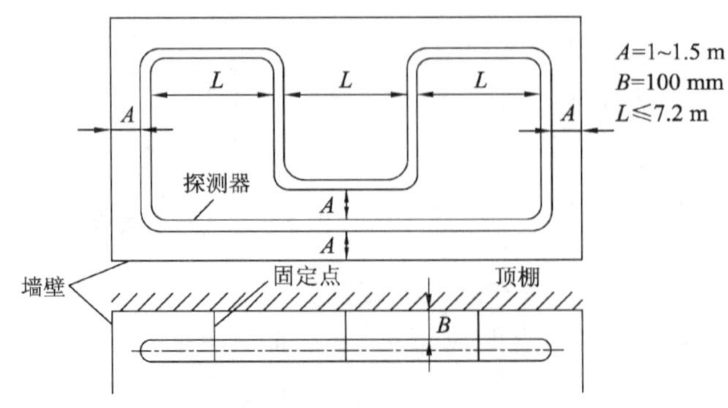

图 2-39　线型感温火灾探测器在顶棚下方设置示意图

光栅光纤感温火灾探测器中每个光栅的保护面积和保护半径，应符合点型感温火灾探测器的保护面积和保护半径要求。设置线型感温火灾探测器的场所有联动要求时，宜采用两只不同火灾探测器的报警信号组合。与线型感温火灾探测器连接的模块不宜设置在长期潮湿或温度变化较大的场所。

（13）感烟火灾探测器在格栅吊顶场所的设置，应符合下列规定：

① 镂空面积与总面积的比例不大于 15% 时，探测器应设置在吊顶下方，如图 2-40所示。

② 镂空面积与总面积的比例大于 30% 时，探测器应设置在吊顶上方，如图 2-41所示。

③ 镂空面积与总面积的比例为 15% ~ 30% 时，探测器的设置部位应根据实际试验结果确定。

④ 探测器设置在吊顶上方且火警确认灯无法观察时，应在吊顶下方设置火警确认灯。

⑤ 地铁站台等有活塞风影响的场所，镂空面积与总面积的比例为 30% ~ 70% 时，探测器宜同时设置在吊顶上方和下方。

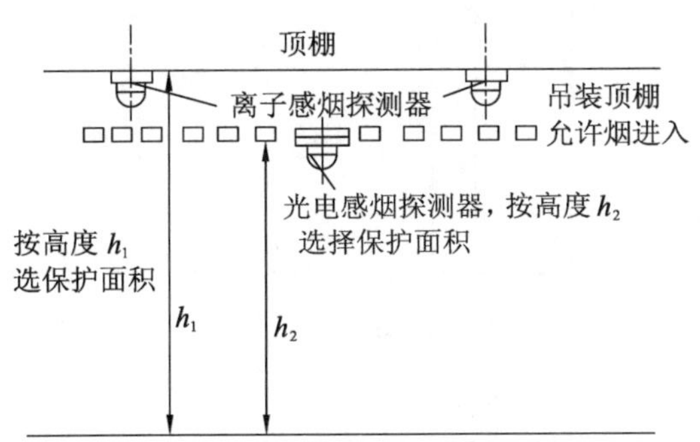

图 2-40 吊装顶棚探测阴燃火的改进方法

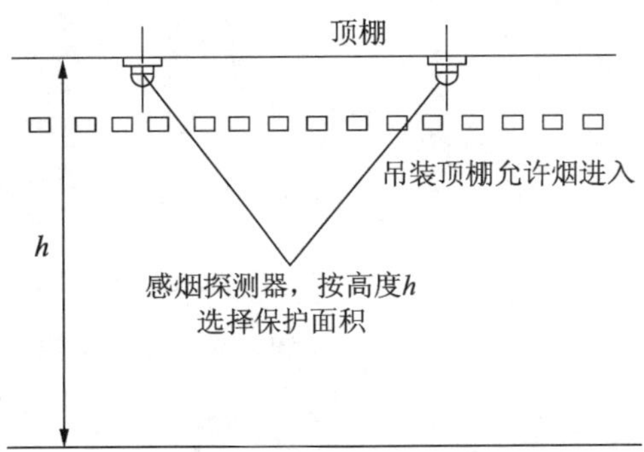

图 2-41 探测器在吊装顶棚中的安装图

（14）火焰探测器和图像型火灾探测器的设置，应顾及探测器的探测视角和最大探测距离，可通过选择探测距离长、火灾报警响应时间短的火焰探测器，提高保护面积要求和报警时间要求。探测器的探测视角内不应存在遮挡物，还应避免光源直接照射在探测器的探测窗口。单波段的火焰探测器不应设置在平时有阳光、白炽灯等光源直接或间接照射的场所。

（15）下列场所可不设置探测器：

① 厕所、浴室及其类似场所。

② 不能有效探测火灾的场所。

③ 不便维修、使用（重点部位除外）的场所。

2.3 现场模块及其配套设备

2.3.1 手动报警按钮

1. 分类

手动报警按钮分为带电话插孔与不带电话插孔两种。带电话插孔的手动报警按钮外形如图 2-42 所示。不带电话插孔的手动报警按钮为红色全塑结构，分底盒与上盖两部分，其外形如图 2-43 所示。

手动火灾报警按钮—消火栓按钮

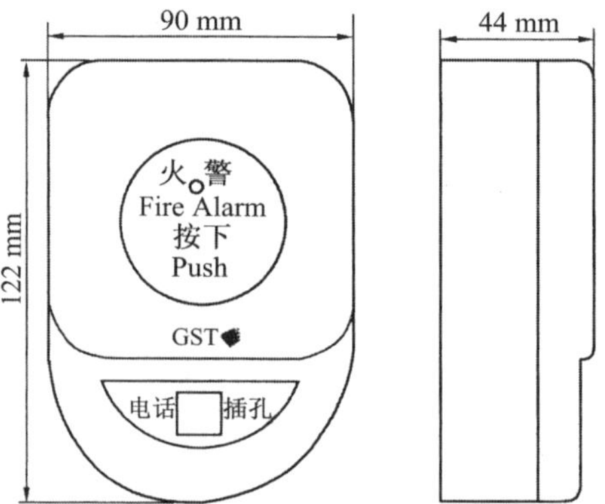

图 2-42 带电话插孔的手动报警按钮外形示意图

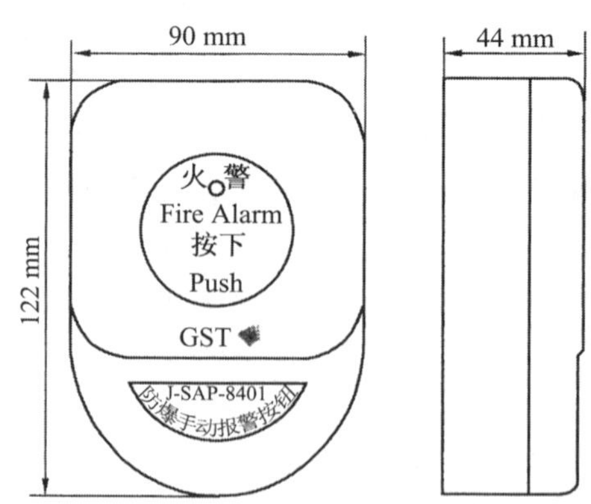

图 2-43 不带电话插孔的手动报警按钮外形示意图

每个防火分区应至少设置一个手动火灾报警按钮。从一个防火分区内的任何位置到最邻近的一个手动火灾报警按钮的距离不应大于 30 m。手动火灾报警按钮宜设置在公共活动场所的出、入口处，并位于明显的和便于操作的部位。当安装在墙上时，其底边距地高度宜为 1.3～1.5 m，且应有明显的标志。

2. 作用原理

手动报警按钮是火灾报警系统中的一个设备类型。当人工确认火灾发生后按下按钮上的有机玻璃片，可向控制器发出火灾报警信号，控制器接收到报警信号后，显示出报警按钮的编号或位置并发出报警音响。正常情况下，当手动报警按钮报警时，火灾发生的概率很大，几乎没有误报的可能。按下手动报警按钮后3～5 s，手动报警按钮上的火警确认灯会被点亮，这个状态灯表示火灾报警控制器已经收到火警信号，并且确认了现场位置。

3. J-SJP-M-Z02 型智能手动报警按钮

J-SJP-M-Z02 型手动火灾报警按钮是与智能二总线控制器配合使用的，正常运行时红色指示灯约 3 s 闪亮一次，火警时红色指示灯常亮。手动报警按钮支持电子编码方式，同时内置电话插孔，适合工程使用。其主要技术指标如下：

① 工作电压：24 V（脉冲调制）。

② 静态电流：<500 μA。

③ 动作电流：<3 mA。

④ 输出触点容量：0. 1/12 V DC。

⑤ 质量：约 150 g。

⑥ 执行标准：GB 19880—2005。

⑦ 接线方式：二线制（L+、L-）。

⑧ 使用环境：户内，温度-10～50 ℃，相对湿度<95%（40 ℃无凝露）。

⑨ 编码方式：通过编码器可在线编写地址。

⑩ 电话插孔：二线制消防电话（圆形插头）。

4. 手动报警按钮的布线要求

手动报警按钮接线端子如图 2-44 所示。

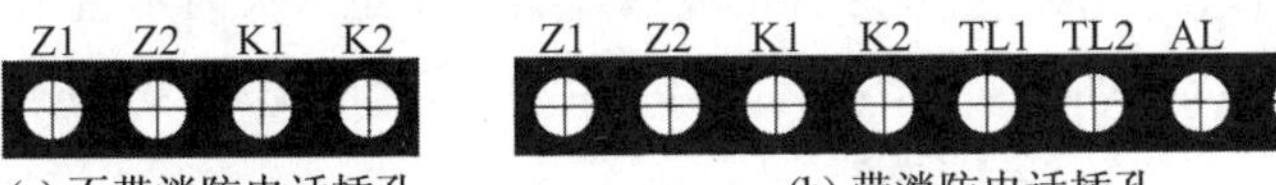

(a) 不带消防电话插孔　　(b) 带消防电话插孔

图 2-44 手动报警按钮接线端子示意

图 2-44a 中各端子的意义如下：

Z1、Z2—无极性信号二总线端子；

K1、K2—无源常开输出端子。

布线时，信号线 Z1、Z2 采用阻燃 RVS 双绞线，导线截面面积≥1. 0 mm^2。

图 2-44b 中各端子的意义如下：

Z1、Z2—与控制器信号二总线连接的端子；

K1、K2—DC 24 V 进线端子及控制线输出端子，用于提供直流 24 V 开关信号；

TL1、TL2—与总线制编码电话插孔或多线制电话主机连接的音频接线端子；

AL、G—与总线制编码电话插孔连接的报警请求线端子。

布线时，信号 Z1、Z2 采用阻燃 RVS 双绞线，导线截面面积≥1. 0 mm^2；消防电话线 TL1、TL2 采用 RVVP 屏蔽线，导线截面面积≥1. 0 mm^2；报警请求线 AL、G 采用 BV 线，导线截面面积≥1. 0 mm^2。

5. 手动报警按钮的应用

手动报警按钮的总线接线端子直接接入报警总线，电话线接线端子接入电话系统。应用实例如图 2-45a 所示。

不带消防电话插孔的手动报警按钮的工程设计案例如图 2-45b 所示。总线接线端子直接接入报警总线，无源常开输出端子接外部设备或空置。接外部设备时，当报警按钮按下，输出触点闭合信号，可直接控制外部设备。

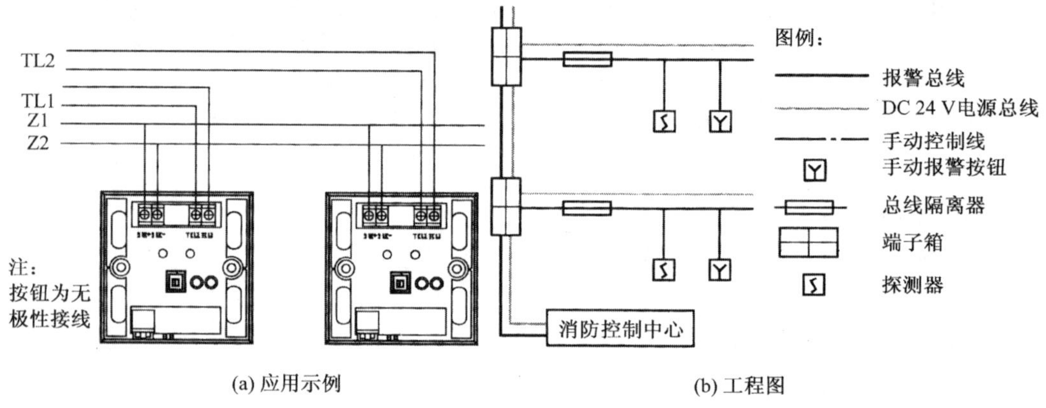

图 2-45 手动报警按钮应用实例

2.3.2 消火栓报警按钮

消火栓报警按钮的外形图与手动报警按钮类似，如图 2-46 所示。以前大部分消火栓采用小锤为敲击按钮，现在一般为有机玻璃片。当发生火灾时可直接按下玻璃片，此时消火栓按钮的红色启动指示灯亮，通过连接的一些外部电路便可以启动消防水泵的设备。

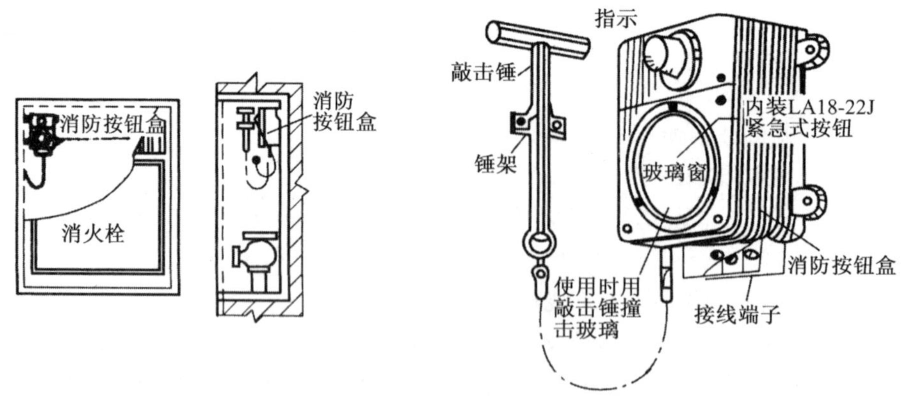

图 2-46 带小锤的消火栓按钮

1. 作用原理

一般的消火栓按钮有两种启动方式，分别为有源启动和无源启动。J-SAM-GST9123 型消火栓按钮为编码型，可直接接入控制器总线，占一个地址编码。消火栓按钮表面装有按片。当启用消火栓时，可直接按下按片，此时消火栓按钮的红色启动指示灯亮，黄色警示物弹出，这表明已向消防控制室发出了报警信息。火灾报警控制器在确认消防水泵已启动运行后，向消火栓按钮发出命令信号，点亮绿色回答指示灯。J-SAM-GST9123 型按钮主要具有以下特点：

① 采用底座分离式结构设计，安装简单方便；

② 电子编码可现场改写；

③ 消火栓按钮为可重复使用型，采用压下报警方式，按下后可用专用钥匙复位；

④ 按下消火栓按钮按片，消火栓按钮提供的独立输出触点可直接控制其他外部设备；

⑤ 采用微处理器实现对消防设备的控制，用数字信号与火灾报警控制器进行通信，工作稳定可靠，对电磁干扰有良好的抑制能力；

⑥ 由微处理器对运行情况进行监视，给出诊断信息。

J-SAM-GST9124 型消火栓按钮通常安装在消火栓箱内。当人工确认发生火灾后，按下此按钮，即可启动消防水泵，同时向火灾报警控制器发出报警信号。火灾报警控制器接收到报警信号，将显示出按钮的编码号，并发出报警声响。该按钮具有 DC 24 V 有源输出和现场设备无源回答输入功能，采用三线制与设备连接，可完成对设备的启动及监视功能。此方式可独立于火灾报警控制器。J-SAM-GST9124 型按钮主要具有以下特点：

① 采用拔插式结构，安装简单方便；

② 可电子编码，可现场改写；

③ 按片在按下后可用专用工具复位。

2. 主要技术指标

（1）J-SAM-GST9123 型消火栓按钮

① 工作电压：总线 24 V。

② 监视电流≤0. 8 mA。

③ 报警电流≤2 mA。

④ 线制：消火栓按钮与火灾报警控制器信号二总线连接，若需实现直接启泵控制，应将消火栓按钮与泵控制箱二线连接。

⑤ 指示灯。

启动：红色，巡检时闪亮，消火栓按钮按下时此灯点亮；

回答：绿色，消防水泵运行时此灯点亮。

⑥ 无源输出触点容量：DC 30 V/100 mA。

⑦ 使用环境：温度为-10～55 ℃，相对湿度≤95%，不结露。

⑧ 外壳防护等级：IP65。

⑨ 外形尺寸：95. 4 mm×98. 4 mm×60 mm（带底壳）。

（2）J-SAM-GST9124 型消火栓按钮

① 工作电压。

总线电压：总线 24 V；电源电压：DC 24 V。

② 监视电流≤0. 5 mA。

③ 报警电流≤5 mA。

④ 线制：与火灾报警控制器采用二总线连接，与电源采用两线连接，与消防泵

采用三线制连接（一根 DC 24 V 有源输出线，一根回答输入线，一根公共线）。

⑤ 有源输出容量：DC 24 V/100 mA。

⑥ 使用环境：温度为-10～55 ℃，相对湿度≤95%，不结露。

⑦ 外壳防护等级：IP65。

⑧ 外形尺寸：95.4 mm×98.4 mm×60 mm（带底壳）。

3. **布线要求**

以 LD-8403 型智能编码消火栓报警按钮为例，它采用的是总线制，其接线端子示意如图 2-47 所示。

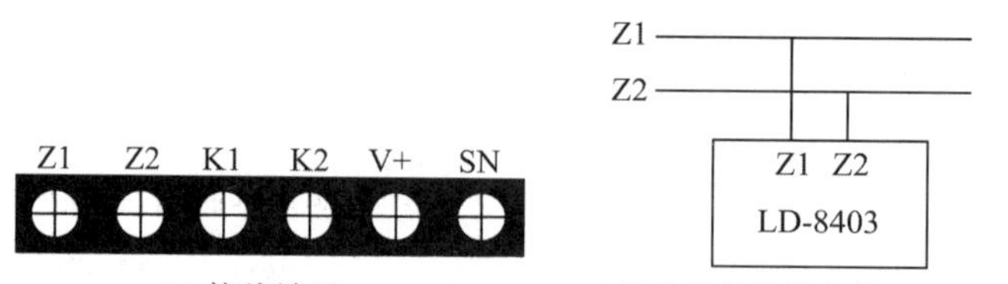

(a) 接线端子 (b) 消火栓报警按钮总线制接线

图 2-47 LD-8403 型消防按钮接线端子和总线制接线

图 2-47 中各端子的意义如下：

Z1、Z2—与控制器信号二总线连接的端子，不分极性；

K1、K2—无源常开触点，用于直接启泵控制时，需外接 24 V 电源；

V+、SN—DC 24 V 有源回答信号，接泵控制箱，连接此端子可实现泵控制箱动作，直接点亮泵运行指示灯。

布线要求：信号总线 Z1、Z2 采用 RVS 型双绞线，导线截面面积≥$1.0\ mm^2$；控制线 K1、K2 及回答线 V+、SN 采用 BV 线，导线截面面积≥$1.5\ mm^2$。

图 2-48 所示为消火栓报警按钮直接和信号二总线连接的总线方式。按下消防按钮，向报警器发出报警信号，控制器发出启泵命令并确认泵已启动后，点亮按钮上的信号运行灯。采用直接启泵方式需要向泵控制箱及报警按钮提供 DC 24 V 电源线。

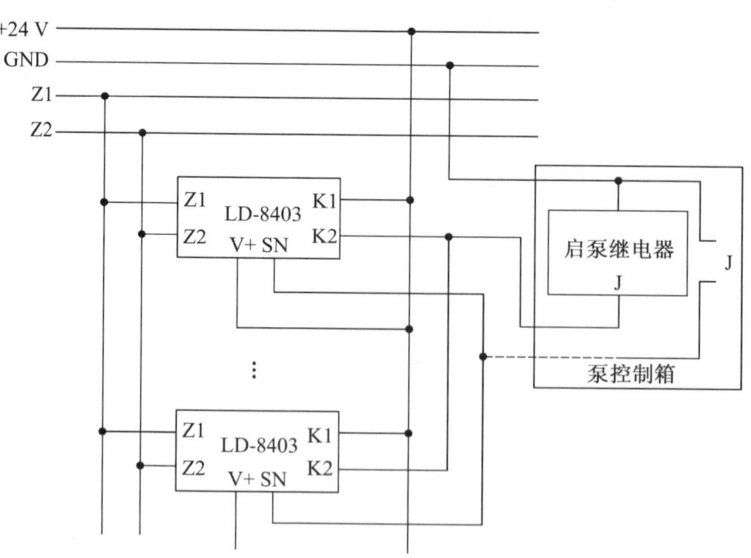

图 2-48 消火栓报警按钮直接和总线连接方式

4. **消火栓报警按钮工程设计案例**

消防报警按钮直接接在系统总线上，消防泵控制柜要通过强电切换模块和控制模块与系统连接，工程设计时，要考虑联动设计关系。消防报警按钮在工程设计时的设计案例如图 2-49 所示。

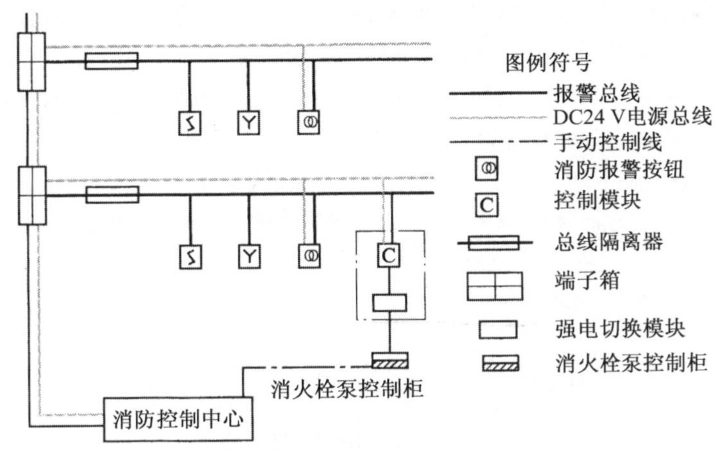

图 2-49　消火栓按钮工程设计案例

2.3.3　消防模块

输出模块、输入输出模块、切换模块

消防模块是消防联动控制系统的重要组成部分，是消防自动报警系统中不可或缺的“左膀右臂”。消防模块分为输入模块、输出模块、输入输出模块、中继模块、隔离模块、切换模块等。

1. **输入模块**

（1）作用及适用范围

输入模块用于接收消防联动设备输入的常开或常闭开关量信号，并将联动信息传回火灾报警控制器（联动型）；主要用于配接现场各种主动型设备，如水流指示器、压力开关、位置开关、信号阀及能够送回开关信号的外部联动设备等。模块可采用电子编码器完成编码设置。

图 2-50 所示为 LD-8300 型输入模块的外形。

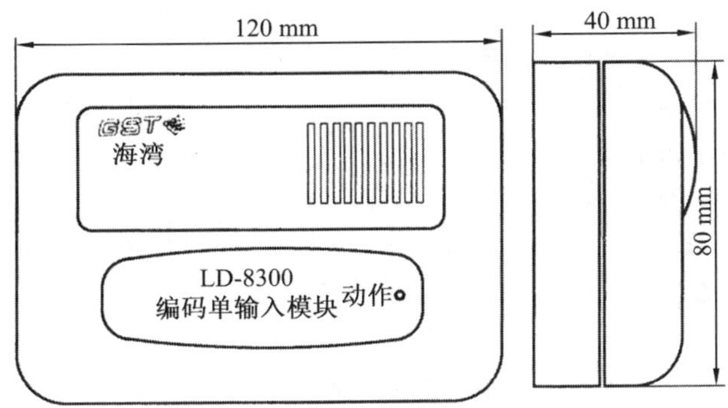

图 2-50　LD-8300 型输入模块外形示意

（2）布线和安装

图 2-51 所示为 LD-8300 型输入模块接线端子示意图。

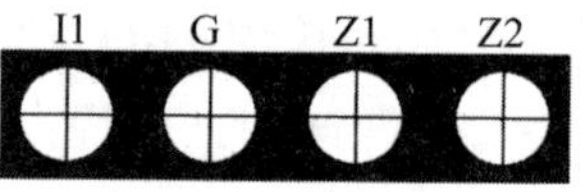

图 2-51 LD-8300 型输入模块接线端子示意

图 2-51 中各端子的意义如下：

Z1、Z2—与控制器信号二总线连接的端子；

I1、G—与设备的无源常开触点（设备动作闭合报警型）连接的端子，也可通过电子编码器设置常闭输入。

布线要求：信号总线 Z1、Z2 采用 RVS 型双绞线，导线截面面积≥1.0 mm^2；I1、G 采用 RV 软线，导线截面面积≥1.0 mm^2。

LD-8300 型输入模块一般明装在墙上，当进线管预埋时，可将其底盒安装在 86H50 型预埋盒上，底盒与盖间采用拔插式结构安装，便于拆卸和调试维修，具体安装如图 2-52 所示。

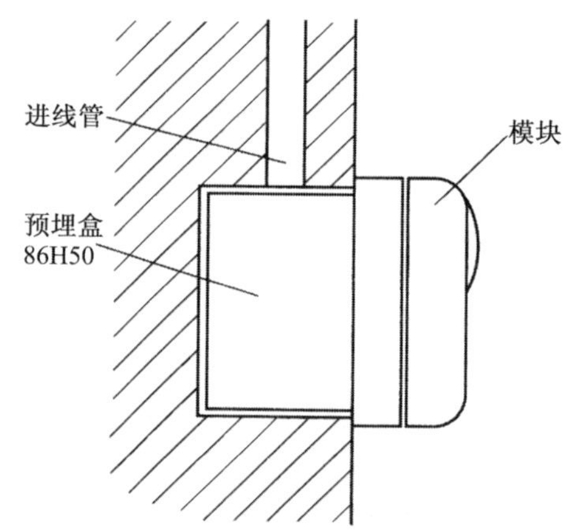

图 2-52 LD-8300 型模块安装示意

（3）应用示例

单输入模块与无须供电的现场设备连接方法如图 2-53 所示，单输入模块与需供电的现场设备连接方法如图 2-54 所示。

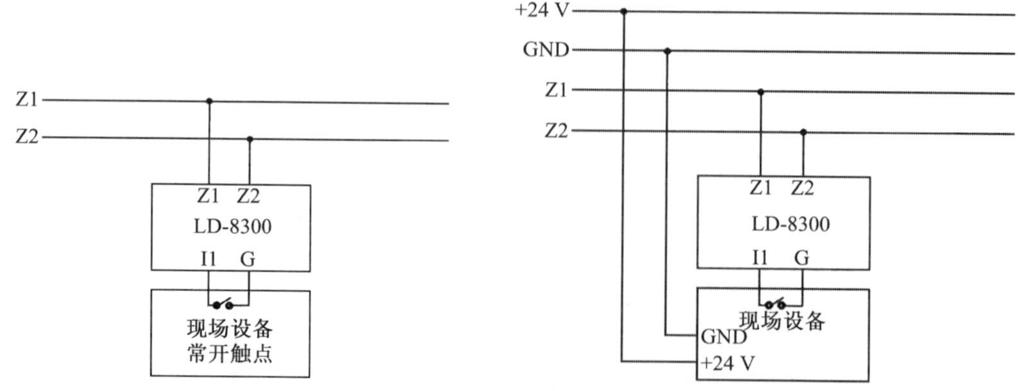

图 2-53 单输入模块与无须供电的现场设备连接 **图 2-54 单输入模块与需供电的现场设备连接**

2. 输入输出模块

（1）作用

火灾报警时，报警控制器通过输出模块启动需要联动的外控设备，如防排烟阀、送风防火卷帘门、风机、警铃等，并可接受设备的动作回答。

输出模块连接在控制器的回路总线上，可以安装在所控设备的附近，也可安装在楼层端子模块箱内。采用电子写码，可以现场编码。输出模块的输出控制逻辑可以根据工程情况编程完成。控制器接收到探测器的报警信号后，根据预先编入的程序，控制器通过总线将联动控制信号输送到输出模块，输出模块启动需要联动的消防设备，设备动作后会接收一个信号回答。

（2）特点

以 GST-LD-8301 单输入输出模块为例。它是一种总线制控制接口，用于将现场各种一次动作并有动作信号输出的被动型设备，如排烟口、送风口、防火阀等接入到控制总线上。

GST-LD-8301 单输入输出模块采用电子编码器进行编码，模块内有一对常开、常闭触点，容量为 DC 24 V、5 A。模块具有直流 24 V 电压输出，用于与继电器触点接成有源输出，满足现场的不同需求。另外，模块还设有开关信号输入端，用来与现场设备的开关触点连接，以便对现场设备是否动作进行确认。

注意：不应将模块触点直接接入交流控制回路，以防强交流干扰信号损坏模块或控制设备。

（3）结构特征、安装与布线

其外形尺寸及结构、安装方法均与 LD-8300 模块相同，外形及底座如图 2-55 所示。

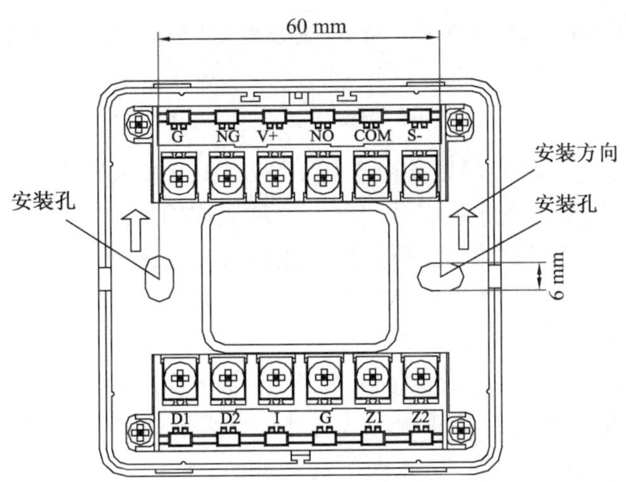

图 2-55 GST-LD-8301 单输入输出模块外形及底座

端子说明：

Z1、Z2—接控制器两总线，无极性；

D1、D2—DC 24 V 电源，无极性；

G、NG、V+、NO—DC 24 V 有源输出辅助端子，将 G 和 NG 短接、V+和 NO 短

接（注意：出厂默认已经连接好/短接，若使用无源常开输出端子，请将 G、NG、V+、NO 之间的短路片断开），用于向输出触点提供+24 V 信号以便实现有源 DC 24 V 输出；无论模块启动与否，V+、G 间一直有 DC 24 V 输出；

I、G—与被控制设备无源常开触点连接，用于实现设备动作回答确认（也可通过电子编码器设为常闭输入或自回答）；

COM、S- —有源输出端子，启动后输出 DC 24 V，COM 为正极、S-为负极；

COM、NO—无源常开输出端子。

（4）安装接线方式

模块输入端如果设置为“常开检线”状态，模块输入线末端（远离模块端）必须并联一个 4.7 kΩ 的终端电阻；模块输入端如果设置为“常闭检线”状态，模块输入线末端必须串联一个 4.7 kΩ 的终端电阻。无源输出接线如图 2-56 所示。

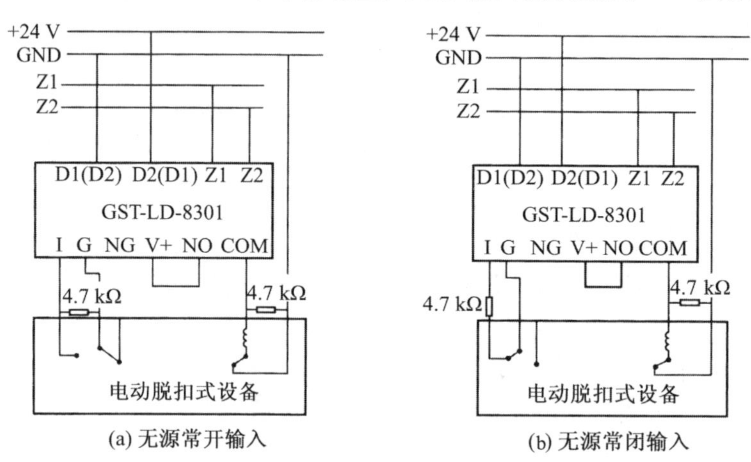

图 2-56　GST-LD-8301 单输入输出模块无源输出接线示意图

3. 切换模块

（1）作用

LD-8302A 模块是一种专门设计用于与 LD-8303 双输入输出模块连接，实现控制器与被控设备之间做交流直流隔离及启动、停动双作用控制的接口部件。本模块为一种非编码模块，不可与控制器的总线连接。模块有一对常开、常闭输出触点，可分别独立控制，容量为 DC 24 V/5 A 和 AC 220 V/5 A。

（2）布线

LD-8302A 模块外形尺寸、结构及安装均与 LD-8300 型模块相同，并且要直接与 LD-8303 型双输入输出模块连接使用。其对外接线端子如图 2-57 所示。

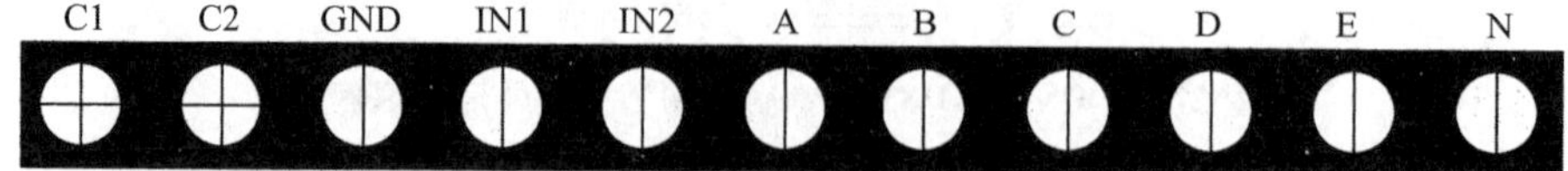

图 2-57　LD-8302A 型模块接线端子示意图

图 2-57 中弱电接线端子的意义如下：

C1—启动命令信号输入端子；

C2—停止命令信号输入端子；

GND—地线端子；

IN1—启动回答信号输出端子；

IN2—停止回答信号输出端子。

图 2-57 中强电接线端子的意义如下：

A、B—启动命令信号输出端子，为无源常开触点；

C、B—停止命令信号输出端子，为无源常闭触点；

D—启动回答信号输入端子，取自被控设备 AC 220 V 常开触点；

E—停止回答信号输入端子，取自被控设备 AC 220 V 常闭触点；

N—AC 220 V 零线端子。

2.3.4　声光讯响器

1. 声光讯响器的分类与作用

声光讯响器一般分为非编码型与编码型两种。非编码型可直接由有源 24 V 常开触点进行控制，例如用手动报警按钮的输出触点控制等。编码型可直接接入报警控制器的信号二总线（需由电源系统提供两极 DC 24 V 电源线）。

当现场发生火灾并被确认后，安装在现场的声光讯响器由消防控制中心的火灾报警控制器启动并发出强烈的声光信号，提醒现场人员注意。

2. HX-100A 非编码火警声光讯响器的特点

HX-100A 非编码火警声光讯响器加入 DC 24 V 电源即可发出声光报警信号，若想将声光讯响器与火灾报警控制器连接，需接入编码型联动控制模块。

该声光讯响器的特点如下：

① 红色有机玻璃面板采用多只超高亮红色发光二极管作为光源，显示醒目、寿命长、功耗低。

② 声音为火警声，声压高达 85 dB，利于引起现场人员注意。

③ 电路部分和接线底壳采用插接方式，接触可靠、便于施工。

3. HX-100A 非编码火警声光讯响器的主要技术指标

① 工作电压：电源总线电压为 DC 24 V，允许范围为 DC 20 V～DC 28 V。

② 工作电流：电源监视电流≤10 mA，电源动作电流≤160 mA。

③ 闪光频率：每分钟闪亮 20～180 次。

④ 变调周期：0.2～5 s。

⑤ 线制：二线制。启动时为 24 V，无极性；非启动时无电压。

⑥ 使用环境：温度为-10～50 ℃，相对湿度≤95%，不结露。

⑦ 外形尺寸：144 mm×90 mm×57 mm。

⑧ 壳体材料和颜色：ABS/象牙白，正面镶有机玻璃/红色。

⑨ 质量：258 g（带底壳）。

4. 结构与工作原理

HX-100A 非编码火警声光讯响器的外形如图 2-58 所示，接线端子如图 2-59 所示。

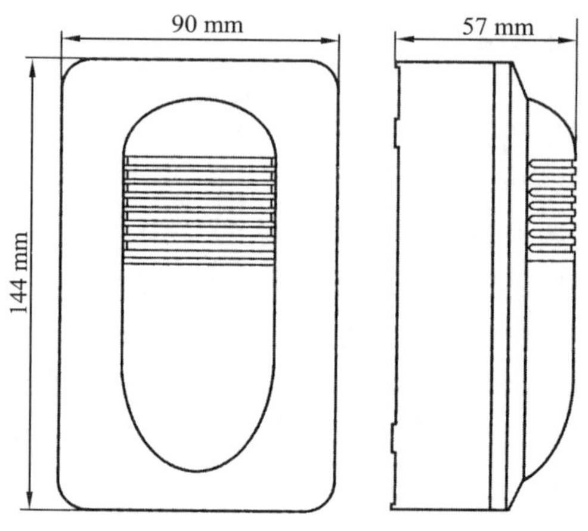

图 2-58　声光讯响器外形尺寸示意

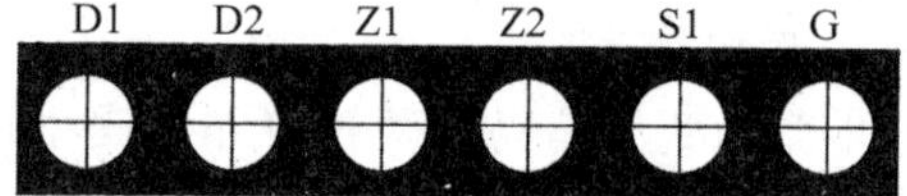

图 2-59　声光讯响器接线端子示意

图 2-59 中各端子的意义如下：

Z1、Z2—与火灾报警控制器信号二总线连接的端子，对于 HX-100A 型声光讯响器，此端子无效；

D1、D2—与 DC 24 V 电源线（HX-100B）或 DC 24 V 常开控制触点（HX-100A）连接的端子，无极性；

S1、G—外控输入端子。

布线要求：信号二总线 Z1、Z2 采用 RVS 型双绞线，导线截面面积≥1.0 mm^2；电源线 D1、D2 采用 BV 线，导线截面面积≥1.5 mm^2；S1、G 采用 RV 线，导线截面面积≥0.5 mm^2。

5. **安装方式**

安装设备之前要切断回路的电源，并确认全部底壳已安装牢靠，且每一个底壳的连接线极性准确无误。

① 声光讯响器采用壁挂式安装，在普通高度空间下以距顶棚 0.2 m 处为宜。

② 声光讯响器与底壳之间采用插接方式，安装时为明装，可安装在预埋盒上。

2.3.5　报警门灯及引导灯

1. **报警门灯**

报警门灯一般安装在巡视观察方便的地方，如会议室、餐厅、房间等门口上方，便于从外部了解内部的火灾探测器是否报警。报警门灯处有一个红色高亮度发光区，当对应的探测器触发时，该区红灯闪亮。报警门灯一般与对应的探测器并联使用，并与该探测器编码一致。当探测器报警时，门灯上的指示灯闪亮，在不进入室内的情况下就可知道室内的探测器已触发报警。

2. **引导灯**

引导灯安装在各疏散通道上，与消防控制中心控制器相接。当火灾发生时，在消防中心手动操作打开有关的引导灯，指示人员疏散通道。

2.3.6 总线中继器

1. **作用**

中继器可作为总线信号输入与输出间的电气隔离，完成探测器总线的信号隔离传输，可增强整个系统的抗干扰能力，并且具有扩展探测器总线通信距离的功能。

2. **主要技术指标(以 LD-8321 总线中继器为例)**

① 总线输入距离≤1 000 m；

② 总线输出距离≤1 000 m；

③ 电源电压：DC 18 V～DC 24 V；

④ 静态功耗：静态电流<20 mA；

⑤ 带载能力及兼容性：可配接 1～242 点总线设备，兼容所有探测器总线设备；

⑥ 隔离电压：总线输入与总线输出间隔离电压>1 500 V；

⑦ 使用环境：温度为-10～50 ℃，相对湿度≤95%，不结露；

⑧ 外形尺寸：85 mm×128 mm×56 mm，如图 2-60 所示。

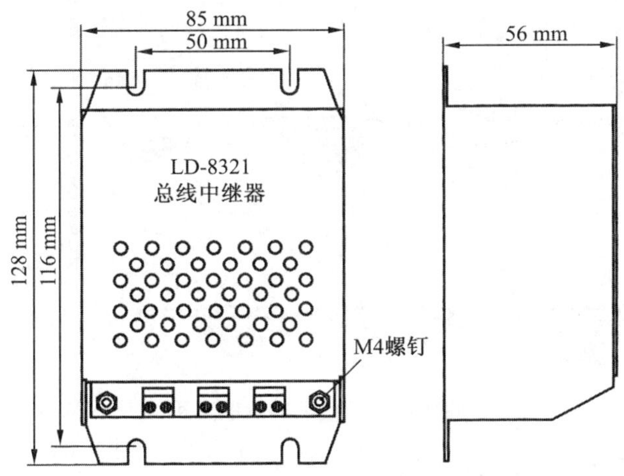

图 2-60 LD-8321 总线中继器外形示意

3. **安装与布线**

中继器在现场采用 M4 螺钉固定在墙上，其对外接线端子如图 2-61 所示。

图 2-61 中继器接线端子示意

图 2-61 中各端子的意义如下：

24 V IN—DC 18 V～DC 30 V 电压输入端子；

Z1 IN、Z2 IN—无极性信号二总线输入端子，与控制器无极性信号二总线输出连接，距离应小于 1 000 m；

Z1 O、Z2 O—隔离无极性二总线输出端子。

布线要求：无极性信号二总线采用 RVS 双绞线，导线截面面积≥1.0 mm^2；24 V 电源线采用 BV 线，导线截面面积≥1.5 mm^2。

2.3.7 总线隔离器

1. 作用

在二总线制电气火灾监控系统中，当系统分支总线出现故障（如短路）时，会造成整个系统整体的瘫痪。当系统局部出现短路故障时，总线隔离器会自动将发生故障的总线部分与整个系统隔离开来，以保证其余分支系统正常工作，同时便于确认发生故障的总线部位。当故障修复后，总线隔离器可自动接通总线，使被隔离的部分重新接入系统。

总线隔离器一般安装在总线的分支处，直接串联在总线上，吸顶安装。图 2-62 所示为总线隔离器在实际中的应用。

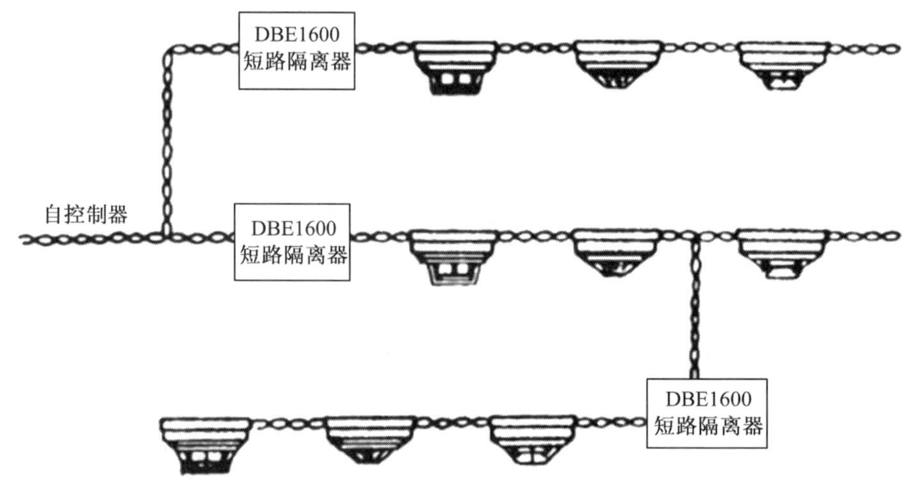

图 2-62 总线隔离器的应用

2. 主要技术指标(以 LD-8313 为例)

① 工作电压：总线 24 V；

② 隔离动作确认灯：红色；

③ 动作电流：170 mA（最多可接入 50 个编码设备），270 mA（最多可接入 100 个编码设备）；

④ 使用环境：温度为-10～50 ℃，相对湿度≤95%，不结露；

⑤ 外形尺寸：120 mm×80 mm×40 mm。

3. 布线

总线隔离器底座端子示意图如图 2-63 所示。

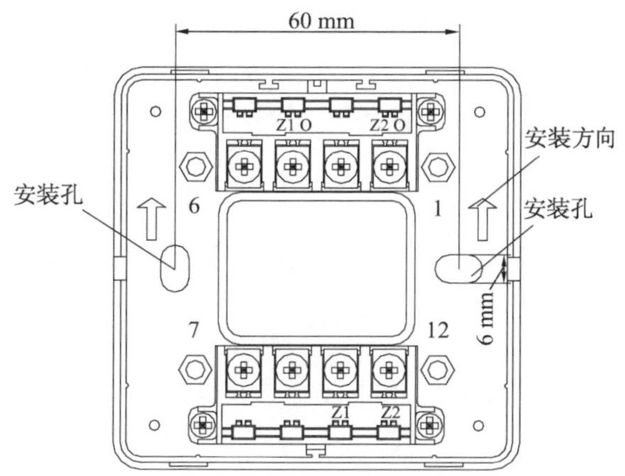

图 2-63　总线隔离底座端子示意图

图 2-63 中各端子的意义如下：

Z1、Z2—无极性信号二总线输入端子；

Z1 O、Z2 O—无极性信号二总线输出端子，最多可接入 50 个编码设备（含各类探测器或编码模块）。

布线要求：直接与信号二总线连接，无须其他布线。可选用导线截面面积≥1.0 mm^2的 RVS 双绞线。

2.3.8　总线驱动器

1. 总线驱动器认识

总线驱动器的作用是增强线路的驱动能力。

2. 使用场所

总线驱动器的使用场所如下：

① 当一台报警器监控的部件超过 200 件以上时，每 200 件左右安装一只总线驱动器。

② 所监控设备电流超过 200 mA 时，每 200 mA 左右安装一只总线驱动器。

③ 当总线传输距离过长、过密时，每 500 m 安装一只总线驱动器。

2.3.9　区域显示器

1. 作用及适用范围

区域显示器（火灾显示盘）是一种用于消防报警控制系统中，只能显示来自消防中心报警器的火警故障信息而不能控制其他联动的消防报警设备，适用于各防火监视分区或楼层。

每个报警区域宜设置一台区域显示器（火灾显示盘）；宾馆、饭店等场所应在每个报警区域设置一台区域显示器。当一个报警区域包括多个楼层时，宜在每个楼层设置一台仅显示本楼层的区域显示器。

区域显示器应设置在出入口等明显和便于操作的部位。当采用壁挂方式安装时，其底边距地高度宜为 1.3～1.5 m。

2. **功能及特点**

（1）具有声报警功能

当火警或故障送入时，将发出两种不同的声报警（火警为变调音响，故障为长音响）。

（2）具有控制输出功能

具备一对无源触点，其在火警信号存在时吸合，可用来控制一些警报器类的设备。

（3）具有计时功能

在正常监视状态下，显示当前时间。

（4）结构特点

采用壁式结构，体积小、安装方便。

2.4 火灾报警控制器

JB-QB-GST200（以下简称为 GST200）火灾报警控制器是海湾公司推出的新一代火灾报警控制器。为适应工程设计的需要，该控制器兼有联动控制功能，可与海湾公司的其他产品配套使用，组成配置灵活的报警联动一体化控制系统，因而具有较高的性价比，特别适用于中小型火灾报警及消防联动一体化控制系统。

火灾报警控制器、消防联动控制器

1. **GST200 火灾报警控制器的特点**

（1）配置灵活、可靠性高

该控制器是采用双微处理器并行处理的系列产品，包括 16 点、32 点、64 点、96 点、128 点、192 点、242 点火灾报警控制器，以及火灾报警联动型等 14 种控制器，能满足小型工程的不同需要。不论对联动类还是报警类总线设备，控制器都设有不掉电备份，以保证系统调试完成后所注册到的设备全部受到监控。

（2）功能强、控制方式灵活

该控制器为一个完全开放的系统，通过扩展接口连接数字化网络系统，能完成控制器网络通信的要求。同时，本控制器可挂接防盗模块，并设有自动防盗功能，可自动定时开启和关闭防盗模块。

（3）智能化操作、简单方便

该控制器具有智能化操作的特点，即在特定的信息屏幕下，可通过快捷键来实现对外部设备的相关操作，而不需要输入设备的二次编码，从而大大简化了操作过程，提供了良好的人机界面。

（4）窗口化、汉字菜单式显示界面

该控制器采用窗口化菜单式命令，增加了每屏中所包含的信息量。当有多种类型的信息存在时，通过“◁”和“▷”键操作，可以方便地看到各种全面、细致的显示信息，汉字菜单做到明白易懂、方便直观。通过简单的操作（选择数字或移动光条）就可实现系统所提供的多种功能。

（5）全面的自检功能

本控制器开机自检时，不仅能自动检测本机设备（指示灯、功能键等），而且还能逐条检测外部设备的注册信息及联动公式信息，如信息发生变化，系统将做相应的处理。

（6）配备智能化手动消防启动盘

该控制器配接的智能化手动消防启动盘，操作方便、可靠性高。手动消防启动盘上的每一个启/停键均可通过定义与系统所连接的任意一个总线设备关联，完成对该总线制联动设备的启/停控制，从而解决了报警联动一体化系统的工程布线、设备配置及安装调试存在的固有问题。

（7）独立的气体喷洒控制密码和联动公式编程

该控制器对具有特殊重要意义的气体喷洒设备提供了独立的控制密码和联动编程空间，并有相应的声光指示，使气体喷洒设备受到了更严格的监控。

（8）配接汉字式火灾显示盘

该控制器可配接汉字式火灾显示盘，汉字信息无须下载，方便可靠，并可以通过对火灾显示盘的设备定义，灵活地实现火灾显示盘的分楼区及分楼层的显示功能。

（9）开关电源

该控制器的供电电源为低压开关电源，对主、备电均做稳压处理，保证低压时系统仍能正常工作。充电部分采用开关恒流定压充电，保证交流最低电压达到 187 V时，仍能使电池快速充电。本控制器具有备电保护功能，备电供电时，如备电电压低于 10 V，系统将自动切断备电。

2. GST200 **火灾报警控制器的外形**

GST200 火灾报警控制器的外形如图 2-64 所示。

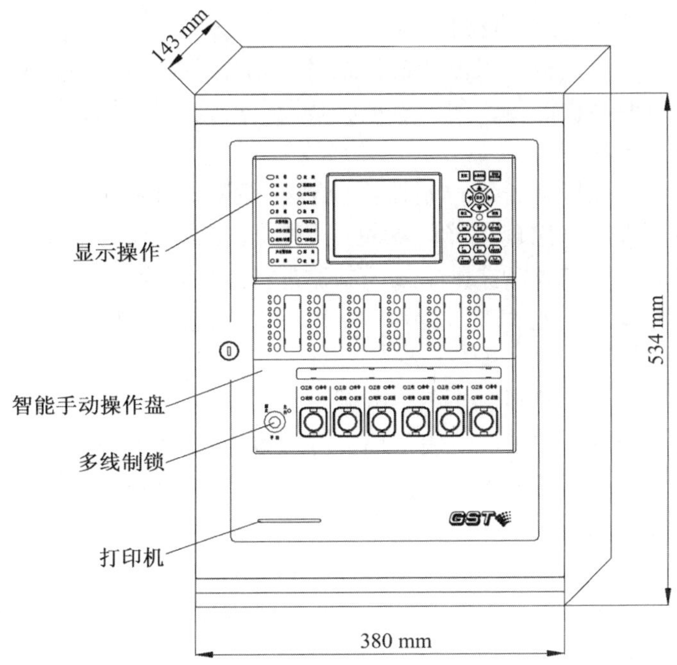

图 2-64　GST200 火灾报警控制器

（1）显示操作盘面板说明

GST200 火灾报警控制器（联动型）显示操作盘面板由指示灯区、液晶显示屏及按键区三个部分组成，如图 2-65 所示。

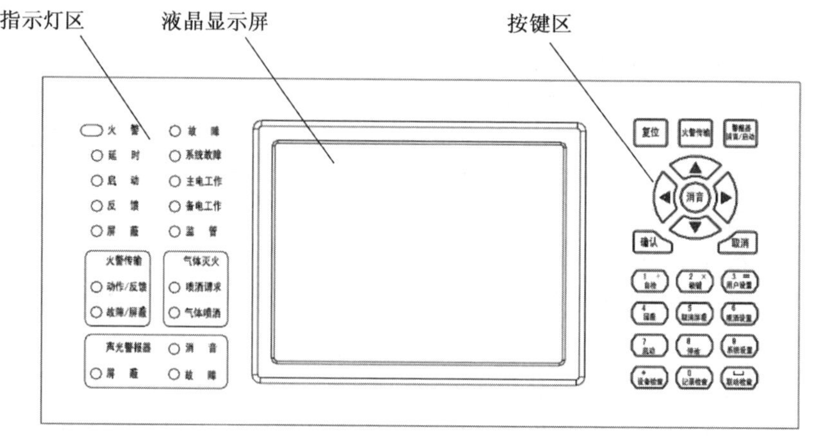

图 2-65 操作盘面板示意图

指示灯说明如下：

火警灯：红色，此灯亮表示控制器检测到外接探测器、手动报警按钮等处于火警状态。控制器进行复位操作后，此灯熄灭。

延时灯：红色，指示控制器处于延时状态。

启动灯：红色，当控制器发出启动命令时，此灯闪亮；在启动过程中，当控制器检测到反馈信号时，此灯常亮；控制器进行复位操作后，此灯熄灭。

反馈灯：红色，此灯亮表示控制器检测到外接被控设备的反馈信号。反馈信号消失或控制器进行复位操作后，此灯熄灭。

屏蔽灯：黄色，有设备处于被屏蔽状态时，此灯点亮，此时报警系统中被屏蔽设备的功能丧失，需要尽快恢复，并加强被屏蔽设备所处区域的人员检查。控制器没有屏蔽信息时，此灯自动熄灭。

故障灯：黄色，此灯亮表示控制器检测到外部设备（探测器、模块或火灾显示盘）有故障或控制器本身出现故障。除总线短路故障需要手动清除外，其他故障排除后可自动恢复。当所有故障被排除或控制器进行复位操作后，此灯会随之熄灭。

系统故障灯：黄色，此灯亮表示控制器处于不能正常使用的故障状态，需要维修。

主电工作灯：绿色，控制器使用主电源供电时点亮。

备电工作灯：绿色，控制器使用备用电源供电时点亮。

监管灯：红色，此灯亮表示控制器检测到总线上的监管类设备报警，控制器进行复位操作后，此灯熄灭。

火警传输 动作/反馈灯：红色，此灯闪亮表示控制器对火警传输线路上的设备发出启动信息；此灯常亮表示控制器接收到火警传输设备反馈回来的信号。控制器进行复位操作后，此灯熄灭。

火警传输 故障/屏蔽灯：黄色，此灯闪亮表示控制器检测到火警传输线路上的设备故障；此灯常亮表示控制器屏蔽掉火警传输线路上的设备。当设备恢复正常后，此灯自动熄灭。

气体灭火 喷洒请求灯：红色，此灯亮表示控制器已发出气体启动命令，启动命令消失或控制器进行复位操作后，此灯熄灭。

气体灭火 气体喷洒灯：红色，气体灭火设备喷洒后，控制器收到气体灭火设备的反馈信息，此灯亮。反馈信息消失或控制器进行复位操作后，此灯熄灭。

声光警报器 屏蔽灯：黄色，指示声光警报器屏蔽状态，声光警报器屏蔽时，此灯点亮。

声光警报器 消音灯：黄色，指示报警系统内的警报器是否处于消音状态。当警报器处于输出状态时，按“警报器消音/启动”键，警报器输出将停止，同时警报器消音指示灯点亮。若再次按下“警报器消音/启动”键或有新的警报发生，警报器将再次输出，同时警报器消音指示灯熄灭。

声光警报器 故障灯：黄色，指示声光警报器处于故障状态，声光警报器发生故障时，此灯点亮。

（2）智能手动操作盘面板说明

智能手动操作盘由手动盘和多线制构成，如图 2-66 所示。

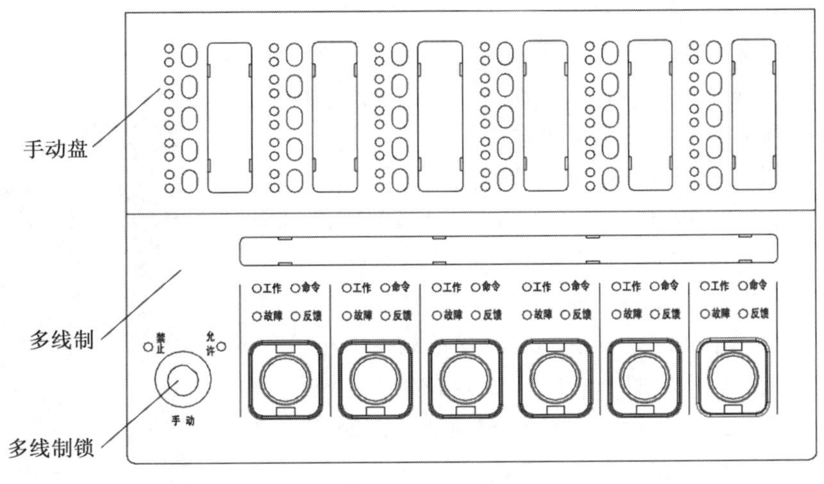

图 2-66 智能手动操作盘

手动盘的每一单元均有一个按键、两只指示灯（启动灯在上，反馈灯在下，均为红色）和一个标签。其中，按键为启/停控制键。如按下某一单元的控制键，则该单元的启动灯亮，并有控制命令发出；如被控设备响应，则反馈灯亮。用户可将各按键所对应的设备名称书写在设备标签上面，然后与膜片一同固定在手动盘上。

多线制控制盘每路的输出都具有短路和断路检测的功能，并有相应的灯光指示。每路输出均有相应的手动直接控制按键，整个多线制控制盘具有手动控制锁，只有手动锁处于允许状态，才能使用手动直接控制按键。它采用模块化结构，由手动操作部分和输出控制部分构成。手动操作部分包含手动允许锁和手动启/停按键；输出控制部分包含 6 路输出，它与现场设备采用四线连接，其中两线用于控制启停设备，另两线用于接收现场设备的反馈信号，输出控制和反馈输入均具有检线功能。每路提供一组 DC 24 V 有源输出和一组无源触点反馈输入。

（3）控制器对外接线端子说明

控制器外接端子如图 2-67 所示。

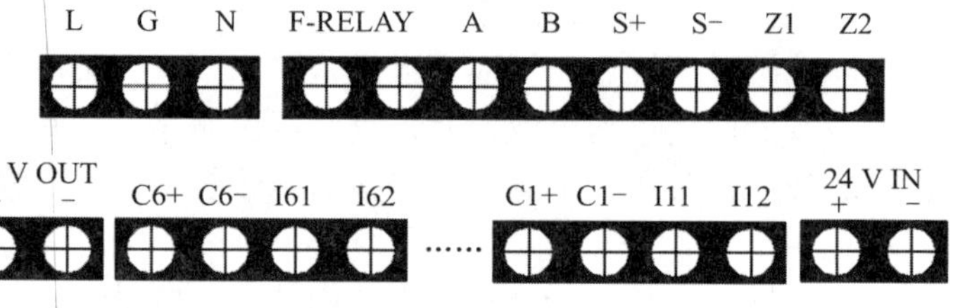

图 2-67　控制器外接端子

控制器外接端子说明如下：

L、G、N：交流 220 V 接线端子及交流接地端子。

F-RELAY：故障输出端子，当主板上 NC 短接时，为常闭无源输出；当 NO 短接时，为常开无源输出。

A、B：连接火灾显示盘的通信总线端子。

S+、S-：警报器输出，带检线功能，终端需要接 0. 25 W 的 4. 7 kΩ 电阻，输出时的电源容量为 DC 24 V/0. 15 A。

Z1、Z2：无极性信号二总线端子。

24 V IN（+、-）：外部 DC 24 V 输入端子，可为直接控制输出和辅助电源输出提供电源。

24 V OUT（+、-）：辅助电源输出端子，可为外部设备提供 DC 24 V 电源。当采用内部 DC 24 V 供电时，最大输出容量为 DC 24 V/0. 3 A；当采用外部 DC 24 V 供电时，最大输出容量为 DC 24 V/2 A。

Cn+、Cn-（n=1，2，…，6）：直接控制输出端子，当采用内部 DC 24 V 供电时，输出容量为 DC 24 V/100 mA；当采用外部 DC 24 V 供电时，输出容量为 DC 24 V/1 A。带检线功能，需接 0. 25 W 的 4. 7 kΩ 终端电阻。

In1、In2（n=1，2，…，6）：无源反馈输入端子。带检线功能，需接 0. 25 W 的 4. 7 kΩ 终端电阻。

图 2-68　GST200 火灾报警控制器安装效果图

3. 安装要求

消防报警主机要求放置在管理中心左侧墙壁上。

GST200 火灾报警控制器安装效果如图 2-68 所示。

项目小结

火灾自动报警系统是本书的核心部分。在本项目中，先概述了火灾自动报警系统的形成发展和组成，又对探测器的分类、型号及构造原理进行了说明，对探测器的选择和布置及线制进行了详细的阐述，通过一系列实例验证了不同布置方法的特点，供读者设计时选用。本项目还对现场配套附件及模块，如手动报警开关、消火栓报警开关、报警中继器、楼层（区域）显示器、模块（接口）、总线驱动器、总线（短路）隔离器、声光报警盒、CRT 彩色显示系统等的构造及用途进行阐述。火灾自动报警控制器是火灾自动报警系统的心脏，对火灾报警控制器的构造、功能布线及区域和集中报警器的区别进行了说明。最后是火灾自动报警系统及应用示例及识图，分别对区域报警系统、集中报警系统、控制中心报警系统进行详细分析，并对智能报警系统及智能消防系统的集成和联网进行概述。

总之，通过本项目理论知识的学习和基本技能实训，使学生明白火灾自动报警系统的相关规范、工程设计的基本内容和基本方法，学会识读火灾自动报警系统的施工图，为从事消防设计和施工打下基础。

复习思考题

1. 火灾自动报警系统的基本形式包括哪三种？

2. 对使用、生产或聚集可燃气体或可燃液体蒸气的场所，应分别选择哪种探测器？

3. 可能产生水蒸气的场所，宜选用何种探测器？

4. 汽车库宜选用（　）探测器。

A. 光电感烟　　B. 感温　　C. 离子感烟　　D. 可燃气体

5. 当设有自动联动装置或自动灭火系统时，宜采用（　）。

A. 可燃气体探测器　　B. 火焰探测器

C. 光电感烟探测器　　D. 感烟、感温或火焰探测器的组合

6. 宜选用点型离子感烟火灾探测器的场所有（　）。

A. 有粉尘、水雾滞留的场所　　B. 气流速度大于 5 m/s 的场所

C. 有电气火灾危险的场所　　D. 可能产生黑烟的场所

7. 火灾发展迅速，有强烈的火焰辐射和少量的烟热，应选用（　）探测器。

A. 感烟　　B. 感温　　C. 火焰　　D. 复合

8. 感烟灵敏度是指感烟探测器响应烟参数的敏感程度。灵敏度分为高、中、低三级。在禁烟场所，应采用哪种灵敏度的探测器？

9. 探测器宜水平安装，如需倾斜安装，则角度不应大于多少度？

10. 根据房间高度选择感温火灾探测器的灵敏度，当房间高度为 7 m 时，应选择（　）感温火灾探测器。

A. A1、A2 型　　B. B 型　　C. C~G 型　　D. 以上皆可以

11. 当房间被书架、设备或隔断等分隔，其顶部至顶棚或梁的距离小于房间净高的（　）时，每个被隔开的部分至少应安装 1 只探测器。

A. 0.2　　B. 0.15　　C. 0.1　　D. 0.05

12. 探测器至空调送风口边的水平距离不应（　　），至多孔送风顶棚孔口的水平距离不应（　　）。

A. 小于 1 m，小于 1.5 m　　B. 大于 0.5 m，小于 2 m

C. 小于 1.5 m，小于 0.5 m　　D. 大于 0.5 m，小于 1.5 m

13. 居中设置在宽度小于 3 m 的内走道顶棚上的感温火灾探测器，其安装间距不应超过（　　）m。

A. 5　　B. 7.5　　C. 10　　D. 15

14. 下面关于感烟探测器和感温探测器的说法，不正确的是（　　）。

A. 感烟探测器能够在短时间做出反应，早期发出火灾报警信号

B. 感温探测器要在较长的时间后才能做出反应

C. 感温探测器对大部分火灾灵敏度比感烟探测器差

D. 感温探测器对保护面积相比感烟探测器大

15. 某锅炉房（二类保护建筑，取修正系数 $k=1$）平面为：长 20 m，宽 10 m，顶棚到地面的高度为 10 m，屋顶坡度为 12°。（1）选择探测器类型；（2）确定探测器的数量；（3）布置火灾探测器并画出示意图。

16. 某矩形大厅（一类保护建筑，取修正系数 $k=0.8$）平面为：长 30 m，宽 20 m，顶棚到地面的高度为 10 m，大厅的顶棚水平，在中间处有凸出顶棚且高度为 150 mm 的梁。室内放有木制桌椅、地毯等物。（1）判断梁对安装探测器的影响；（2）试在厅内设置火灾探测器并画出示意图。

17. 某写字楼高 48 m，设有室内消火栓系统和火灾自动报警系统、防排烟系统。在六楼西侧有一个地面面积为 20 m×30 m 的平顶层会议室，房间高度为 5 m，均匀布置 9 个点型光电感烟探测器。在会议室外有一个长 35 m、宽 2 m 的内走道，设两个点型光电感烟探测器。

写字楼物业公司聘请消防维保单位对室内消火栓系统和火灾自动报警系统进行验收前检测。在对消火栓检查中，使消防联动控制处在自动模式，按下消火栓手动报警按钮，水泵未能启动。

根据材料，请回答问题：

（1）请指出火灾探测器设置存在的主要要问题。已知设置的点型光电感烟火灾探测器的单只探测器的保护面积为 60 m^2，修正系数 $k=1$。

（2）分析消火栓系统消防泵未能启动的原因。

18.（　　）的作用是接受现场装置的报警信号，实现信号向火灾报警控制器的传输，适用于消火栓按钮、水流指示器、湿式报警阀压力开关等。

A. 输入模块　　B. 输出模块　　C. 复合模块　　D. 控制模块

19. 输入模块的作用是什么？

项目 3　消防灭火系统

3.1　消防灭火系统认知

发生火灾后，灭火的方法有两种：一种是人工灭火，即动用消防车、云梯车、消火栓、灭火弹、灭火器等器械进行灭火。这种灭火方法具有、灵活及工程造价低等优点。缺点是消防车、云梯车等所能达到的高度十分有限，灭火人员接近火灾现场困难，灭火缓慢，危险性大。另一种是自动灭火，在建筑物内主要是消火栓灭火系统和自动喷水灭火系统。

3.1.1　灭火系统分类及基本功能

1. **分类**

（1）自动喷水灭火系统的分类

自动喷水灭火系统的分类如图 3-1 所示。

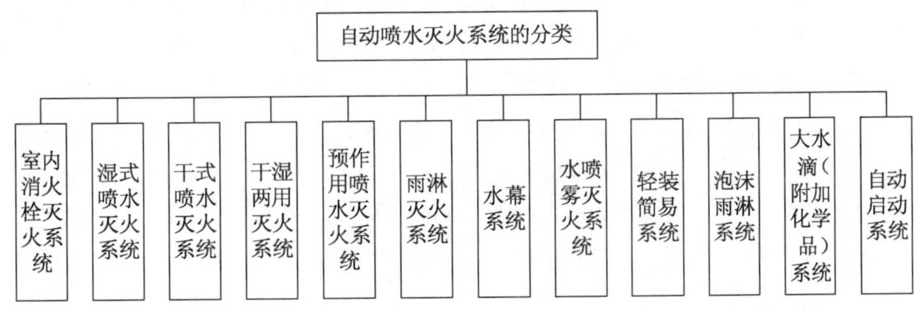

图 3-1　自动喷水灭火系统的分类

（2）固定式喷洒灭火剂系统的分类

固定式喷洒灭火剂系统的分类如图 3-2 所示。

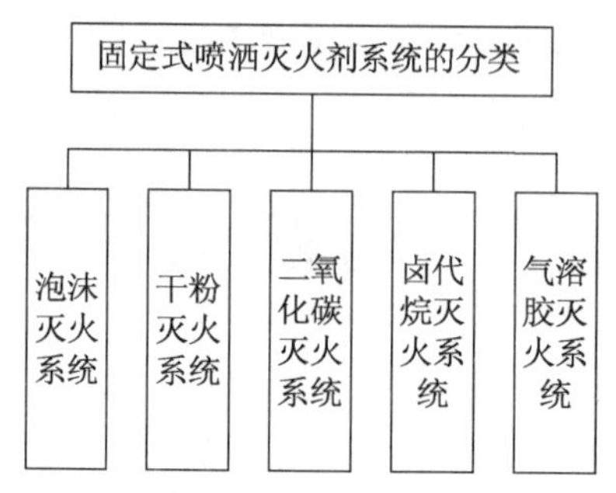

图 3-2 固定式喷洒灭火剂系统的分类

2. 基本功能

灭火系统能在火灾发生后，自动进行喷水灭火，同时发出警报。

3.1.2 灭火的基本原理与方法

火灾是指在时间或空间上失去控制的灾害性燃烧现象。所以，要想灭火必须要从控制燃烧上入手。燃烧是一种发光放热的化学反应，要达到燃烧必须同时具备三个条件：

① 有可燃物（如汽油、甲烷、木材、氢气、纸张等）；

② 有助燃物（如高锰酸钾、氯、氯化钾、溴、氧等）；

③ 有引火源（如高热、化学能、电火、明火等）。

如果有一个条件不具备，那么燃烧就不会发生或停止发生。三个条件被称为燃烧三角形，如图 3-3 所示。

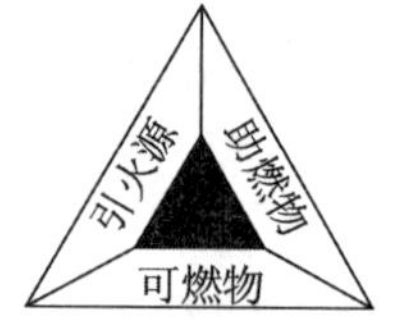

图 3-3 燃烧三角形

为防止火势失去控制，继续扩大燃烧而造成灾害，需要采取一定的措施将火扑灭。通常有以下四种方法，其根本原理是破坏燃烧条件。

1. 冷却(水灭火)

可燃物一旦达到着火点，即会燃烧或持续燃烧。将可燃物的温度降到一定温度以下，燃烧即会停止。对于可燃固体，将其冷却在燃点以下；对于可燃液体，将其冷却在闪点以下，燃烧反应就会中止。用水扑灭一般固体物质的火灾，主要是通过冷却作用来实现的。因为水具有较大的热容量和很高的汽化潜热，冷却性能很好，所以在用水灭火的过程中，水大量地吸收热量，使燃烧物的温度迅速降低，从而火焰熄灭、火势得到控制、火灾终止。水喷雾灭火系统中的水雾，水滴直径细小，比表面积大，与空气接触范围大，极易吸收热气流的热量，也能很快地降低温度，效果更为明显。

2. 隔离(泡沫灭火)

在燃烧三要素中，可燃物是燃烧的主要因素。将可燃物与氧气、火焰隔离，就可以中止燃烧、扑灭火灾。例如自动喷水泡沫联用系统在喷水的同时喷出泡沫，泡沫覆盖于燃烧液体或固体的表面，起冷却作用的同时，也将可燃物与空气隔开，从而灭火。又如，可燃液体或可燃气体火灾，在灭火时迅速关闭输送可燃液体和可燃气体的管道上的阀门，切断流向着火区的可燃液体和可燃气体的输送，同时也打开可燃液体或可燃气体的管道通向安全区域的阀门，使已经燃烧或即将燃烧或受到火势威胁的容器中的可燃液体、可燃气体转移。

3. 窒息(气体灭火)

可燃物的燃烧是氧化作用，需要在最低氧浓度以上才能进行，低于最低氧浓度，燃烧不能进行，火灾即被扑灭。一般氧浓度低于15%时就不能维持燃烧。在着火场所内，可以通过灌注不可燃气体，如二氧化碳、氮气、蒸汽等，来降低空间的氧浓度，从而达到窒息灭火。此外，水喷雾灭火系统实施动作时，喷出的水滴吸收热气流热量而转化成蒸汽，当空气中水蒸气浓度达到35%时，燃烧即停止。这也是窒息灭火的应用。

4. 化学抑制(干粉灭火)

由于有焰燃烧是通过链式反应进行的，如果能有效地抑制自由基的产生或降低火焰中的自由基浓度，即可使燃烧中止。化学抑制灭火的灭火剂常见的有干粉和卤代烷(已淘汰)。化学抑制法灭火，灭火速度快，使用得当可有效地扑灭初期火灾，减少人员和财产的损失。抑制法灭火对于有焰燃烧的火灾效果好，但对于深度火灾，由于渗透性较差，灭火效果不理想。在条件许可的情况下，采用抑制法灭火的灭火剂与水、泡沫等灭火剂联用，会取得令人满意的效果。

3.2 室内消火栓灭火系统

3.2.1 室内消火栓灭火系统简介

室内消火栓—室内消火栓箱的概念、区别及配置要求

室外消火栓灭火系统由水源、室外消防给水管道、消防水池和室外消火栓组成。灭火时，消防车从室外消火栓或消防水池吸水加压，从室外进行灭火或向室内消火栓灭火系统加压供水。

室内消火栓灭火系统由消防给水设备（包括高位水箱、管网、消防水泵或称加压泵、室内消火栓）、相应电气控制设备（包括消火栓按钮、消防控制室启泵装置和消防泵控制柜）组成。消火栓灭火系统的电气控制包括水池的水位控制、消防用水和消防水泵的启动。水位控制应能显示出水位的变化情况、高低水位报警，以及控制水泵的启停。

1. 高位水箱与管网

高位水箱与管网构成消火栓灭火的供水系统。无火灾时，高位水箱应充满足够的消防用水。一般规定，储水量应能提供火灾初期消防水泵投入前 10 min 的消防用水。10 min后的灭火用水要由消防水泵从消防水池或市区供水管网将水注入室内消防管网。图3-4 所示为建筑室内消火栓灭火系统组成示意图。高层建筑的消防水箱应设置在屋顶，宜与其他用水的水箱合用，让水箱中的水经常

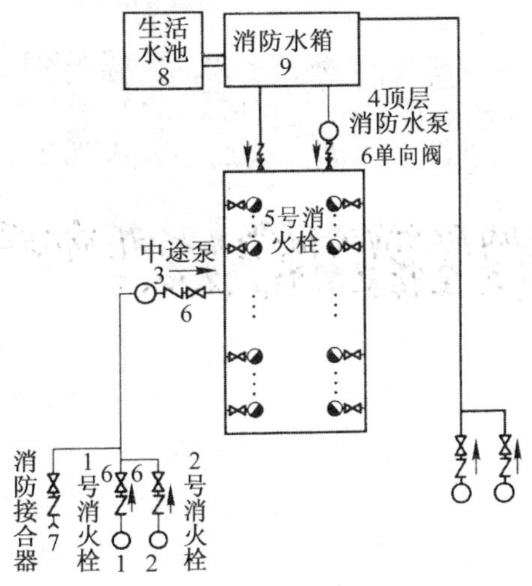

图 3-4 建筑室内消火栓灭火系统组成示意图

处于流动状态，以防止消防用水长期静止储存而使水质变坏发臭。

2. **消防水泵**

灭火时消防水泵用于保证建筑消火栓灭火系统内所需水压和水量，一般与其他用途的水泵一起设置在建筑底层的同一水泵房内，与消防控制室有直接的通信联络设备。另外，建筑消防水泵应设工作能力不小于消防水泵的备用泵。当主泵出现故障时，备用泵能自动投入使用，不会影响灭火工作，其实物图及其控制柜如图 3-5 所示。

(a) 实物图 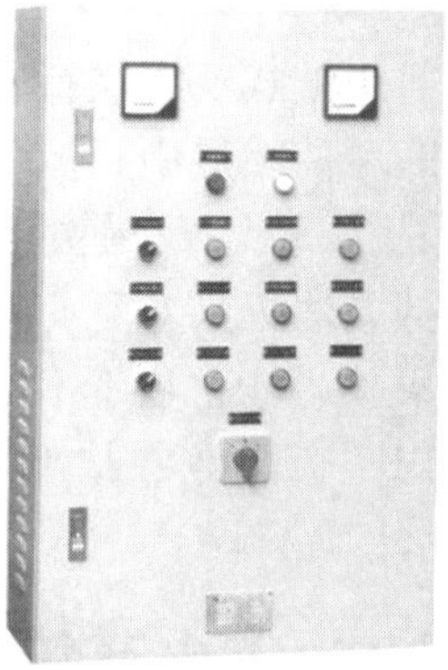 (b) 控制柜

图 3-5 消防水泵及其控制柜

3. 室内消火栓

室内消火栓设置于室内，与室内消防给水管网连接，用于连接水带和水枪，直接扑救火灾，它是扑灭室内火灾的常用灭火设施，一般设置在室内消火栓箱内，如图 3-6和图 3-7 所示。室内消火栓由开启阀门和出水口组成。室内消火栓的选型应根据使用者、火灾危险性、火灾类型和不同灭火功能等因素综合确定。

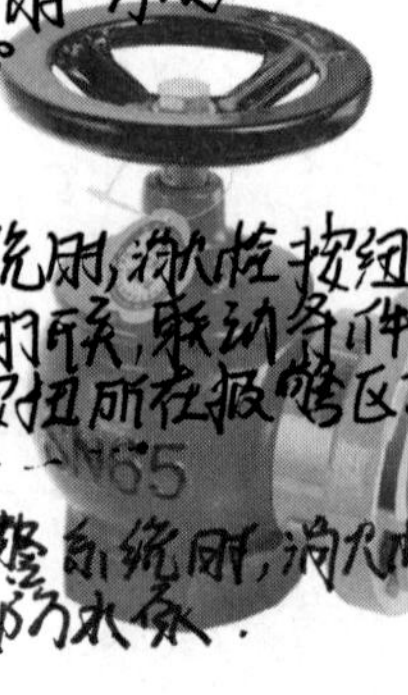

图 3-6 室内消火栓

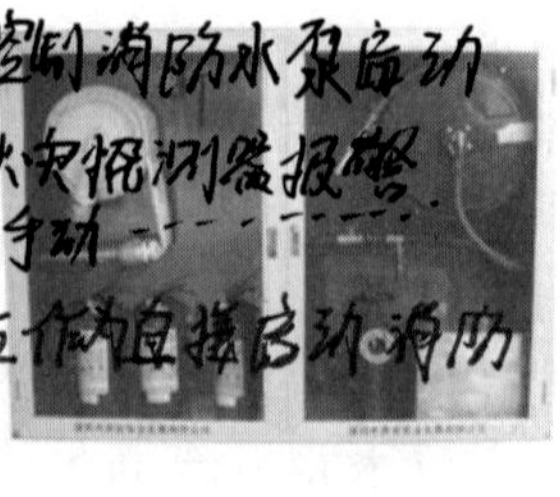

图 3-7 消火栓箱

室内消火栓的配置应符合下列要求：

① 应采用 DN65 室内消火栓，并可与消防软管卷盘或轻便水龙设置在同一箱体内。

② 应配置公称直径为 65 mm 有内衬里的消防水带，长度不宜超过 25 m；消防软管卷盘应配置内径不小于 19 mm 的消防软管，其长度宜为 30 m；轻便水龙应配置公称直径为 25 mm 有内衬里的消防水带，长度宜为 30 m。

③ 宜配置当量喷嘴直径为 16 mm 或 19 mm 的消防水枪，但当消火栓设计流量为

2.5 L/s 时宜配置当量喷嘴直径为 11 mm 或 13 mm 的消防水枪；消防软管卷盘和轻便水龙应配置当量喷嘴直径为 6 mm 的消防水枪。

4. **消火栓按钮**

消火栓按钮

在设有室内消防给水的建筑物内，各层（无可燃物的设备层除外）及在消防电梯前室均应设置消火栓按钮，用于直接启动消防水泵。一般消火栓按钮都安装在有玻璃门的消防箱内，其实物图如图 3-8 所示。

消火栓按钮根据其结构有两种启动消防水泵的情况：一种是直接按压按片，启动消防水泵；另一种是用小锤击碎按钮上的玻璃小窗，按钮不受压复位，从而启动消防水泵。第一种情况下启用消火栓时，可直接按下消火栓按钮表面的按片。此时消火栓按钮的红色启动指示灯亮，表明已向消防控制室发出了报警信息，火灾报警控制器在确认了消防水泵已启动运行后，就向消火栓按钮发出命令信号并点亮绿色应答指示灯。

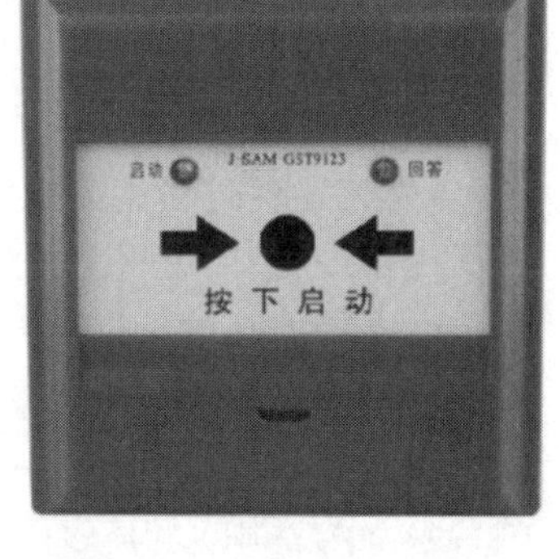

图 3-8 消火栓按钮实物图

3.2.2 室内消防水泵电气控制

消火栓灭火系统由消火栓、消防水泵、管网、压力传感器及电气控制电路组成，其系统框图如图 3-9 所示。由图可见，消火栓灭火系统属于闭环控制系统。当发生火灾时，控制电路接到消火栓泵启动指令发出消防水泵启动的主令信号后，消防水泵电动机启动，向室内管网提供消防用水，压力传感器用来监视管网水压，并将监测水压信号送至消防控制电路，形成反馈的闭环控制。

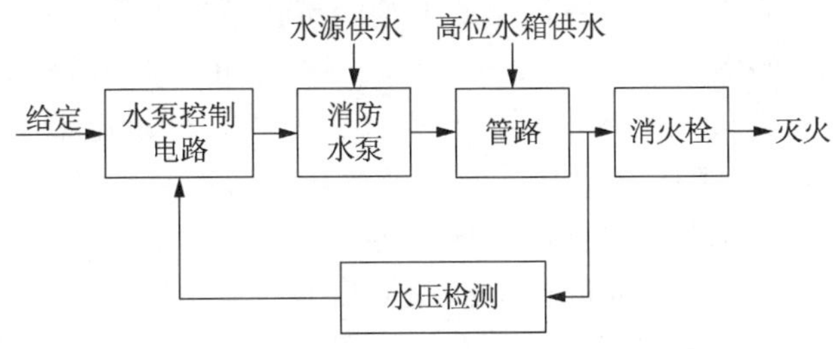

图 3-9 消火栓灭火系统框图

1. **控制消防水泵的要求**

① 消火栓用的消防水泵多数是两台一组，互为备用。

② 互为备用的另一种形式为水压不足时，备用泵自动投入运行，并且当水源无水时，水泵能自动停止运转，并设水泵故障指示灯。

③ 消火栓、消防水泵由消火栓箱内消防专用控制按钮及消防中心控制。

④ 消火栓、消防水泵有手动和自动两种操作方式。

⑤ 消防按钮启动后，消火栓泵应自动投入运行，同时应在建筑物内部发出声光报警，通告住户。

⑥ 为了防止消防泵误启动使管网水压过高而导致管网爆裂，需加设管网压力监

视保护。

⑦ 消防泵属于一级供电负荷，需双电源供电，末端互投。

2. 控制消防水泵的方法

（1）由消防按钮控制消防水泵的启停

当火灾发生时，用小锤击碎消防按钮的玻璃罩，按钮盒中按钮自动弹出，接通消防水泵电路。

（2）由水流报警启动器控制消防水泵的启停

当火灾发生时，消火栓水枪开始出水灭火，高位水箱即向管网供水，则水流冲击水流报警启动器使其动作，将水流信号转换为电信号，于是既可发出火灾报警，又可快速发出控制消防水泵启动信号。

（3）由消防中心发出主令信号控制消防水泵的启停

当火灾发生时，火灾探测器和水流报警启动器同时向消防中心发出火灾报警与水流报警信号，经火灾报警控制器确认后，由其发出联动控制指令信号，使消防水泵启动运行。泵启动后返回启泵信号。

3. 消防水泵的控制原理

消火栓灭火供水系统一般设置两台消防水泵，可以手动控制也可以自动控制（两台泵互为备用），其启停控制原理如图 3-10 所示。图中 SA 为功能转换开关，可以选择 1 号泵自动、2 号泵备用，2 号泵自动、1 号泵备用和手动三种工作状态。BP 为管网压力继电器，SL 为低位水池水位继电器，QS 为水泵检修开关。

（1）1 号为工作泵，2 号为备用泵

将 QS4、QS5 合上，将转换开关 SA 转至左位，即“1 自、2 备”。检修开关 QS3 放在右位，电源开关 QS1 合上，QS2 合上，为启动做好准备。

如某楼层出现火情，用小锤将该楼层的消防按钮玻璃击碎，其内部按钮因不受压而断开（即 SBXF1～SBXFn 中任一个断开），使中间继电器 KA1 线圈失电，时间继电器 KT3 线圈通电，经过延时 KT3 常开触头闭合，使中间继电器 KA2 线圈通电，接触电器 KM1 线圈通电，消防泵电机 M1 启动运转进行灭火，信号灯 H2 亮。需停止时，按下消防中心控制屏上总停止按钮 SB9 即可。

如 1 号故障，2 号自动投入过程：出现火情时，设 KM1 机械卡住，其触头不动作，使时间继电器 KT1 线圈通电，经延时后 KT1 触头闭合，使接触器 KM2 线圈通电，2 号泵电机启动运转，信号灯 H3 亮。

（2）2 号为工作泵，1 号为备用泵

将 QS4、QS5 合上，转换开关 SA 转至右位，即“2 自、1 备”。将检修开关 QS3 放在右位，电源开关 QS1 合上，QS2 合上，为启动做好准备。其动作过程同上。

（3）手动控制

如需手动强投时，将 SA 转至“手动”位置，按下 SB3（SB4），KM1 通电动作，1 号泵电机运转。如需 2 号泵运转，则按下 SB7（SB8）。

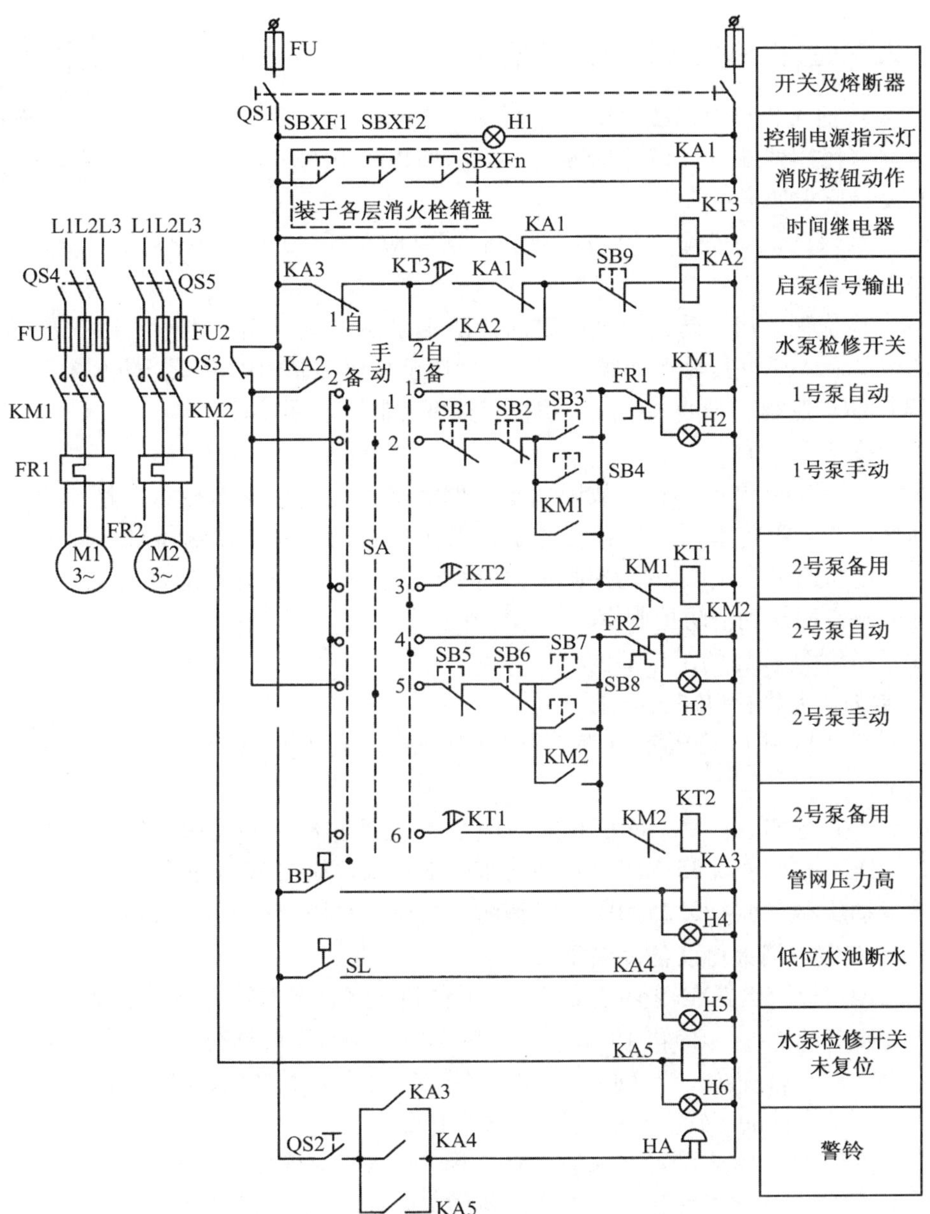

图 3-10 消防泵全压启动控制原理电路

（4）检测电路

当管网压力过高时，压继电器 BP 闭合，使中间继电器 KA3 通电动作，信号灯 H4 亮，警铃 HA 响。同时，KT3 的触头使 KA2 线圈断电释放，切断水泵。

当低位水池水位低于设定水位时，水位继电器 SL 闭合，中间继电器 KA4 通电，同时信号灯 H5 亮，警铃 HA 响。

当需要检修时，将 QS3 置于左位，中间继电器 KA5 通电动作，同时信号灯 H5 亮，警铃 HA 响。

3.2.3 室内消火栓灭火系统设计

室内消火栓—设计要求

1. 室内消火栓灭火系统的设计要求

根据《民用建筑电气设计标准》（GB 51348—2019）的有关规定，其设计要求如下：

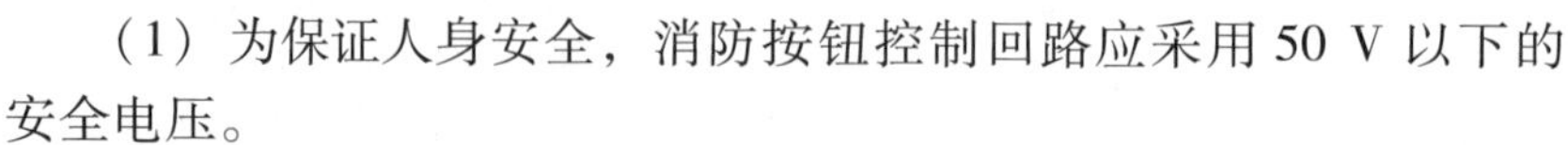

（1）为保证人身安全，消防按钮控制回路应采用 50 V 以下的安全电压。

（2）应优先采用消防按钮直接启动消防水泵的方式。当发生火灾时，击碎消防按钮的玻璃后，通过其触点动作将信号直接送至泵房控制柜中启动消防水泵。

（3）消防控制室对消火栓灭火系统有如下控制、显示功能：

① 控制消防泵的启、停。

② 显示消防水泵的工作、故障状态。如消防水泵工作电源显示、各台消防水泵的启动显示均为消防水泵工作状态显示，工作状态显示采用接触器触点回馈到控制室；水泵电机断电、过载及短路则属于故障状态显示，故障显示通常由空气开关或热继电器的触点回馈到消防控制室。

③ 显示消防按钮的工作部位。

2. 室内消火栓栓口压力要求

（1）消火栓栓口动压不应大于 0.50 MPa，当大于 0.70 MPa 时必须设置减压装置。

（2）高层建筑、厂房、库房和室内净空高度超过 8 m 的民用建筑等场所，消火栓栓口动压不应小于 0.35 MPa，且消防水枪充实水柱应按 13 m 计算；其他场所，消火栓栓口动压不应小于 0.25 MPa，且消防水枪充实水柱应按 10 m 计算。

3. 安装室内消火栓设备设置要求

室内消火栓应设置在楼梯间及其休息平台和前室、走道等明显易于取用，以及便于火灾扑救的位置。汽车库内消火栓的设置不应影响汽车的通行和车位的设置，并应确保消火栓的开启。同一楼梯间及其附近不同层设置的消火栓，其平面位置宜相同。除此之外，消火栓的布置和安装还需注意以下几点：

① 消防电梯前室应设置室内消火栓，并应计入消火栓使用数量。

② 设置室内消火栓的建筑，包括设备层在内的各层均应设置消火栓。

③ 室内消火栓栓口的安装高度应便于消防水龙带的连接和使用，其距地面高度宜为 1.1 m；其出水方向应便于消防水带的敷设，并宜与设置消火栓的墙面成 90°或向下。

④ 设有室内消火栓的建筑应设置带有压力表的试验消火栓。

4. 室内消火栓的布置间距

室内消火栓宜按直线距离计算其布置间距，并应符合下列规定：

（1）消火栓按 2 支消防水枪的 2 股充实水柱布置的建筑物，消火栓的布置间距不应大于 30.0 m。

（2）消火栓按 1 支消防水枪的 1 股充实水柱布置的建筑物，消火栓的布置间距不应大于 50.0 m。

5. 建筑高度不大于27 m住宅采用干式消防竖管的设置规定

对于建筑高度不大于27 m的住宅，在设置消火栓时，可采用干式消防竖管，并应符合下列规定：

（1）干式消防竖管宜设置在楼梯间休息平台，且仅应配置消火栓栓口。

（2）干式消防竖管应设置消防车供水接口。

（3）消防车供水接口应设置在首层便于消防车接近和安全的地点。

（4）竖管顶端应设置自动排气阀。

3.3 自动喷水灭火系统

自动喷水灭火系统由洒水喷头、报警阀组、水流报警装置（水流指示器或压力开关）等组件，以及管道、供水设施等组成，能在发生火灾时喷水的自动灭火系统。

自动喷水灭火系统是目前世界上采用最广泛的一种固定式消防设施，从19世纪中叶始使用，至今已有100多年的历史。它具有价格低廉、灭火效率高的特点。据统计，自动喷水灭火系统的灭火成功率在96%以上，有的已达99%。在一些发达国家（如美、英、日、德等）的消防规范中，几乎所有的建筑都要求具有自动喷水灭火系统。有的国家（如美、日等）已将其应用在住宅中了。随着我国工业民用建筑的飞速发展，消防法规正逐步完善，自动喷水灭火系统在宾馆、公寓、高层建筑、石油化工中得到了广泛的应用。

3.3.1 自动喷水灭火系统简介

自动喷水灭火系统—概述及分类

1. 基本功能

① 自动喷水灭火系统能在火灾发生后，自动地进行喷水灭火。

② 自动喷水灭火系统能在喷水灭火的同时发出警报。

2. 自动喷水灭火系统的分类

自动喷水灭火系统可分为闭式系统和开式系统。闭式系统定义为采用闭式洒水喷头的自动喷水灭火系统；开式系统定义为采用开式洒水喷头的自动喷水灭火系统。具体划分又有下列几类：

（1）湿式喷水灭火系统

该灭火系统是准工作状态时配水管道内充满用于启动系统的有压水的闭式系统。

（2）干式喷水灭火系统

该灭火系统是准工作状态时配水管道内充满用于启动系统的有压气体的闭式系统。

（3）预作用喷水灭火系统

该灭火系统是准工作状态时配水管道内不充水，发生火灾时由火灾自动报警系统、充气管道上的压力开关联动控制预作用装置和启动消防水泵，向配水管道供水的闭式系统。

(4) 重复启闭预作用系统

重复启闭预作用系统是能在扑灭火灾后自动关阀、复燃时再次开阀喷水的预作用系统。

(5) 雨淋灭火系统

雨淋灭火系统由开式洒水喷头、雨淋报警阀组等组成。发生火灾时由火灾自动报警系统或传动管控制，自动开启雨淋报警阀组和启动消防水泵。该灭火系统是开式系统。

(6) 水幕系统

水幕系统由开式洒水喷头或水幕喷头、雨淋报警阀组或感温雨淋报警阀等组成，是用于防火分隔或防护冷却的开式系统。

3. 自动喷水灭火系统的一般规定

(1) 自动喷水灭火系统的设置场所应符合国家现行相关标准的规定。

(2) 自动喷水灭火系统不适用于存在较多下列物品的场所：

① 遇水发生爆炸或加速燃烧的物品。

② 遇水发生剧烈化学反应或产生有毒有害物质的物品。

③ 洒水将导致喷溅或沸溢的液体。

(3) 自动喷水灭火系统的设计原则应符合下列规定：

① 闭式洒水喷头或启动系统的火灾探测器，应能有效探测初期火灾。

② 湿式系统、干式系统应在开放一只洒水喷头后自动启动，预作用系统、雨淋系统和水幕系统应根据其类型由火灾探测器、闭式洒水喷头作为探测元件，报警后自动启动。

③ 作用面积内开放的洒水喷头，应在规定时间内按设计选定的喷水强度持续喷水。

④ 喷头洒水时，应均匀分布，且不应受阻挡。

3.3.2 湿式喷水灭火系统主要设备

1. 湿式喷水灭火系统组成

湿式喷水灭火系统简称湿式系统，是世界上使用时间最长、应用最广泛、控火灭火率最高的一种固定式灭火系统。它分秒不离开值勤岗位，不怕浓烟烈火，随时监视火灾，是最安全可靠的灭火装置，适用于温度不低于 4 ℃（低于 4 ℃受冻）和不高于 70 ℃（高于 70 ℃失控，会误动作造成火灾）的场所。

湿式系统

湿式喷水灭火系统是由喷头、报警止回阀、延迟器、水力警铃、压力开关（安装于管上）、水流指示器、管道系统、供水设施、报警装置、控制盘等组成，如图 3-11所示。其主要部件的用途如表 3-1 所示。报警阀前后的管道内充满压力水，一旦发生火灾，喷头动作后立即喷水。

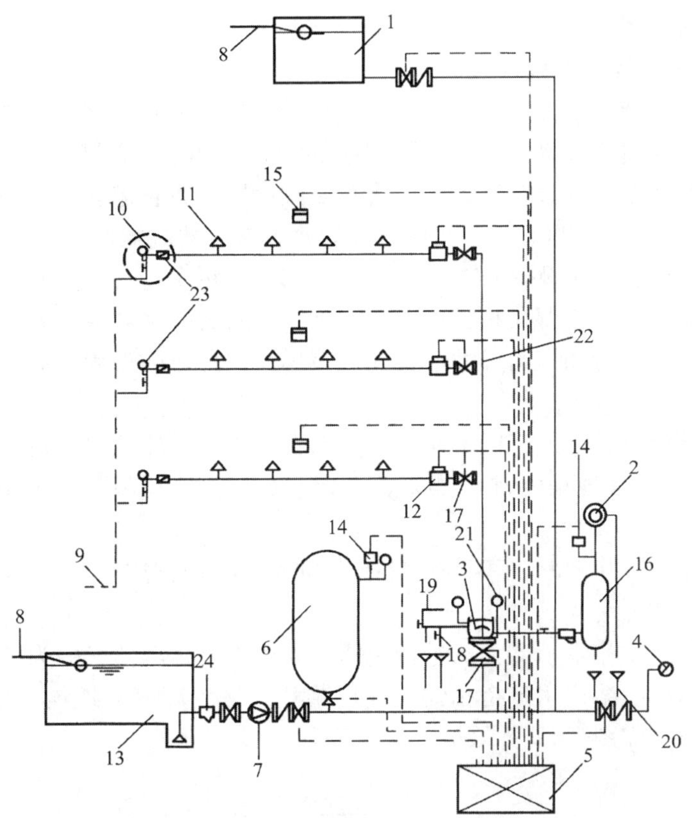

1—高位水箱；2—水力警铃；3—湿式报警器；4—消防水泵接合器；5—控制箱；
6—压力罐；7—消防水泵；8—进水管；9—排水管；10—末端试水装置；11—闭式喷头；
12—水流指示器；13—水池；14—压力开关；15—感烟探测器；16—延迟器；
17—消防安全指示阀；18，19—放水阀；20—排水漏斗（或管）；21—压力表；
22—节流孔板；23—水表；24—过滤器

图 3-11　湿式喷水灭火系统的组成

表 3-1　湿式自动喷水灭火系统主要部件的用途

编号	名称	用途	编号	名称	用途
1	高位水箱	储存初期火灾用水	13	水池	储存 1 h 火灾用水
2	水力警铃	发出音响报警信号	14	压力开关	自动报警或自动控制
3	湿式报警器	系统控制阀，输出报警水流	15	感烟探测器	感知火灾，自动报警
4	消防水泵接合器	消防车供水口	16	延迟器	克服水压液动引起的误报警
5	控制箱	接收电信号并发出指令	17	消防安全指示阀	显示阀门启闭状态
6	压力罐	自动启闭消防水泵	18	放水阀	试警铃阀
7	消防水泵	专用消防增压泵	19	放水阀	检修系统时，放空用
8	进水管	水源管	20	排水漏斗(或管)	排走系统的出水
9	排水管	末端试水装置排水	21	压力表	指示系统压力
10	末端试水装置	实验系统功能	22	节流孔板	减压
11	闭式喷头	感知火灾，出水灭火	23	水表	计量末端实验装置出水量
12	水流指示器	输出电信号，指示火灾区域	24	过滤器	过滤水中杂质

2. 湿式喷水系统附件

（1）水流指示器（水流开关）

水流指示器的作用是把水的流动转换成电信号报警，其电接点既可直接启动消防水泵，也可接通电警铃报警。在保护面积小的场所（如小型商店、高层公寓等），可以用水流指示器代替湿式报警阀，但应将止回阀设置于主管道底部，一是可防止水污染（如与生活用水同水源），二是可配合设置水泵接合器的需要。

水流指示器的功能是及时报告发生火灾的部位，每个防火分区和每个楼层均要求设有水流指示器。当一个湿式报警阀组仅控制一个防火分区或一个楼层的喷头时，由于报警阀组的水力警铃和压力开关已能发挥报告火灾部位的作用，此种情况允许不设水流指示器。

为使系统维修时关停的范围不至于过大而在水流指示器入口前设置阀门时，要求该阀门采用信号阀，以便显示阀门的状态，其目的是为防止因误操作而造成配水管道断水的故障。

水流指示器按叶片形状的不同分为板式和桨式两种；按安装基座的不同分为管式、法兰连接式和鞍座式三种。

这里仅以桨式水流指示器为例进行说明。桨式水流指示器又分为电子接点方式和机械接点方式两种。桨式水流指示器主要由桨片、法兰底座、螺栓、本体、接线孔、喷水管道等组成，如图 3-12 所示。

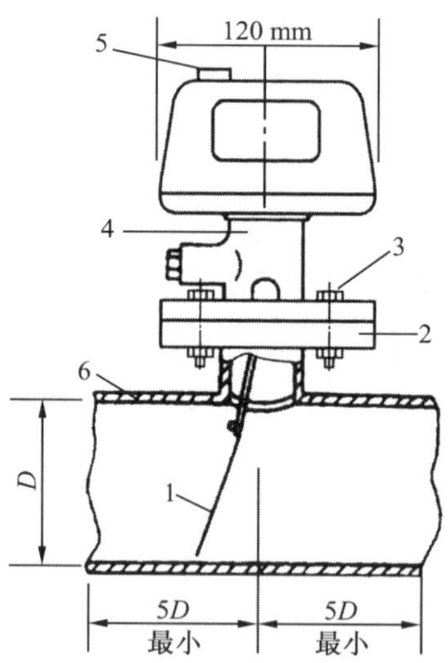

1—桨片；2—法兰底座；3—螺栓；4—本体；5—接线孔；6—喷水管道

图 3-12 水流指示器构造示意图

桨式水流指示器的工作原理：当发生火灾时，报警阀自动开启，流动的消防水使桨片摆动，带动其电接点动作，通过消防控制室启动水泵供水灭火。

水流指示器在应用时应通过模块与系统总线相连。水流指示器的接线如图 3-13 所示。

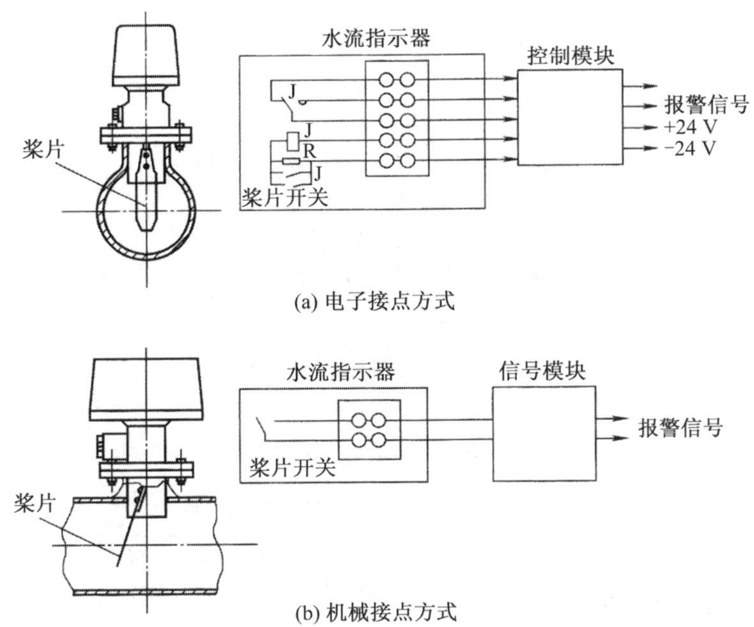

图 3-13　水流指示器接线方式

（2）洒水喷头

喷头可分为开启式和封闭式两种。它是喷水系统的重要组成部分，其性质、质量和安装的优劣会直接影响火灾初期灭火的效果。洒水喷头按其结构可分为直立型、下垂型、边墙型和隐蔽型，如图 3-14 所示。

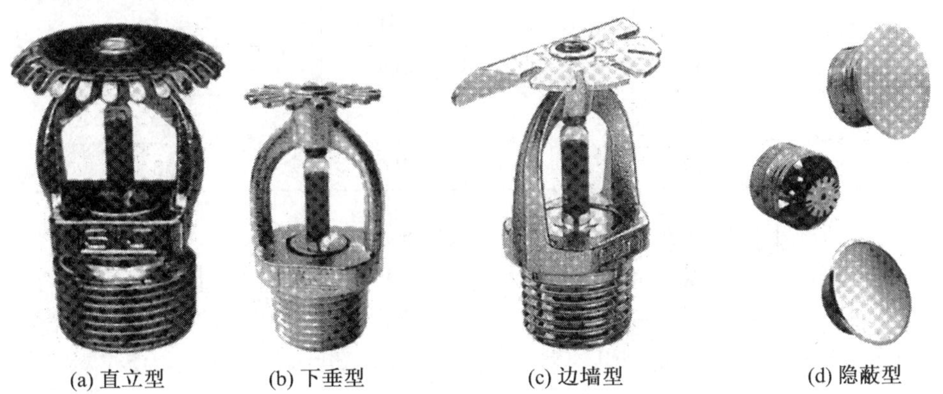

(a) 直立型　(b) 下垂型　(c) 边墙型　(d) 隐蔽型

图 3-14　洒水喷头结构类型

① 封闭式喷头：可以分为易熔合金式、双金属片式和玻璃球式三种。其中应用最多的是玻璃球式喷头，如图 3-15 所示。玻璃球式喷头布置在房间顶棚下边，与支管相连。其主要技术参数如表 3-2 所示，动作温度级别如表 3-3 所示。

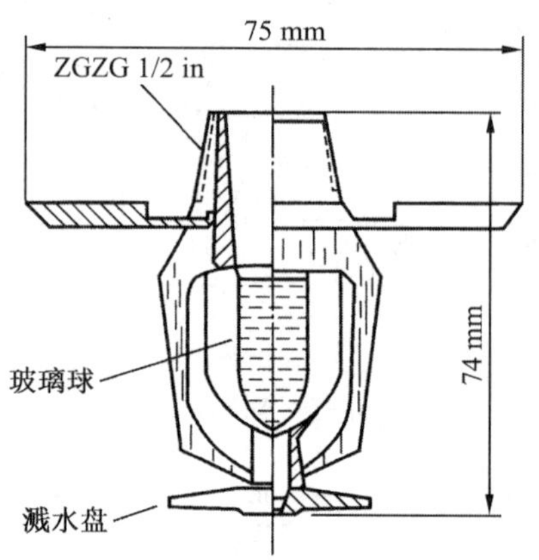

图 3-15　玻璃球式喷淋头

表 3-2　玻璃球式喷淋头主要技术参数

型号	直径/mm	通水口径/mm	接口螺纹/in	温度级别/℃	炸裂温度范围	玻璃球色标	最高环境温度/℃	流量系数/%
ZST-15 系列	15	11	1/2	57 68 79 93	+15%	橙 红 黄 绿	27 38 49 63	80

表 3-3　玻璃球式喷淋头动作温度级别

动作温度/℃	安装环境最高允许温度/℃	颜色	动作温度/℃	安装环境最高允许温度/℃	颜色
57	38	橙	141	121	蓝
68	49	红	182	160	紫
79	60	黄	277	204	黑
93	74	绿	260	238	黑

在正常情况下，喷头处于封闭状态。火灾时，开启喷水由感温部件（充液玻璃球）控制。当装有热敏液体的玻璃球达到动作温度时，球内液体膨胀，使内压力增大，玻璃球爆裂，密封垫胀开，喷出压力水。喷水后由于压力降低，压力开关动作，将水压信号变为电信号，向喷淋泵控制装置发出启动喷淋泵信号，保证喷头有水喷出。同时，流动的消防水使主管道分支处的水流指示器电接点动作，接通延时电路（延时 20～30 s），通过继电器触点，发出声光信号给控制室，以识别火灾区域。

综上可知，喷头具有探测火情、启动水流指示器、扑灭早期火灾的重要作用。其特点是结构新颖、耐腐蚀性强、动作灵敏、性能稳定，适用于高（多）层建筑、仓库、地下工程、宾馆等适用水灭火的场所。

② 开启式喷头：按其结构可分为双臂下垂型、单臂下垂型、双臂直立型和双臂边墙型四种。

开启式喷头与雨淋阀（或手动喷水阀）、供水管网、探测器、控制装置等组成雨淋灭火系统。

开启式喷头的特点是外形美观、结构新颖、价格低廉、性能稳定、可靠性强，适用于易燃、易爆品加工现场或储存仓库，以及剧场舞台上部的葡萄棚下部等处。

对湿式系统的洒水喷头选型应符合下列规定：不做吊顶的场所，当配水支管布置在梁下时，应采用直立型洒水喷头；吊顶下布置的洒水喷头，应采用下垂型洒水喷头或吊顶型洒水喷头；顶板为水平面的轻危险级、中危险级Ⅰ级住宅建筑、宿舍、旅馆建筑客房、医疗建筑病房和办公室，可采用边墙型洒水喷头；易受碰撞的部位，应采用带保护罩的洒水喷头或吊顶型洒水喷头；顶板为水平面，且无梁、通风管道等障碍物影响喷头洒水的场所，可采用扩大覆盖面积洒水喷头；住宅建筑和宿舍、公寓等非住宅类居住建筑宜采用家用喷头；不宜选用隐蔽式洒水喷头，确需采用时，应仅适用于轻危险级和中危险级Ⅰ级场所。

（3）压力开关

ZSJY、ZSJY25 和 ZSJY50 三种压力开关的外形如图 3-16 所示。

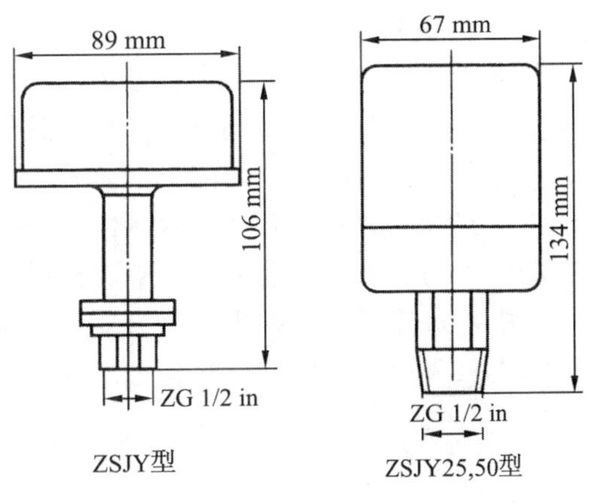

图 3-16　压力开关外形图

压力开关的原理是：当湿式报警阀阀瓣开启后，其触点动作，发出电信号至报警控制箱从而启动消防泵。报警管路上如装有延迟器，则压力开关应装在延迟器之后。以上三种压力开关都有一对常开触点，作自动报警式自动控制用。

ZSJY 型压力开关的特点有：

① 膜片驱动，工作压力为 0.07～1 MPa，可调。

② 适用于空气、水介质。

③ 可用交直流电，工作电压为：AC 22 V、380 V；DC 12 V、24 V、36 V、48 V。

④ 触点所能承受的电容量为 AC 220 V、5 A，DC 12 V、3 A，接线电缆外径为 20 mm。

ZSJY25，50 型压力开关的工作压力为 0.02～0.025 MPa 及 0.04～0.05 MPa。用弹簧接线柱给接线带来了方便，触点容量为 AC 220 V、5 A。

压力开关在系统中需经模块与报警总线连接，如图 3-17 所示。

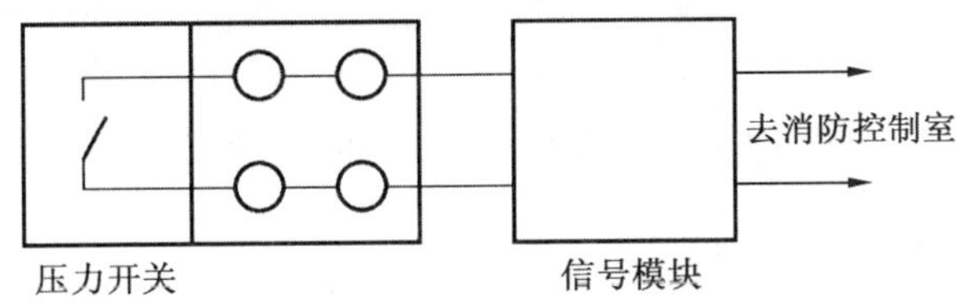

图 3-17　压力开关控制图

（4）湿式报警阀

湿式报警阀在湿式喷水灭火系统中是非常关键的。安装在总供水干管上，连接供水设备和配水管网。它必须十分灵敏，即使管网中只有一个喷头喷水，破坏了阀门上下的静止平衡压力，也必须立即开启，任何延迟都会耽误报警的发生。它一般采用止回阀的形式，即只允许水流向管网，不允许水流回水源。其作用：一是防止随着供水水源压力波动而启闭，虚发警报；二是管网内水质因长期不流动而腐化变质，如让它流回水源将产生污染。当系统开启时报警阀打开，接通水源。同时，部分水流通过阀座上的环形槽，经信号管道送至水力警铃，发出音响报警信号。湿式报警阀有导阀型和隔板座圈型两种。

3.3.3 湿式喷水灭火系统工作原理

1. 正常状态

在无火灾时，管网压力水由高位水箱提供，使管网内充满不流动的压力水，处于准工作状态。

2. 火灾状态

当火灾发生时，火源周围环境温度上升，致使火源上方的喷头受热爆破喷水，管网压力下降，湿式报警阀压力下降，致使阀板开启，接通管网和水源，供水灭火。同时，部分水流由阀座上的凹形槽经报警阀过延迟器带动水力警铃发出现场报警声响，冲击报警阀上的压力开关，水压信号转换成电信号启动喷淋水泵运行。如果管网上设有低压压力开关，当管网压力下降到设定值时，也可以直接启动喷淋水泵运行。灭火过程中，水流通过装在主管道分支处的水流指示器输出电信号至消防控制中心报警。湿式喷水灭火系统的动作流程如图 3-18 所示。

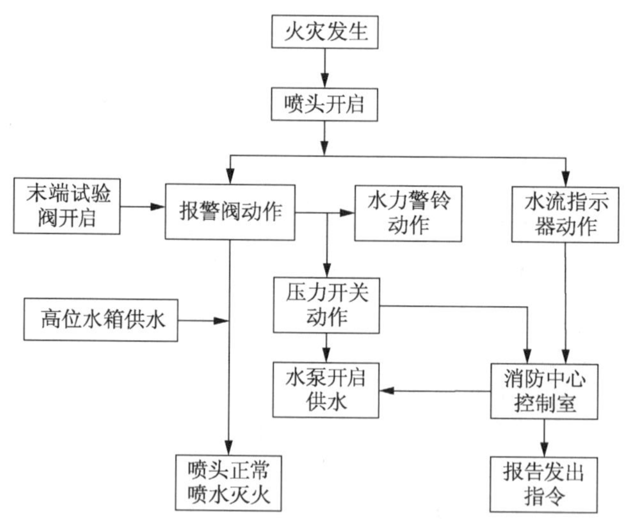

图 3-18 湿式喷水灭火系统的动作流程图

3.3.4 湿式喷水灭火系统电气控制

1. 全电压启动喷淋泵电气控制

（1）电气线路的组成

在高层建筑及建筑群体中，每座楼宇的喷水系统所用的泵一般为 2～3 台。采用两台泵时，平时管网中压力水来自高位水池，当喷头喷水，且管道里有消防水流动时，水流指示器启动，消防水泵向管网补充压力水。平时一台泵工作，一台泵备用。

当其中一台因故障停转，接触器触点不动作时，备用泵立即投入运行，两台可互为备用。图3-19为两台泵的全电压启动的喷淋泵电路，图中B1，B2，…，Bn为区域水流指示器。如果分区较多，则可有 n 个水流指示器及 n 个继电器与之配合。

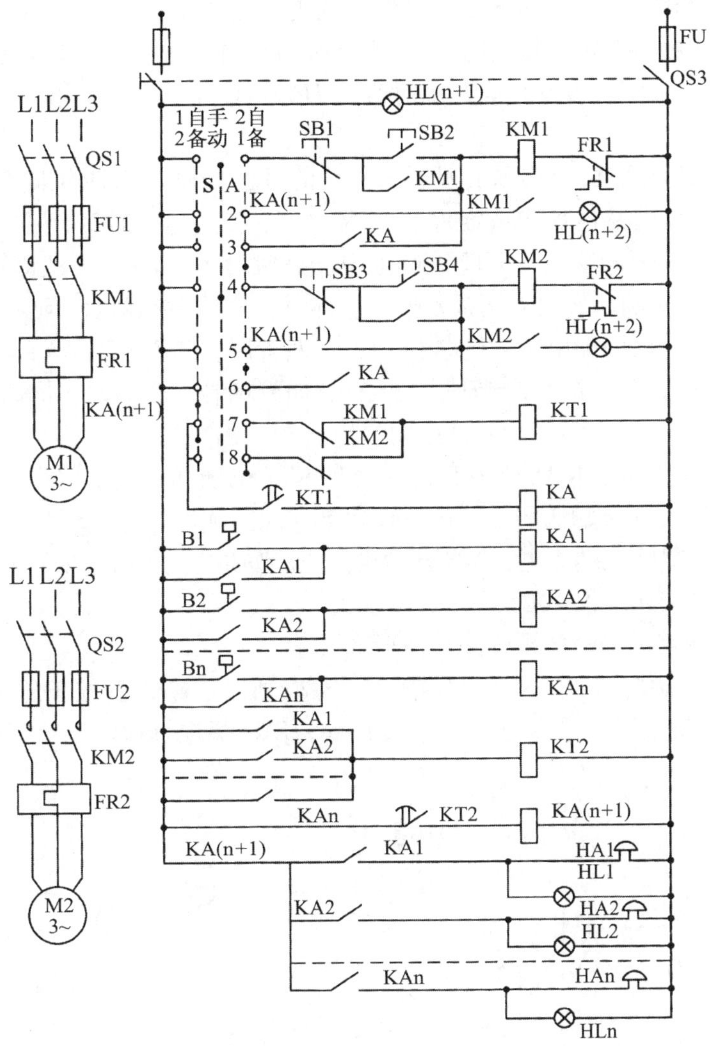

图3-19　全电压启动的喷淋泵电路

采用三台消防水泵的自动喷水系统也比较常见，三台泵中有两台为压力泵，一台为恒压泵。恒压泵的功率一般都很小，在5 kW左右，其作用是使消防管网中水压保持在一定范围之内。此系统的管网不得与自来水或高位水池相连，管网消防用水来自消防贮水池，当管网中的渗漏压力降到某一数值时，恒压泵启动补压。当达到一定压力后，所接压力开关断开恒压泵控制回路，恒压泵停止运行。

（2）电路的工作情况分析

① 正常工作（即1号泵工作，2号泵备用）时：将QS1、QS2、QS3合上，将转换开关SA至“1自、2备”位置，其SA的2、6、7号触头闭合，电源信号灯HL(n+1)亮，做好火灾发生时的运行准备。

如果二层着火，且火势使灾区现场温度达到热敏玻璃球的发热程度，二楼的喷头爆裂并喷出水流。由于喷水后压力降低，压力开关动作，向消防中心发去信号（图中未画出），同时管网里有消防水流动时，水流指示器 B2 闭合，使中间继电器 KA2 线圈通电。KA2 触头使时间继电器 KT2 线圈通电。经延时后，中间继电器 KA（n+1）线圈通电，使接触器 KM 线圈通电，1 号喷淋消防泵电动机 M1 启动运行，向管网补充压力水，信号灯 HL（n+1）亮，同时警铃 HA2 响，信号灯 H2 亮，即发出声光报警信号。

② 当 1 号泵故障时，2 号泵自动投入工作的过程（如果 KM1 机械卡住）：如 n 层着火，n 层喷头因室温达动作值而爆裂喷水，n 层水流指示器 B 闭合，中间继电器 KAn 线圈通电，使时间继电器 KT2 线圈通电。延时后 KA（n+1）线圈通电，信号灯 HLn 亮，警铃 HAx 响，发出声光报警信号。同时，KM 线圈通电，但因为机械卡住其触头不动作，于是时间继电器 KT1 线圈通电，使备用中间继电器 KA 线圈通电，接触器 KM2 线圈通电，2 号备用泵自动投入运行，向管网补充压力水，同时，信号灯 HL（n+3）亮。

③ 手动强投：如果 KM1 机械卡住，而且 KT1 也损坏时，应将 SA 调至“手动”位置，其 SA 的 1、4 号触头闭合，按下按钮 SB，使 KM2 通电，2 号泵启动。停止时按下按钮 SB3，KM2 线圈失电，2 号电动机停止。如果 2 号为工作泵，1 号为备用泵，则其工作过程与上述过程类似。

（3）全电压启动的喷淋泵线路其他形式

以压力开关动作发启泵信号的线路如图 3-20 所示。KA1 受控于压力开关，压力开关动作时，KA1 通电闭合，压力开关复位后，KA1 失电释放。

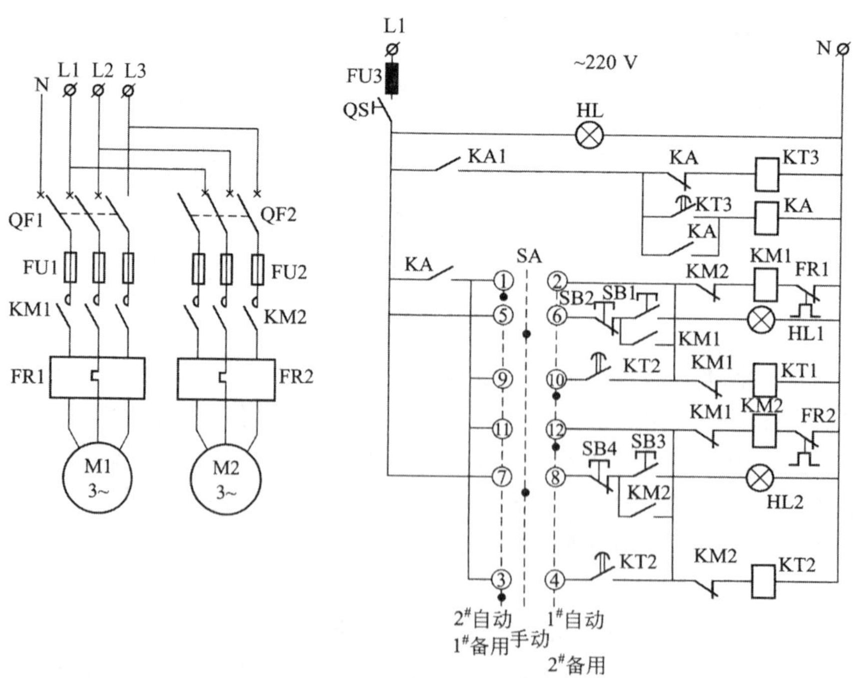

图 3-20　全电压启动的喷淋泵控制电路

① 正常无火灾时：合上自动开关 QF1、QF2、QS，将 SA 调至“1 号自动、2 号备用”位置，电源指示灯 HL 亮，喷淋泵处于准备工作状态。

② 火灾状态：当发生火灾时，如温度升高使喷头喷水，管网中水压下降，压力开关动作，使继电器 KA1 触点闭合，时间断电器 KT3 通电。延时后，中间继电器 KA 线圈通电自锁、并断开 KT3 的线圈，同时使接触器 KM1 线圈通电，1 号喷淋泵电机 M1 启动加压，信号灯 HL1 亮显示 1 号电机运行。当压力升高后，压力开关复位，KA1 失电释放，KA 失电、KM1 失电、1 号电机停止。

③ 故障时备用泵自动投入：当发生火灾时，如果 1 号电机不动作，时间继电器 KT1 线圈通电。延时后，其触头使接触器 KM2 线圈通电，备用泵 2 号电机 M2 启动加压。

④ 手动控制：当自动环节故障时，将 SA 置于“手动”位置，按 SB1～SB4 便可启动 1 号（2 号）喷淋泵电机。也可以 2 号工作、1 号备用，其原理自行分析。

以上两个全电压启动线路中，前者为水流指示器发信号动作，后者为压力开关信号动作，即水流指示器、压力开关将水流转换成火灾报警信号，控制报警控制柜（箱）发出声光报警并显示灭火地址。工程中水流指示器有可能由于管路水流压力突变，或受水锤影响等而误发信号，也可能因选型不当、灵敏度不高、安装质量不好等而使其动作不可靠。因此，消防水泵（喷淋泵）的启停应采用能准确反映管网水压的压力开关，让其直接作用于喷淋泵启停回路，而无须与火灾报警控制器作联动控制。但消防控制室仍需设置喷淋泵的启停，以确保无误。

2. 降压启动的喷淋泵电气控制

采用两路电源互投且自耦变压器降压启动的线路如图 3-21 所示。图中 SP 为电接点压力表触点，KT3、KT4 为电流时间转换器，其触点可延时动作，1PA、2PA 为电流表，1TA、2TA 为电流互感器。

线路工作过程分析如下：

（1）公共部分控制电源切换

合上控制电源开关 SA，中间继电器 KA 线圈通电，KA13-14 号触头闭合，送上 1L1 号电源，KA11-12 号触头断开，切断 2L2 号电源，使公共部分控制电路有电。当 1 号电源 1L1 无电时，KA 线圈失电，其触头复位，KA11-12 号触头闭合，为公共部分送出 2 号电源，即 2L2，确保线路正常工作。

（2）正常情况下的自动控制

令 1 号为工作泵，2 号为备用泵，将电源控制开关 SA 合上，引入 1 号电源 1L1，将选择开关 1SA 至工作“A”挡，其 3-4、7-8 号触头闭合，当消防水池水位不低于低水位时，KA2 21-22 闭合，当发生火灾时，水流指示器和压力开关相“与”后，向来自消防控制屏或控制模块的常开触点发出闭合信号，即发来启动喷淋泵信号。中间继电器 KA1 线圈通电，使中间继电器 1KA 通电自锁，1KA23-24 号触头闭合，使接触器 13KM 线圈通电，13KM13-14 号触头使接触器 12KM 通电，其主触头闭合，1 号喷淋泵电动机 M1 串联自耦变压器 1TC 降压启动，12KM 触头使中间继电器 12KA、电流时间转换器 KT3 线圈通电。经过延时后，当 M1 达到额定工作电流时，即从主回路 KT3 3-4 号触电引来电流变化时，KT3 15-16 号触头闭合，使切换继电器 KA4 线圈通电。13KM 失电释放，使 11KM 通电，1TC 被切除。M1 全电压稳定运行，并使中间继电器 11KA 通电，其触头使运行信号灯 HL1 亮，停泵信号灯 HL2 灭。另外，11KM11-12 号触头断开，使 12KM、12KA 失电，启动结束，加压喷淋灭火。

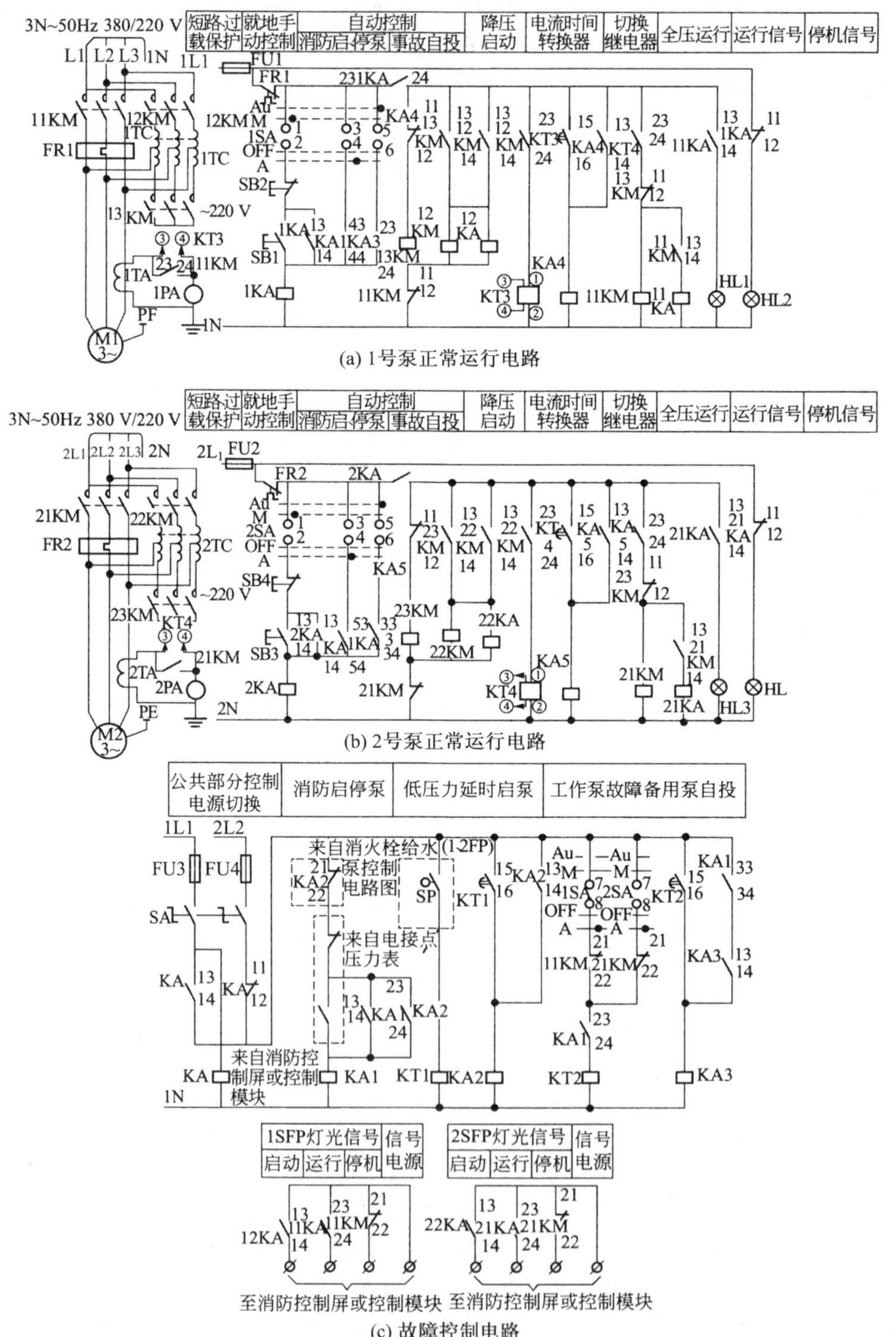

图 3-21　采用两路电源互投且自耦变压器降压启动的线路

（3）故障时备用泵的自动投入

当出现故障时，在火灾发生后，如11KM机械卡住，11KM线圈虽然通电，但是其触头不动作，使时间继电器KT2线圈通电。经延时后，中间继电器KA3线圈通电，使继电器2KA线圈通电，其触头使接触器23KM线圈通电，接触器22KM线圈随之通电，2号备用泵电动机M2串联自耦变压器2TC降压启动。中间继电器22KA和电流时间转换KT4线圈通电。经延时后，当M2达到额定电流时，KT4触点闭合，使切换继电器KA5线圈通电，23KM失电，22KM失电，使接触器21KM线圈通电。切除2TC，电动机M2全电压稳定运行，中间继电器21KA通电，使运行信号灯HL3亮，停机信号灯HL4灭，加压喷淋灭火。当火被扑灭后，来自消防控制屏或控制模块触点断开，KA1失电、KT2失电，使KA3失电，2KA失电，21KM、21KA均失电，M2失电，M2停止，HL3灭，HL4亮。

（4）手动控制

将开关1SA、2SA调至手动“M”挡，如启动2号电动机M2，按下启动按钮SB3，2KA通电，使23KM线圈通电，22KM线圈也通电，电动机M2串联2TC降压启动，22KA、KT4线圈通电。经过延时，当M2的电流达到额定电流时，KT4触头闭合，使KA5线圈通电，断开23KM，接通21KM，切除2TC，M2全电压稳定运行。21KM使21KA线圈通电，HL3亮，HL4灭。停止时，按下停止按钮SB4即可。1号电动机手动控制类似。

（5）低压力延时启泵

来自消防控制室或控制模块的常开触点因压力低，压力继电器使之断开。此时，如果消防水池水位低于低水位，压力也低，来自消火栓给水泵控制电路机信号的KA2 21-22号触头断开，喷淋泵无法启动，但是由于水位低，压力也低，使来自电接点压力表的下限电接点SP闭合，使时间继电器KT1线圈通电。经过延时后，使中间继电器KA2线圈通电，KA2 23-24号触头闭合，这时水位已开始升高，来自消防水泵控制电路的KA2 21-22号闭合，使KA1通电，此时就可以启动喷淋泵电动机了，可称之为低压力延时启泵。

3. 稳压泵电气控制及应用

（1）线路的组成

两台互备自投稳压泵全电压启动电路如图3-22所示。图中来自电接点压力表的上限电接点SP2和下限电接点SP1分别控制高压力延时停泵和低压力延时启泵。另外，来自消火栓给水系控制电路中的常闭触点KA2 31-32，当消防水池水位过低时是断开的，以其控制低水位停泵。

（2）线路的工作原理

① 正常下的自动控制：令1号为工作泵，2号为备用泵，将选择开关1SA调至工作“A”位置，其3-4、7-8号触头闭合，将2SA调至自动“Au”挡位，其5-6号触头闭合，做好准备。稳压泵是用来稳定水的压力的，它将在电接点压力表的控制下启动和停止，以确保水的压力降到在设计规定的压力范围之内，达到正常供给消防用水的目的。

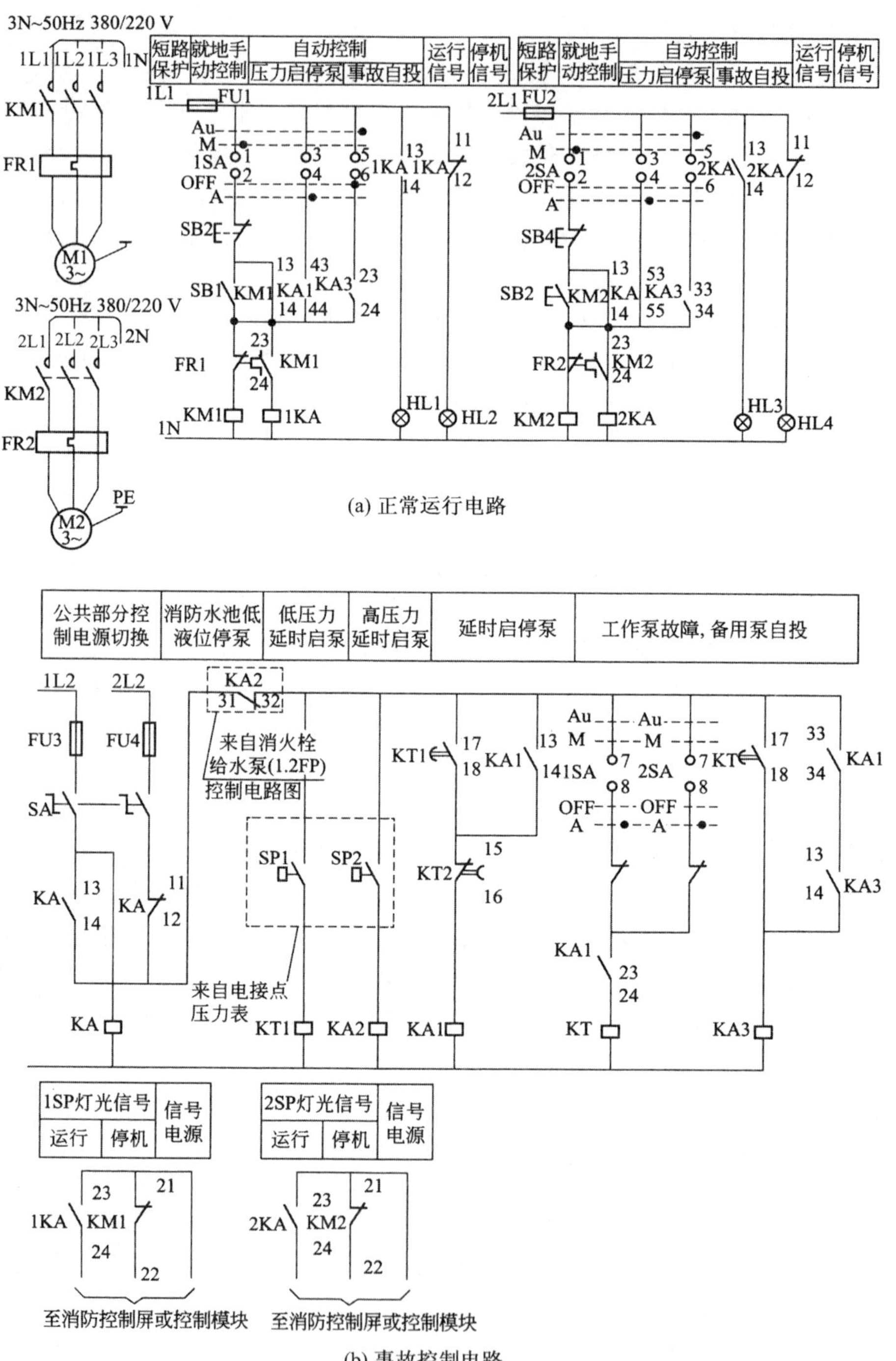

(a) 正常运行电路

(b) 事故控制电路

图 3-22 稳压泵全电压启动控制电路

当消防水池压力降至电接点压力表下限值时，SP1 闭合，使时间继电器 KT1 线圈通电。经延时后，其常开触头闭合，使中间继电器 KAl 线圈通电，接触器 KM1 通电、运行信号灯 HL1 亮，停泵信号灯 HL2 灭。随着稳压泵的运行，压力不断提高，当压力升为电接点压力表高压力值时，其上限电接点 SP2 闭合，使时间继电器 KT2 通电，其触头经延时断开，KAl 失电释放，使 KM1 线圈失电，1KA 线圈失电，稳压泵停止运行，HL1 灭，HL2 亮。如此在电接点压力表控制之下，稳压泵自动间歇运行。

② 故障时备用泵的投入：如果由于某种原因 M1 不启动，接触器 KM1 不动作，使时间继电器 KT 通电，经过延时其触头闭合，使备用继电器 KA3 通电，触头使 KM2 通电，2 号备用稳压泵 M2。自动投入运行加压，同时 2KA 通电，运行信号灯 HL3 亮，停泵信号灯 HL4 灭。随着 M2 运行压力升高，当压力达到设定的最高压力值时，SP2 闭合，时间继电器 KT2 线圈通电。经延时后其触头断开，使 KAl 线圈失电，KA1 22-24 断开，KT 失电释放，KA3 失电，KM2、1KA 均失电，M2 停止，HL3 灭、HL4 亮。

③ 手动控制：将开关 1SA、2SA 调至手动“M”挡，其 1-2 号触头闭合。如果启动 M1，可按下启动按钮 SB1，KM 线圈通电，稳压泵 M1 启动，同时 1KA 通电，HL1 亮，HL2 灭，停止时按 SB2 即可。2 号泵的启动及停止按 SB3 和 SB4 便可实现。

4. 自动喷水系统设计案例

自动喷水系统控制要求：

① 控制系统的启、停；

② 显示消防水泵的工作、故障状态；

③ 显示水流指示器、报警阀、安全信号阀的工作状态；

④ 消防水泵的启、停（当采用总线编码模块控制时，还应在消防控制室设置手动直接控制装置）。

自动喷水系统在消防工程图中的表达如图 3-23 所示。

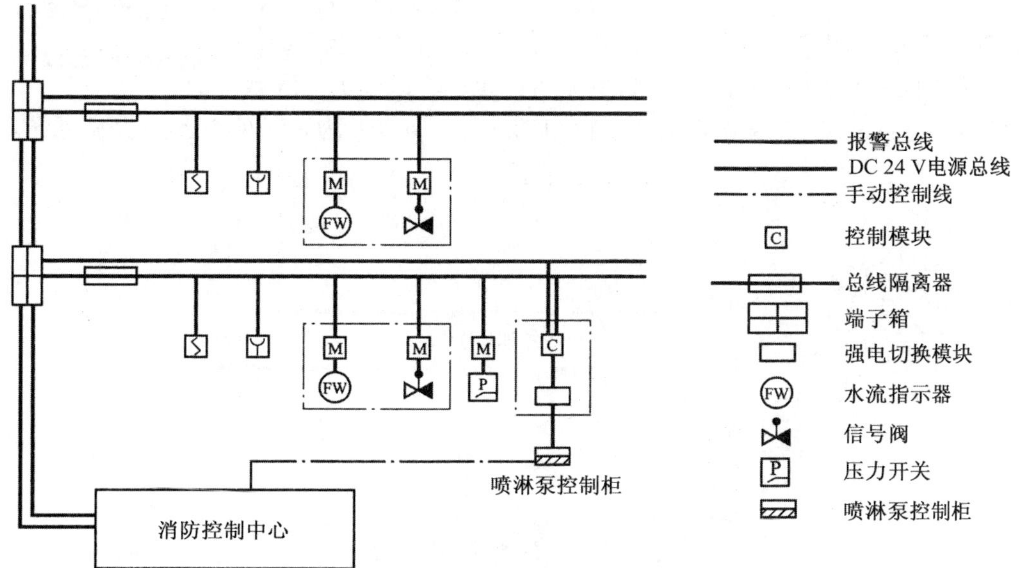

图 3-23 自动喷水系统消防工程图

3.4 气体灭火系统

气体灭火系统是指平时灭火剂以液体、液化气体或气体状态存储于压力容器内，灭火时以气体（包括蒸汽、气雾）状态喷射作为灭火介质的灭火系统，并能在防护区空间内形成各方向均匀的气体浓度，而且至少能保持该灭火浓度达到规范规定的浸渍时间，实现扑灭该防护区的空间、立体火灾。气体灭火系统包括储存容器、容器阀、选择阀、液体单向阀、喷头、驱动装置等。

3.4.1 系统分类

1. 按灭火剂的种类分类

20 世纪 50 年代以来，卤代烷 1301 和卤代烷 1211 是应用最广泛的卤代烷灭火剂。但是这两种卤代烷灭火剂中的 Br 原子会使大气臭氧层造成破坏，危害人类的生存环境。为此，国家已经停止了 1301 灭火剂和 1211 灭火剂的生产。根据替代卤代烷灭火剂的研究以及我国有关规范和规定，当前可使用的气体灭火剂有七氟丙烷气体、二氧化碳、IG541（52%氮、40%氩、8%二氧化碳）、惰性气体、气溶胶等。

2. 按系统结构特点分类

（1）无管网灭火系统：又称预制灭火系统。该系统又分为柜式和悬挂式两种类型，其适用于较小的、无特殊要求的防护区。

（2）有管网灭火系统：按一定的应用条件进行计算，将灭火剂从储存装置经由干管、支管输送至喷放组件实施喷放的灭火系统。

有管网灭火系统

有管网系统又可分为组合分配系统（一套系统保护多个区域）和单元独立系统（一套系统仅保护一个区域）。图 3-24 所示为有管网组合分配灭火系统。

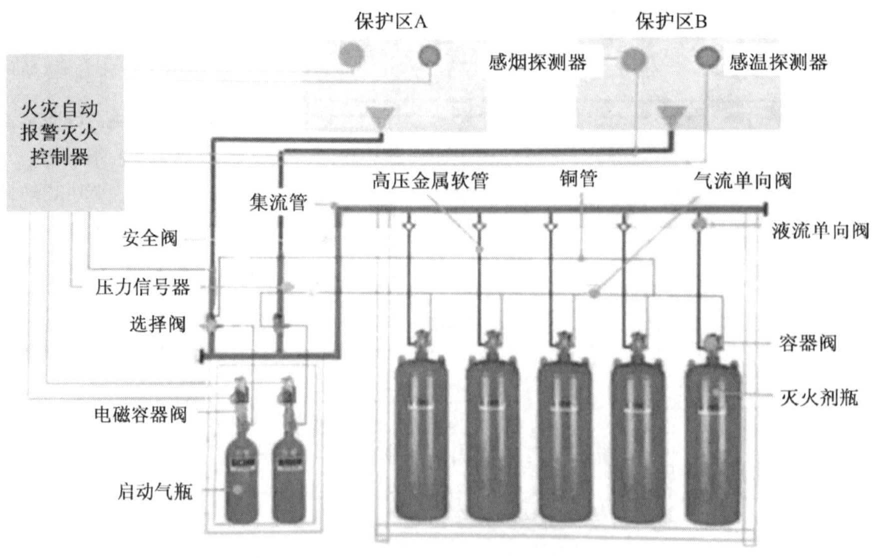

图 3-24 有管网组合分配灭火系统

3. 按应用方式分类

(1) 全淹没灭火系统

全淹没灭火系统指在规定的时间内，向防护区喷射一定浓度的气体灭火剂，并使其均匀地充满整个防护区的灭火系统。

(2) 局部应用灭火系统

局部应用灭火系统指在规定的时间内向保护对象设计喷射率直接喷射气体，在保护对象周围形成局部高浓度，并持续一定时间的灭火系统。

4. 按加压方式分类

(1) 自压式气体灭火系统

自压式气体灭火系统指灭火剂无须加压，而是依靠自身饱和蒸气压力进行输送的灭火系统。

(2) 内储压式气体灭火系统

内储压式气体灭火系统指灭火剂在瓶组内用惰性气体进行加压储存，系统动作时灭火剂靠瓶组内的充压气体进行输送的灭火系统。

(3) 外储压式气体灭火系统

外储压式气体灭火系统指系统动作时灭火剂由专设的充压气体瓶组按设计压力对其进行充压的灭火系统。

3.4.2 系统组成

1. 瓶组

瓶组一般由容器、容器阀、安全泄放装置、虹吸管、取样口、检漏装置、充装介质等组成，用于储存灭火剂和控制灭火剂的释放。

(1) 灭火剂瓶组

灭火剂以液态和气态形式储存在瓶组内。当发生火警时，来自驱动气体瓶组的驱动气体通过气体驱动器来开启容器阀，灭火剂通过瓶组内充装的压力从容器阀出口喷放。有的灭火剂瓶组上直接安装电磁或电爆型驱动器，当发生火警时，控制器直接给出电启动信号启动电磁或电爆型驱动器，打开容器阀。

(2) 驱动气体瓶组

驱动气体以气态形式储存在瓶组内。瓶组上的容器阀装有电磁或电爆型驱动器，当发生火警时，控制器直接给出电启动信号启动电磁或电爆型驱动器，打开容器阀，释放驱动气体。紧急情况时，可用手指拉住保险扣拉手，将保险扣拉出，拍击手动按钮，即可使容器阀打开动作，直接释放驱动气体。

(3) 加压气体瓶组

加压瓶组由灭火剂瓶组和加压气体瓶组组成。灭火剂是以液态储存在灭火剂瓶组内。当发生火警时，来自加压气体瓶组的驱动气体向灭火器瓶组加压使灭火剂从容器阀出口喷放。因此，加压气体瓶组也称为外加压瓶组。它只适用于液态储存的灭火剂，主要是使灭火剂的输送距离更远。

2. 容器

容器是用来存储灭火剂和启动气体的重要组件，分为钢质无缝容器和钢制焊接容器。

3. **容器阀**

容器阀又称瓶头阀，安装在容器上，具有封存、释放、充装、超压泄放（部分结构）等功能控制阀门。

（1）灭火剂储存容器阀

灭火器储存容器阀是指安装在灭火剂储存容器出口的控制阀门。其作用是平时用来封存灭火剂，火灾时自动或手动开启释放灭火剂（瓶头阀）。

（2）驱动气瓶容器阀

驱动气瓶容器阀安装在启动钢瓶上，用以密封瓶内的启动气体。火灾时，控制器发出灭火指令，打开电磁阀，启动气体释放打开灭火剂储存容器上的容器阀及相应的选择阀（电磁瓶头阀）。

（3）机械手动

机械手动是手动拔除插销，向上扳动手柄，打开瓶头阀。在机械手动之前应拔除插销，否则不能实施机械手动。

4. **选择阀**

选择阀是组合分配系统中用来控制灭火剂释放到起火防护区的阀门。选择阀平时都是关闭的，选择阀的启动方式有气动式和电动式。无论电动式或是气动式选择阀，均应设手动执行机构，以便在自动失灵时仍能将阀门打开。

选择阀是一种气动快开阀，其工作原理为控制气体推动驱动气缸活塞，带动曲柄动作，使转轴旋转，主阀处于可开启状态，在灭火剂压力作用下主阀打开，释放灭火剂。应急时，可直接扳动手柄打开选择阀，释放灭火剂。

5. **喷头（嘴）**

喷头安装在灭火释放管道的末端，可将灭火剂按一定的流速均匀释放到防护区内或保护对象周围，并用来控制灭火剂的释放速度和喷射方向，是灭火系统的关键组件。因灭火剂的不同，喷头有各种类型。全淹没喷头还起到使灭火剂雾化喷射的作用，局部应用喷头还能起到定向喷射的作用，但基本要求是必须保证耐压、耐腐蚀，具有一定强度。

6. **单向阀**

单向阀是用来控制介质流向的。单向阀分为液流单向阀和气流单向阀。液流单向阀可防止灭火剂回流到空瓶或从卸下的储瓶接口处泄漏灭火剂。气流单向阀用以控制启动气体来开启相应阀门。

7. **集流管**

集流管是将多个灭火剂瓶组的灭火剂汇集在一起，再分配到各防护区的汇流管路。

8. **连接管**

连接管可分为容器阀与集流管之间的连接管和控制管路连接管。容器阀与集流管之间的连接管按材料分为高压不锈钢连接管和高压橡胶连接管。

9. **安全泄放装置**

安全泄放装置通常装于瓶组和集流管上，以防止瓶组和灭火剂管道非正常受压时损坏。安全泄放装置可分为灭火剂瓶组安全泄放装置、驱动气体瓶组安全泄放装置和集流管安全泄放装置。安全泄压阀起保证瓶组和管网系统安全的作用，当压力超过规定值时自动开启泄压。

10. 驱动装置

驱动装置用于驱动容器阀、选择阀使其动作。它可分为气动型驱动器、引爆型驱动器、电磁型驱动器、机械型驱动器和燃气型驱动器等类型。

11. 检漏装置

检漏装置用于监测瓶组内介质的压力或质量损失。它包括压力显示器、称重装置、液位测量装置等。

12. 信号反馈装置（压力开关）

信号反馈装置是安装在灭火剂释放管路或选择阀上，将灭火剂释放的压力或流量信号转换为电信号，并反馈到控制中心的装置。常见的信号反馈装置是把压力信号转换为电信号的信号反馈装置，一般也称为压力开关。压力开关安装在选择阀的出口部位，对于单元独立系统则安装在集流管上。当灭火剂释放时，压力开关动作，送出灭火剂释放信号给控制中心，起到反馈灭火系统的动作状态的作用。

13. 低泄高封阀

低泄高封阀是为了防止系统由于驱动气体泄漏的累积引起系统的误动作而在管路中设置的阀门。它安装在系统启动管路上，正常情况下处于开启状态，只有进口压力达到设定压力时才关闭，其主要作用是排除由于气源泄漏积聚在启动管路内的气体。

3.4.3 气体灭火系统工作原理

气体灭火控制联动报警系统

1. 动作流程

气体灭火系统防护区发生火灾后，首先是火灾探测器动作，并向火灾灭火控制器报警，确认后发出声光报警信号，同时启动联动装置（关闭防护区开口、停止空调和通风机等）。延时一定时间（一般为 30 s）后打开启动气瓶的瓶头阀，利用气瓶中的高压氮气将灭火剂储存容器上的容器阀打开，灭火剂经管道输送到喷头喷出实施灭火。灭火施放时，压力开关动作发出反馈信号，灭火控制器同时发出施放灭火剂的声、光报警信号。气体灭火系统动作流程图如图 3-25 所示。

延时一定时间主要有三个方面的作用：一是考虑防护区内人员的疏散；二是及时关闭防护区的开口；三是判断有没有必要启动气体灭火系统。

2. 自动控制

将灭火控制器上的控制方式选择键拨至“自动”位置，灭火系统则处于自动控制状态。当保护区发生火情时，火灾探测器发出火灾信号，经报警控制器确认后，灭火控制器即发出声光报警信号，同时发出联动指令，相关设备联动。经过一段延时时间，发出灭火指令，打开电磁瓶头阀释放启动气体，启动气体通过启动管路打开相应的选择阀和瓶头阀，释放灭火剂，实施灭火。自动控制系统动作流程图如图 3-26 所示。

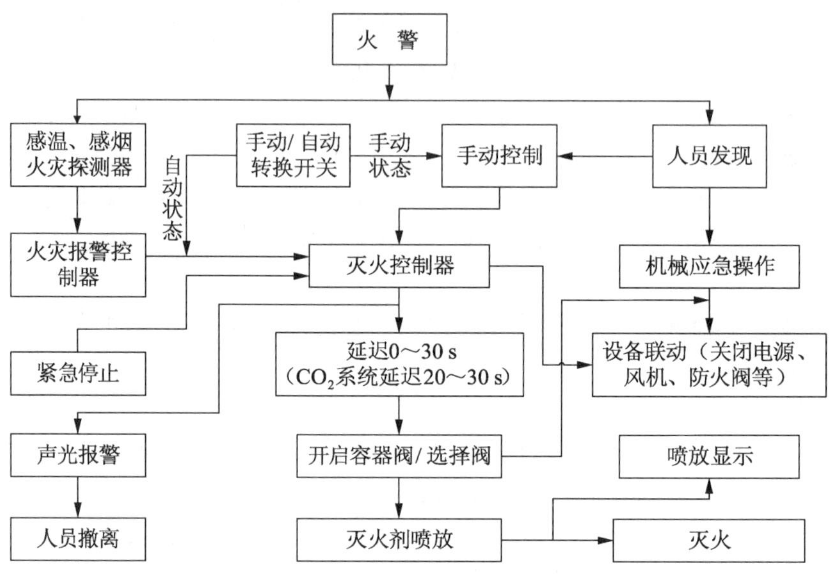

图 3-25　气体灭火系统动作流程图

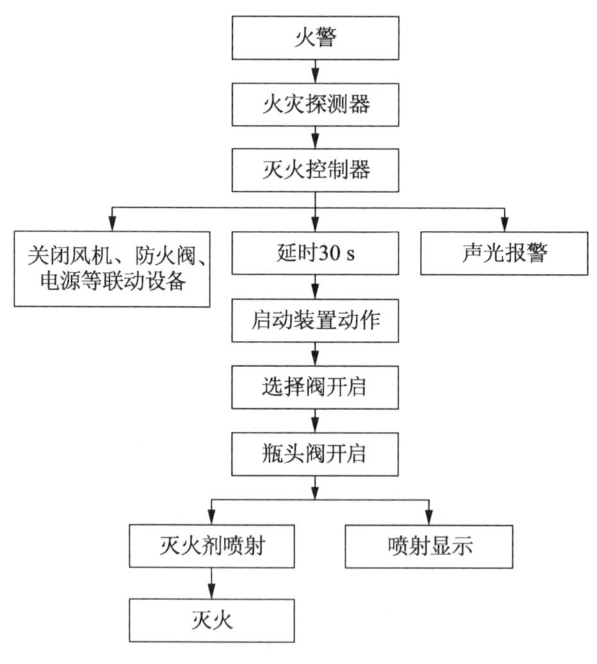

图 3-26　自动控制系统动作流程图

3. **手动控制**

将灭火控制器上的控制方式选择键拨至“手动”位置，灭火系统则处于手动控制状态。当保护区发生火情时，可按下防护区外手动控制盒或灭火控制器上的“启动”按钮，灭火控制器即发出声光报警信号，同时发出联动指令，相关设备联动。经过一段延时时间，发出灭火指令，打开电磁瓶头阀释放启动气体，启动气体通过启动管路打开相应的选择阀和瓶头阀，释放灭火剂，实施灭火。手动控制系统动作流程图如图 3-27 所示。

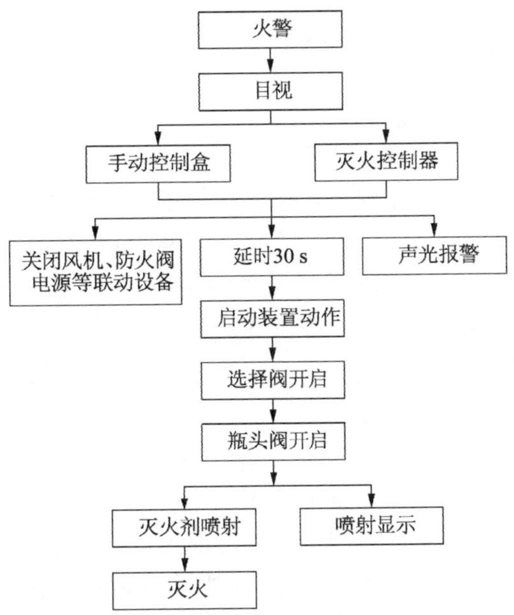

图 3-27 手动控制系统动作流程图

4. 机械应急操作

当保护区发生火情且灭火控制器不能有效地发出灭火指令时，应立即通知有关人员迅速撤离现场，打开或关闭联动设备，然后拔除相应保护区电磁瓶头阀上的止动簧片，压下电磁瓶头阀手柄，即打开电磁瓶头阀，释放启动气体。启动气体时打开相应的选择阀、瓶头阀，释放灭火剂，实施灭火。若此时遇上电磁瓶头阀维修或启动气体储瓶充换氮气阀手柄，则敞开压臂，打开选择阀。然后扳动相应瓶头阀上的手柄，打开瓶头阀，释放灭火剂，实施灭火。机械应急操作流程图如图 3-28 所示。

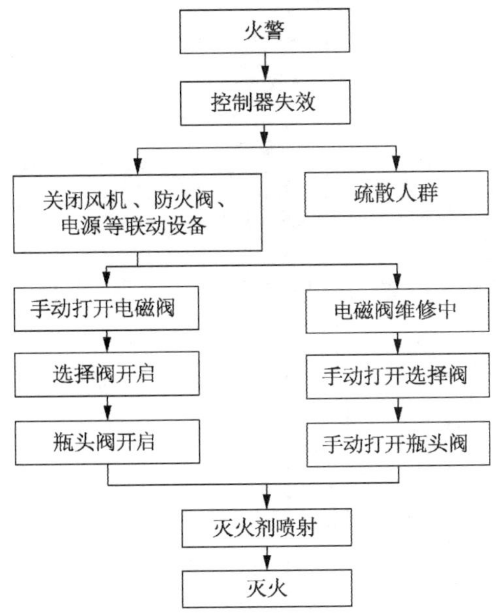

图 3-28 机械应急操作流程图

3.4.4 气体灭火系统控制方式

1. **自动控制**

控制器上有控制方式选择锁，将其置于“自动”位置。

仅一种探测器动作时，控制器发出声光报警信号，通知有异常情况发生，但不启动灭火装置释放灭火剂。如确需启动，可按下“紧急启动”按钮，释放灭火剂。

两种探测器同时动作时，控制器发出声光报警信号，通知有关人员撤离现场，并联动关闭风机、防火阀等设备。经一段时间延时后，即发出指令，释放灭火剂。如在报警过程中发现不需要启动灭火装置，按下保护区外或控制操作面板上的“紧急停止”按钮，即可终止控制灭火指令的发出。

2. **手动控制**

将控制器上的控制方式选择锁置于“手动”位置。

火灾探测器发出火警信号，控制器即发出声光报警信号，但不启动灭火装置。经人员观察，确认火灾已发生时，按下保护区外或控制器操作面板上的“紧急启动”按钮，即可启动灭火装置，释放灭火剂，实施灭火，但报警信号仍存在。无论装置处于自动或手动状态，按下任何紧急启动按钮，都可释放灭火剂实施灭火。

3. **应急机械启动**

应急机械启动用于控制器失效时。当职守人员判断为火灾时，应立即通知现场所有人员撤离现场。确定所有人员撤离现场后，方可按以下步骤实施应急机械启动：手动关闭联动设备并切断电源；打开对应保护区选择阀；成组或逐个打开对应保护区储瓶组上的容器阀，即刻实施灭火。

4. **紧急启动/停止**

紧急启动/停止用于紧急状态（控制器未失效），操作流程如图3-29所示。

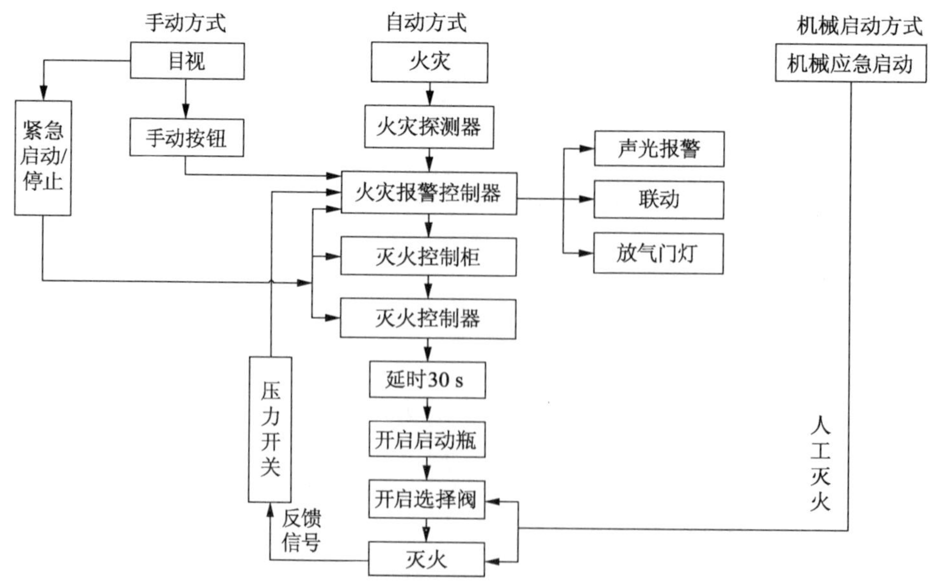

图3-29 紧急启动/停止操作流程图

情况1：当职守人员发现火情且气体灭火控制器未发出声光报警信号时，应立即通知现场所有人员撤离现场。在确定所有人员撤离现场后，方可按下“紧急启动/停止”按钮，系统立即实施灭火操作。

情况2：当气体灭火控制器发出声光报警信号且正处于延时阶段时，如发现为误报火警时可立即按下“紧急启动/停止”按钮，系统将停止实施灭火操作以避免不必要的损失。

管网灭火系统应设置自动控制、手动控制、机械应急控制。预制（无管网）灭火系统应设置自动控制、手动控制。

3.4.5 系统设置场所

1. 二氧化碳气体灭火系统

二氧化碳灭火系统可用于扑救下列火灾：

① 灭火前可切断气源的气体火灾；

② 液体火灾或石蜡、沥青等可熔化的固体火灾；

③ 固体表面火灾及棉毛、织物、纸张等部分固体深位火灾；

④ 电气火灾。

二氧化碳灭火系统不得用于扑救下列火灾：

① 硝化纤维、火药等含氧化剂的化学制品火灾；

② 钾、钠、镁、钛、锆等活泼金属火灾；

③ 氰化钾、氰化钠等金属氰化物火灾。

2. 其他气体灭火系统

气体灭火系统适用于扑救下列火灾：

① 电气火灾；

② 固体表面火灾；

③ 液体火灾；

④ 灭火前能切断气源的气体火灾。

气体灭火系统的典型应用场所或对象如下：

① 电器和电子设备；

② 通信设备；

③ 易燃、可燃的液体和气体；

④ 其他高价值的财产和重要场所（部位）。

气体灭火系统不适用于扑救下列火灾：

① 硝化纤维、硝酸钠等氧化剂或含氧化剂的化学制品火灾；

② 钾、镁、钠、钛、镐、铀等活泼金属火灾；

③ 氢化钾、氢化钠等金属氢化物火灾；

④ 过氧化氢、联胺等能自行分解的化学物质火灾；

⑤ 可燃固体物质的深位火灾。

3.4.6 二氧化碳气体灭火系统设计要求

（1）二氧化碳灭火系统按应用方式可分为全淹没灭火系统和局部应用灭火系统。

全淹没灭火系统应用于扑救封闭空间内的火灾；局部应用灭火系统应用于扑救不需封闭空间条件的具体保护对象的非深位火灾。

（2）采用全淹没灭火系统的防护区，应符合下列规定：

① 对气体、液体、电气火灾和固体表面火灾，在喷放二氧化碳前不能自动关闭的开口，其面积不应大于防护区总内表面积的3%，且开口不应设在底面。

② 对固体深位火灾，除泄压口以外的开口，在喷放二氧化碳前应自动关闭。

③ 防护区的围护结构及门、窗的耐火极限不应低于0.50 h，吊顶的耐火极限不应低于0.25 h；围护结构及门窗的允许压强不宜小于1 200 Pa。

④ 防护区用的通风机和通风管道中的防火阀，在喷放二氧化碳前应自动关闭。

（3）采用局部应用灭火系统的保护对象，应符合下列规定：

① 保护对象周围的空气流动速度不宜大于3 m/s。必要时，应采取挡风措施。

② 在喷头与保护对象之间，喷头喷射角范围内不应有遮挡物。

③ 当保护对象为可燃液体时，液面至容器缘口的距离不得小于150 mm。

（4）启动释放二氧化碳之前或同时，必须切断可燃、助燃气体的气源。

（5）组合分配系统二氧化碳储存量，不应小于所需储存量最大的一个防护区或保护对象的储存量。

（6）储存装置应具有灭火剂泄漏检测功能，当储存容器中充装的二氧化碳损失量达到其初始充装量的10%时，应能发出声光报警信号并及时补充。

（7）二氧化碳设计浓度不应小于灭火浓度的1.7倍，并不得低于34%。

（8）当防护区内存在两种及两种以上可燃物时，防护区的二氧化碳设计浓度应采用可燃物中最大的二氧化碳设计浓度。

（9）防护区应设置泄压口，并宜设在外墙上，其高度应大于防护区净高的2/3。当防护区设有防爆泄压孔时，可不单独设置泄压口。

（10）全淹没灭火系统二氧化碳的喷放时间不应大于1 min。当扑救固体深位火灾时，喷放时间不应大于7 min，并应在前2 min内使二氧化碳的浓度达到30%。

（11）局部应用灭火系统的二氧化碳喷射时间不应小于0.5 min。对于燃点温度低于沸点温度的液体和可熔化固体的火灾，二氧化碳的喷射时间不应小于1.5 min。

二氧化碳灭火系统应设有自动控制、手动控制和机械应急控制三种启动方式。当局部应用灭火系统用于经常有人的保护场所时可不设自动控制。

（13）手动操作装置应设在防护区外便于操作的地方，并应能在一处完成系统启动的全部操作。局部应用灭火系统手动操作装置应设在保护对象附近。

（14）对于采用全淹没灭火系统保护的防护区，应在其出入口处设置手动、自动转换控制装置。有工作人员时，应置于手动控制状态。

3.4.7 气体灭火系统设计要求

1. 七氟丙烷、IG541的共同设计要求

（1）两个或两个以上的防护区采用组合分配系统时，一个组合分配系统所保护的防护区不应超过8个。

（2）组合分配系统的灭火剂储存量，应按储存量最大的防护区确定（一个防护区发生火灾）。

（3）灭火系统的灭火剂储存量，应为防护区设计用量与储存容器的剩余量和管网内的剩余量之和。

（4）组合分配的二氧化碳气体灭火系统保护 5 个及 5 个以上的防护区或保护对象时，或在 48 h 内不能恢复时，二氧化碳要有备用量，且备用量不小于系统设计储存量。

（5）灭火系统储存装置 72 h 内不能重新充装恢复工作的，应按系统原储存量的 100%设置备用量。

（6）灭火系统的设计温度，应采用 20 ℃。

（7）喷头的保护高度和保护半径，应符合下列规定：

① 最大保护高度不宜大于 6.5 m；

② 最小保护高度不应小于 0.3 m；

③ 喷头安装高度小于 1.5 m 时，保护半径不宜大于 4.5 m；

④ 喷头安装高度不小于 1.5 m 时，保护半径不应大于 7.5 m。

（8）一个防护区设置的预制灭火系统，其装置数量不宜超过 10 台。

（9）同一防护区内的预制灭火系统装置多于 1 台时，必须能同时启动，其动作响应时差不得大于 2 s。

（10）防护区划分应符合下列规定：

① 防护区宜以单个封闭空间划分。同一区间的吊顶层和地板下需同时保护时，可合为一个防护区。

② 采用管网灭火系统时，一个防护区的面积不宜大于 800 m^2，且容积不宜大于 3 600 m^3。

③ 采用预制灭火系统时，一个防护区的面积不宜大于 500 m^2，且容积不宜大于 1 600 m^3。

（11）防护区的入口处应设防护区采用的相应气体灭火系统的永久性标志；防护区入口处的正上方应设灭火剂喷放指示灯，入口处应设火灾声光报警器；防护区内应设火灾声报警器，必要时，可增设闪光报警器；防护区应有保证人员在 30 s 内疏散完毕的通道和出口，疏散通道及出口处应设置应急照明装置与疏散指示标志。

（12）防护区围护结构及门窗的耐火极限均不宜低于 0.50 h，吊顶的耐火极限不宜低于 0.25 h。

（13）防护区围护结构承受内压的允许压强不宜低于 1 200 Pa。

（14）防护区应设置泄压口，泄压口宜设在外墙上，七氟丙烷灭火系统的泄压口应位于防护区净高的 2/3 以上。

（15）喷放灭火剂前，防护区内除泄压口外的开口应能自行关闭。

（16）防护区的最低环境温度不应低于-10 ℃。

2. 七氟丙烷灭火系统设计要求

（1）七氟丙烷灭火系统的灭火设计浓度不应小于灭火浓度的 1.3 倍，惰化设计浓度不应小于惰化浓度的 1.1 倍。

（2）图书、档案、票据和文物资料库等防护区，灭火设计浓度宜采用 10%。

注：固体表面火灾的灭火浓度为 5.8%，设计规范中未列出，应经试验确定。

（3）油浸变压器室、带油开关的配电室和自备发电机房等防护区，灭火设计浓度宜采用9%。

（4）通信机房、电子计算机机房等防护区，灭火设计浓度宜采用8%。

（5）防护区实际应用的浓度不应大于灭火设计浓度的1.1倍。

（6）在通信机房、电子计算机机房等防护区，设计喷放时间不应大于8 s；在其他防护区，设计喷放时间不应大于10 s。

（7）灭火浸渍时间应符合下列规定：

① 木材、纸张、织物等固体表面火灾，宜采用20 min；

② 通信机房、电子计算机机房内的电气设备火灾，应采用5 min；

③ 其他固体表面火灾，宜采用10 min；

④ 气体和液体火灾，不应小于1 min。

（8）七氟丙烷灭火系统应采用氮气增压输送。氮气的含水量不应大于0.006%。储存容器的增压压力宜分为三级，并应符合下列规定：

①一级（2.5+0.1）MPa（表压）；

②二级（4.2+0.1）MPa（表压）；

③三级（5.6+0.1）MPa（表压）。

（9）七氟丙烷单位容积的充装量应符合下列规定：

① 一级增压储存容器，不应大于1 120 kg/m^3；

② 二级增压焊接结构储存容器，不应大于950 kg/m^3；

③ 二级增压无缝结构储存容器，不应大于1 120 kg/m^3；

④ 三级增压储存容器，不应大于1 080 kg/m^3。

（10）管网的管道内容积，不应大于流经该管网的七氟丙烷储存量体积的80%。

（11）管网布置宜设计为均衡系统，并应符合下列规定：

① 喷头设计流量应相等；

② 管网的第1分流点至各喷头的管道阻力损失，其相互间的最大差值不应大于20%。

3. IG541混合气体灭火系统设计要求

（1）IG541混合气体灭火系统的灭火设计浓度不应小于灭火浓度的1.3倍，惰化设计浓度不应小于灭火浓度的1.1倍。

（2）当IG541混合气体灭火剂喷放至设计用量的95%时，喷放时间不应大于60 s，且不应小于48 s。

（3）灭火浸渍时间应符合下列规定：

① 木材、纸张、织物等固体表面火灾，宜采用20 min。

② 通信机房、电子计算机机房内的电气设备火灾，宜采用10 min。

③ 其他固体表面火灾，宜采用10 min。

（4）储存容器充装量应符合下列规定：

① 一级充压，温度为20 ℃，充装压力为15.0 MPa（表压）时，其充装量应为211.15 kg/m^3。

② 二级充压，温度为20 ℃，充装压力为20.0 MPa（表压）时，其充装量应为

281.06 kg/m^3。

3.4.8 气体灭火装置实例

下面以某厂生产的气溶胶自动灭火装置和七氟丙烷自动灭火装置为例进行介绍。

1. 气溶胶自动灭火装置

（1）特点

ZQ 气溶胶自动灭火装置是一种对大气臭氧层无损害的哈龙类灭火器材的理想替代产品，是一种综合性能指标达到国内外同类产品先进水平的高科技产品。

气溶胶是直径小于 0.01 μm 的固体或液体颗粒悬浮于气体介质中的一种物体，其形态呈高分散度。气溶胶灭火装置将灭火材料以超细微粒的形态，快速弥漫于着火点周围的空间。因为众多气溶胶微粒形成很大的比表面，迅速弥漫过程中会吸收大量的热量，从而达到冷却灭火的目的。在火灾初始阶段，气溶胶喷到火场中对燃烧过程的链式反应具有很强的负催化作用，通过迅速对火焰进行化学抑制，从而降低燃烧的反应速率，当燃烧反应生成的热量小于扩散损失的热量时，燃烧过程即终止。因此，气溶胶是一种高效能的灭火剂，可通过全淹没及局部应用方式扑灭可燃固体、液体及气体火灾。

（2）灭火原理

ZQ 系列气溶胶自动灭火系统通过火灾感知组件及报警系统探测火警信号启动气溶胶系统喷射气溶胶，实施灭火。系统可选择自动启动方式或手动启动方式。当采用自动启动方式时，通过火灾探测器确认火警，延时时间过后启动气溶胶灭火装置，向防护区内释放气溶胶。在 24 h 有人职守的防护区，可采用手动启动方式，即报警系统报告火警后经人工确认，由人工启动气溶胶灭火装置实施灭火，最大限度地防止误喷发生，增加系统的可靠性。

ZQ 气溶胶灭火装置灭火迅速、灭火性能高、出口温度低，无毒害、污染小、绝缘性能高，存储时不带压，不存在泄漏问题。灭火后便于清理，喷放时的出口温度低于 800 ℃，实测低于 500 ℃，从而可确保被保护对象的安全。

2. 七氟丙烷自动灭火装置

七氟丙烷自动灭火装置是一种现代化消防设备。中华人民共和国公安部于 2001 年 8 月 1 日发布的《关于进一步加强哈龙替代品及其技术管理的通知》（公浦〔2001〕217 号）中明确规定：七氟丙烷气体自动灭火系统属于全淹没系统，可以扑救 A（表面火）、B、C 类和电器火灾，可用于保护经常有人的场所。

七氟丙烷灭火剂无色、无味、不导电、无二次污染，对臭氧层的耗损潜能值（ODP）为零，符合环保要求，其毒副作用比卤代烷灭火剂更小，是卤代烷灭火剂较理想的替代物。七氟丙烷灭火剂具有灭火效能高、对设备无污染、电绝缘性好、灭火迅速等优点。七氟丙烷灭火释放后不含粒子和油状物，不破坏环境，且灭火后及时通风可迅速排除灭火剂，因此可很快恢复正常情况。

七氟丙烷自动灭火装置具有设计参数完整准确、功能完善、工作可靠的特点。它有自动、电气手动和机械应急手动操作三种方式。

七氟丙烷自动灭火装置由火灾报警气体灭火控制器、灭火剂瓶、瓶头阀、启动阀、选择阀、压力信号器、框架、喷嘴管道系统等组成；可组成单元独立系统，组合分配系统和无管网装置等多种形式；只能实施对单元和多区全淹没消防保护；适用于电子计算机机房、电信中心、图书馆、档案馆、珍品库、配电房、地下工程、海上采油平台等重点单位的消防保护。

在消防工程设计中，需要绘出气体灭火工程的系统图（如图 3-30）和平面图（如图 3-31）。所绘图适于卤代烷气体灭火系统和非卤代烷气体灭火系统。设计时可参见有关图集和厂家产品样本。

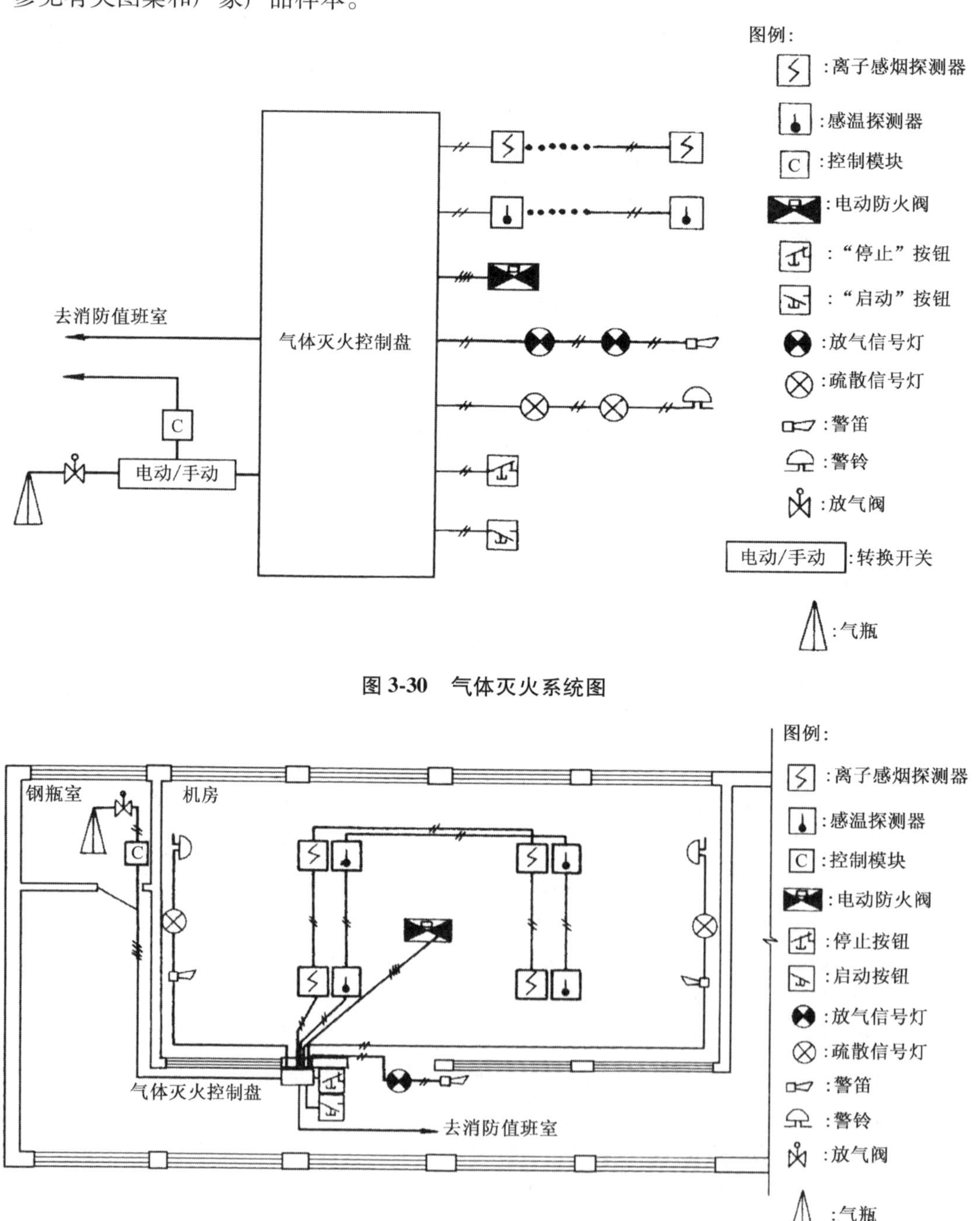

图 3-30　气体灭火系统图

图 3-31　气体灭火平面图

3.5 泡沫灭火系统

泡沫灭火系统—概念及灭火原理

3.5.1 泡沫灭火系统概述

泡沫灭火系统在我国已有30多年的应用历史，是用泡沫液作为灭火剂的一种灭火方式。泡沫剂有化学泡沫灭火剂和空气泡沫灭火剂两大类。化学泡沫灭火剂主要是充装于100 L以下的小型灭火器内，扑救小型初期火灾。大型的泡沫灭火系统大多采用空气泡沫灭火剂。本书主要介绍空气泡沫灭火系统。

泡沫灭火是通过泡沫层的冷却、隔绝氧气和抑制燃料蒸发等作用，达到扑灭火灾的目的。空气泡沫灭火是泡沫液与水通过特制的比例混合而成的泡沫混合液，经泡沫产生器与空气混合产生泡沫，最后覆盖在燃烧物质的表面或充满发生火灾的整个空间，使火熄灭。

多年的实践证明：泡沫灭火系统具有经济实用、灭火效率高、灭火剂无毒及安全可靠等优点，是行之有效的灭火措施之一，对B类火灾的扑救更显示出其优越性。

3.5.2 泡沫灭火系统的分类及工作原理

1. 系统的分类

泡沫灭火系统按照发泡性能分为低倍数（发泡倍数在20倍以下）、中倍数（发泡倍数在20～200倍）和高倍数（发泡倍数在200倍以上）灭火系统；按照喷射方式分为液上喷射式和液下喷射式；按照设备和管路的安装方式分为固定式、半固定式和移动式；按照灭火范围分为全淹没式和局部应用式。其具体分类如图3-32所示。

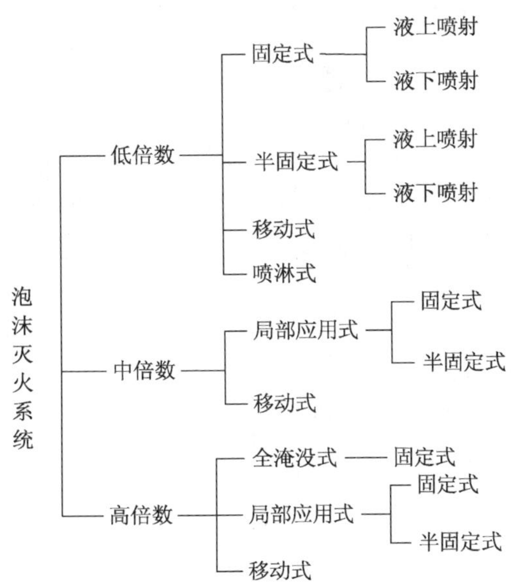

图3-32 泡沫灭火系统分类

以下给出几种不同系统的图形：固定式液上喷射泡沫灭火系统，如图 3-33 所示；固定式液下喷射泡沫灭火系统，如图 3-34 所示；半固定式液上喷射泡沫灭火系统，如图 3-35 所示；移动式泡沫灭火系统，如图 3-36 所示；自动控制全淹没式灭火系统，如图 3-37 所示。

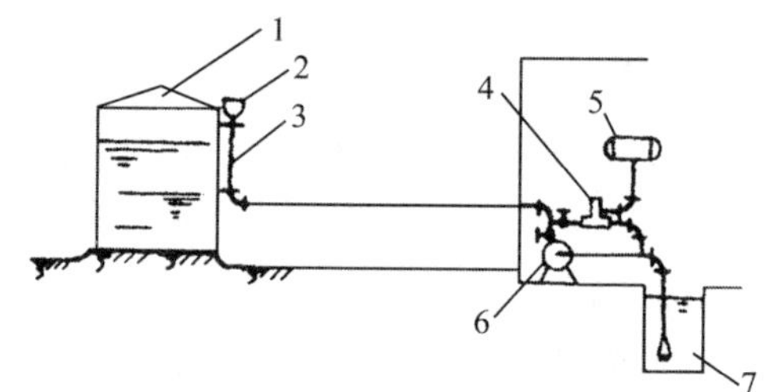

1—油罐；2—泡沫产生器；3—泡沫混合液管道；4—比例混合器；5—泡沫液罐；6—泡沫混合液泵；7—水池

图 3-33　固定式液上喷射泡沫灭火系统

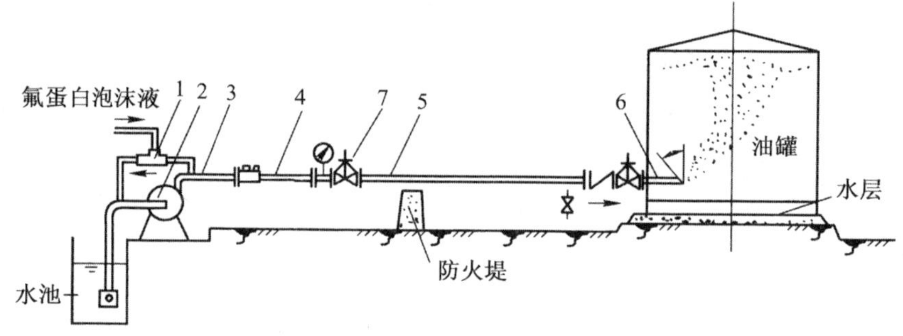

1—环泵式比例混合器；2—泡沫混合液泵；3—泡沫混合液管道；4—液下喷射泡沫产生器；5—泡沫管道；6—泡沫注入管；7—背压调节阀

图 3-34　固定式液下喷射泡沫灭火系统

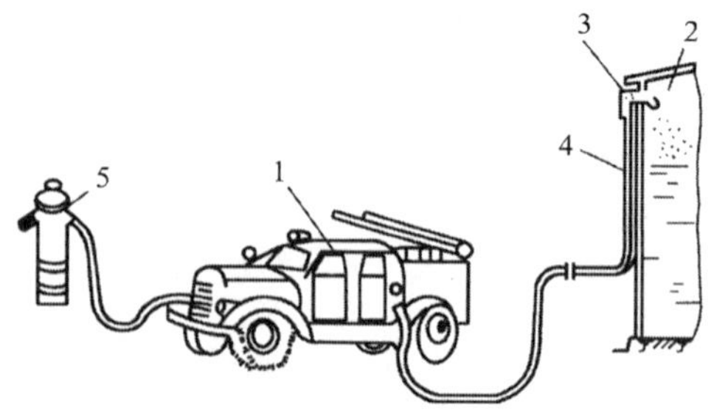

1—泡沫消防车；2—油罐；3—泡沫产生器；4—泡沫混合管道；5—地上式消火栓

图 3-35　半固定式液上喷射泡沫灭火系统

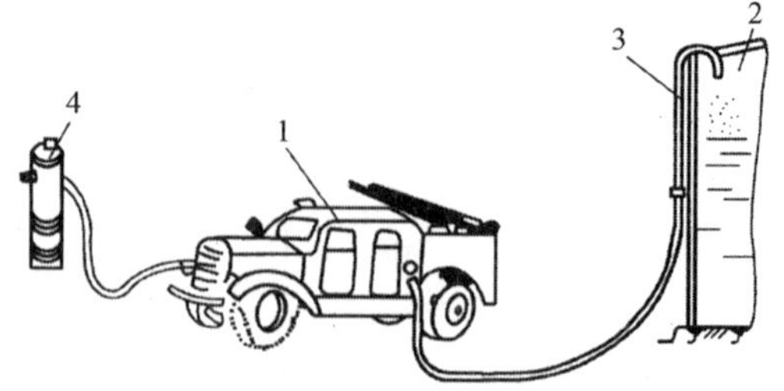

1—泡沫消防车；2—油罐；3—泡沫钩管；4—地上式消火栓

图 3-36　移动式泡沫灭火系统

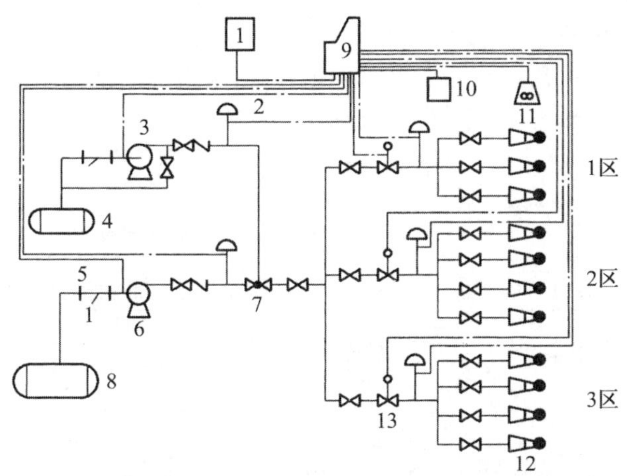

1—手动控制器；2—压力开关；3—泡沫液泵；4—泡沫液罐；5—过滤器；6—水泵；
7—比例混合器；8—水罐；9—自动控制箱；10—探测器；11—报警器；
12—高倍数泡沫发生器；13—电磁阀

图 3-37　自动控制全淹没式灭火系统工作原理图

2. 泡沫灭火系统的工作原理

虽然泡沫灭火系统有多种分类，但是无论哪种灭火系统，其工作原理都是相似的。下面以某飞机库为例说明全淹没式泡沫灭火系统的工作原理和控制显示功能组成。

全淹没式泡沫灭火系统是一种用管网输送泡沫灭火剂并与水按比例混合后，用泡沫发生器发泡后喷放到被保护的区域，充满空间或保护一定高度隔绝新鲜空气进行灭火的固定式灭火系统。

飞机库是重要的火灾危险性大的场所，按规范规定应设置火灾自动报警和固定式泡沫灭火系统。为提高系统的可靠性，防止误动作，在火灾探测、报警装置上选用感温、感烟的“与”门控制和“4 取 3”的紫外火焰报警装置。

（1）工作原理

当某保护区发生火灾时，该区内火灾探测器发出报警信号送到消防控制室的控制盘，通过“与”门控制回路，发出灭火信号启动水泵和泡沫液泵，同时打开电磁阀，泡沫液和水进入泡沫比例混合器，按照规定的比例（3%或 6%）混合后，通过管道将泡沫混合液送到高倍数泡沫发生器，产生大量的泡沫淹没被保护区域，扑灭火灾。由于火灾报警、探测上采取了“与”门控制回路和“4 取 3”的控制回路，从而避免了误动作。在消防中心和保护区附近均装有紧急启停装置，供人工操作使用。另外，在经常有人工作的场所，灭火信号发出后应经过一定的延时机构，在延时期间，可先发出警报信号和事故广播通知工作人员撤离现场。由图 3-37 中可以看出，当水泵和泡沫液泵启动后，通过压力开关有信号返回消防中心。如果在消防中心火灾报警装置与灭火系统脱开，即脱开灭火系统，则该系统就成为一个自动报警、在消防中心人工启动的手动全淹没式灭火系统。

（2）控制显示功能

按照规范规定，泡沫灭火系统在消防中心应有以下控制、显示功能：

① 控制泡沫泵和消防水泵的启/停;

② 显示系统的工作状态（火灾报警的信号和压力开关的返回信号）。

泡沫灭火系统的动作程序如图 3-38 所示。

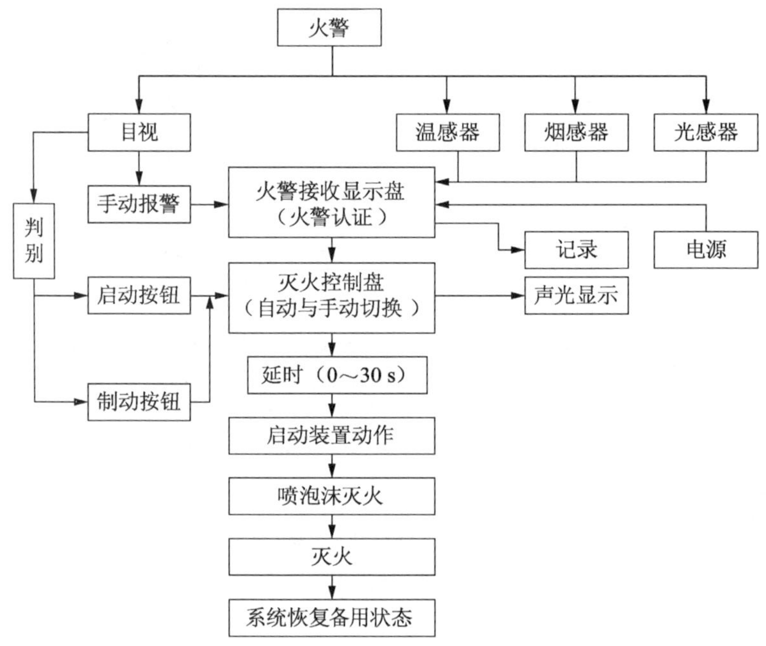

图 3-38　泡沫灭火系统的动作程序

3.5.3　泡沫灭火系统的特点及适用范围

1. 高泡沫灭火系统的特点及适用范围

高泡沫灭火系统既可扑救 B 类火灾，又可扑救 A 类火灾，具有消烟、排毒、形成防火隔带的用途及应用广泛的特点。其适用范围有：

① 液化石油气、液化天然气，可燃、易燃液体的流淌火灾（只能控制，不是扑灭）。

② 各种船舶的油泵、机舱等。

③ 电缆夹层、油码头、油泵房、锅炉房、有火灾危险的工业厂房（或车间），如石油化工生产车间、飞机发动机试验车间等。

④ 飞机库、汽车库、冷藏库、橡胶仓库、棉花仓库、烟草及纸张仓库、固定物资仓库、高架物资仓库、电气设备材料库等。

⑤ 存放贵重仪器设备和物品的仓库，如计算机房图书档案库、大型邮电楼等。

⑥ 各种油库、苯储存库等。

⑦ 人防隧道、煤矿矿井、电缆沟、地下液压油泵站、地下商场、地下仓库、地下铁道、地下汽车库、地下建筑工程等。

2. 中泡沫灭火系统的特点及适用范围

中泡沫灭火系统具有可扑救立式钢制储油罐内火灾的特点。其适用范围是地下工程、仓库、船舶等。

3. **低泡沫灭火系统的适用范围**

低泡沫灭火系统适于扑救甲醇、乙醇、丙醇、原油、汽油、煤油、柴油等B类火灾，应用于机场、飞机库、燃油锅炉房、油田、油库、炼油厂、化工厂、为铁路油槽车装卸油的鹤管栈桥、码头等场所。

3.6 消防水炮灭火系统

消防水炮、远控消防水炮、自动消防水炮

消防水炮是水和泡沫混合液流量大于16 L/s，或干粉喷射率大于7 kg/s，以射流形式喷射灭火剂的装置。消防水炮能够将一定流量、一定压力的灭火剂（如水和泡沫混合液、干粉等），通过能量转换，将势能（压力能）转化为动能，使灭火剂高速从炮头喷出，形成射流，从而扑灭一定距离以外的火灾。

消防水炮适用于石油化工企业、储罐区、飞机库、仓库、港口码头等场所，更是消防车理想的车载自动消防水炮。

民用建筑中使用消防水炮，可以弥补传统消防设施的不足，主要用于商贸中心、展览中心、大型博物馆、高大厂房等室内大空间的火灾重点保护场所。

3.6.1 消防水炮灭火系统的分类及组成

1. **消防水炮灭火系统的分类**

消防水炮灭火系统按系统启动方式分为远控式和手动式；按应用方式分为移动式和固定式；按喷射介质分为水炮、泡沫炮和干粉炮；按驱动动力装置可分为气控炮、液控炮和电控炮。

2. **消防水炮灭火系统的组成及其作用**

（1）消防水炮灭火系统的组成

消防水炮灭火系统主要由供水系统、执行系统和控制系统组成，即由消防水炮、消防水泵（供水设备）和泵站、阀门和管道、动力源等组成，如图3-39所示。这些专用系统组件必须通过国家消防产品质量监督检验测试机构检测合格，证明符合国家产品质量标准方可使用。

(a)自动消防水炮 (b)移动式遥控消防水炮 (c)高空智能消防水炮

图3-39 消防水炮

（2）消防水炮灭火系统各部分的作用

① 供水系统：由水源、消防水泵、高位水箱或气压稳压装置、水泵接合器和管

路组成，其目的在于能给装置提供快速的、充足的水源。

② 执行系统：由灭火装置、电源装置、火灾自动报警装置等中间执行装置组成，即当发生火情时，执行灭火及报警动作的相关组件。

③ 控制系统：由联动控制柜及区域控制箱、系统电源控制器、计算机火灾（视频）监控系统组成。其目的在于对供水系统和执行系统进行控制，可灵活地实现手动、自动，以及现场、消防中心的各种操作；有效完成从发现火灾直至扑灭火灾等一系列动作，并能使自动跟踪定位射流灭火系统通过输入模块和输入输出模块直接与火灾自动报警中心连接，保证火灾报警系统的整体性。

④ 消防水炮：是消防水炮灭火系统的主要设备，也是该系统与其他消防设施的主要区别所在。消防水炮主要由进口连接附件、炮体、喷射部件等组成。其中，连接附件提供连接接口，炮体通过水平回转节和俯仰回转节的运动实现喷射方向的调整，喷射部件用以实现不同的喷射射流。

⑤ 消防水泵和泵站：消防水泵和泵站的设计与其他消防泵的要求完全相同，但应注意：选用特性曲线平缓的离心泵，即使在小流量或零流量的情况下，高楼供水的管路系统的压力也不至于变化过大，以防损坏管道和配件。设置备用泵组，其工作能力应不小于其中工作能力最大的一台工作泵组。

⑥ 阀门和管道：当消防泵出口管径大于 300 mm 时，不应采用单一手动启闭功能的阀门。阀门应有明显的启闭标志，远控阀门应具有快速启闭功能，且密封可靠。常开或常闭的阀门应设锁定装置，控制阀和需要启闭的阀门应设启闭指示器。参与远控炮系统联动控制的控制阀，其启闭信号应传至系统控制室。干粉管道上的阀门应采用球阀，其通径必须与管道内径一致。

管道应选用耐腐蚀材料制作或对管道外壁进行防腐处理。使用泡沫液、泡沫混合液或海水的管道，在其适当位置宜设冲洗接口。在可能滞留空气的管段顶端应设置自动排气阀。在泡沫比例混合装置后，宜设旁通的试验接口。

⑦ 动力源：动力源主要包括电动、液压和气压动力源三种形式。为保证系统的可靠运行和经济合理，动力源应具有良好的耐腐蚀、防雨和密封性能。动力源及管道应采取有效的防火措施。液压和气压动力源与其控制的消防水炮的距离不宜大于 30 m；动力源应满足远控炮系统在规定时间内操作控制与联动控制的要求。

3.6.2 消防水炮的工作原理及应用

1. 消防水炮的工作原理

（1）自动跟踪定位射流灭火水炮

自动跟踪定位射流灭火系统，是由自动跟踪定位射流灭火装置组成的灭火系统，是以水或泡沫混合液为喷射介质的室内或室外固定射流灭火系统。

自动跟踪定位射流灭火系统，通常应用在高大空间场所，因此也称为大空间智能型主动喷水灭火系统。自动跟踪定位射流灭火水炮如图 3-40 所示。

当前，针对大空间早期灭火的自动跟踪定位射流灭火水炮成为业界关心的热点，自动跟踪定位射流灭火水炮技术发展迅速。随着社会的进步，经济、技术和材料快速发展，建筑物净空高度越来越高、建筑跨度越来越大，为了适应不断长高、长宽的大空间灭火，自动跟踪定位射流灭火水炮获得了长足的发展。

图3-40 自动跟踪定位射流灭火水炮

自动消防水炮的工作原理是通过前端探测系统采集现场红外图像，中央控制器采用图像处理的手段对发生在控制区域内的火灾进行侦测和定位，这样的设计便于自动消防水炮打开相应的联动设备并控制水炮进入喷水灭火操作。自动消防水炮的炮由底座、进水管、回转体、集水管、射流调节环、手把、锁紧机构等组成，炮身可做水平回转和仰俯回转，并可实现定位。

自动消防水炮的使用压力范围广、射程远，并可实施直流至90°开花、水雾射流的无级调节。其重量轻、体积小、功能全、灭火效果好。

自动消防水炮的炮应在使用压力范围内使用。应经常检查炮的完好性和操作灵活性，发现紧固件松动应及时修理，使炮一直处于良好的使用状态。射水操作时，松开锁紧螺钉，调整好炮的喷射方向和角度，然后提高至所使用的压力。转动射流调节环即可实现水直流变换为开花，或将开花变换为直流。每次使用后，应喷射一段时间的清水，使炮内水放干净。

消防水炮还包括便携式可折叠移动消防水炮、自动扫描射水高空水炮、固体消防水炮等。消防水炮是消防作战中常用的主要装备之一，可用于灭火、冷却、隔热和排烟等消防作业。当前消防作战中使用的常规水炮体积大、后坐力大、不便于移动，导致对火灾的反应能力较差。

（2）遥控消防水炮

遥控消防水炮是一种带有机械驱动机构，允许消防人员通过电子仪器进行远距离遥控的消防设备。它能够根据消防需要对消防水喷射的方向进行调整，也可以改变消防水喷射的样式。作为一种遥控消防设备，消防水炮应用场所广泛。它可以安装在消防车辆上用于大型火灾的扑救，优点是允许消防人员进行远距离遥控消防作业，降低危险的火灾现场对他们的安全威胁。遥控消防水炮也可以安装于港口、码头、油库等场所，与火灾探测设备联动，达到快速灭火的目的。近些年，不断增多的大型空间建筑也为遥控消防水炮提供了用武之地。

（3）泡沫式自动消防水炮

泡沫式自动消防水炮灭火系统的工作原理是通过压力式泡沫比例混合装置使泡沫灭火剂与水按一定比例混合，通过泡沫产生（喷射、喷洒）装置，产生一种可漂浮，黏附在可燃、易燃液体或固体表面，或者堆积充满某一着火物质空间的空气泡沫，起到隔绝、冷却、窒息的作用，使燃烧物质熄灭。

2. 消防水炮系统应用

近年来，国内诸如会议展览馆、候机楼、体育馆、火车站候车室、剧场、高层或多层建筑的商业广场等封闭空间越来越多，大封闭空间建筑消防设计也受到越来越多的关注。

（1）大封闭空间建筑的定义

大封闭空间建筑是指建筑物的每层和多层建筑面积超过“建规”和“高规”规定的防火分区最大允许建筑面积，或者每层建筑面积超大；其单层和多层建筑层高的净空高度超过《自动喷水灭火系统设计规范》（GB 50084—2017）规定的闭式喷头安装的最大净空高度。

（2）大封闭空间建筑的火灾特点

通过对大封闭空间建筑火灾荷载影响的调查，当大量大块的木材、塑料等着火时，火灾的扩散在空间呈线性，因此热气能够即时向四周释放，火焰的高度取决于两个因素：热量的释放及火的面积。在大封闭空间建筑发生火灾时，着火面积和热量的释放均较大，释放4 500 kW 热量的火焰高度已接近最大值5 m，火灾荷载上面5 m高处的温度为500 ℃以下。钢材温度在500 ℃时，抗拉强度降低一半，500 ℃是钢材在火灾中是否采取防火保护的临界温度。

根据其火灾特点，大封闭空间建筑火灾的灭火难度很大；消防水炮系统的研制及在某些超大空间建筑的成功应用，为解决大空间消防提供了一条新的途径。应用案例如图3-41所示。

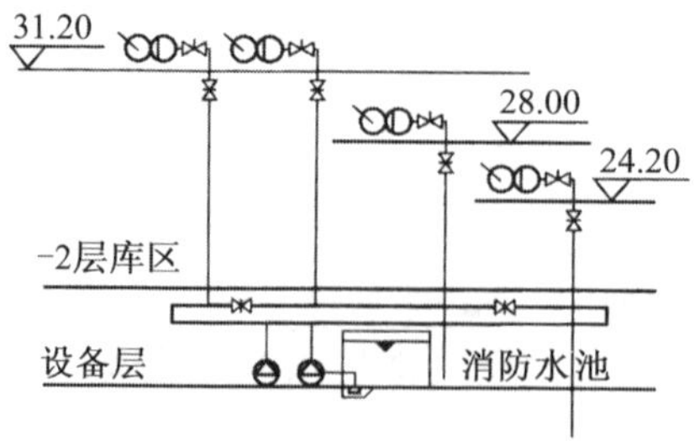

图3-41　消防水炮灭火系统

3. 固定式消防水炮灭火系统

固定式消防水炮灭火系统是一种由消防水炮和控制装置组成的水灭火系统，如图3-42所示。

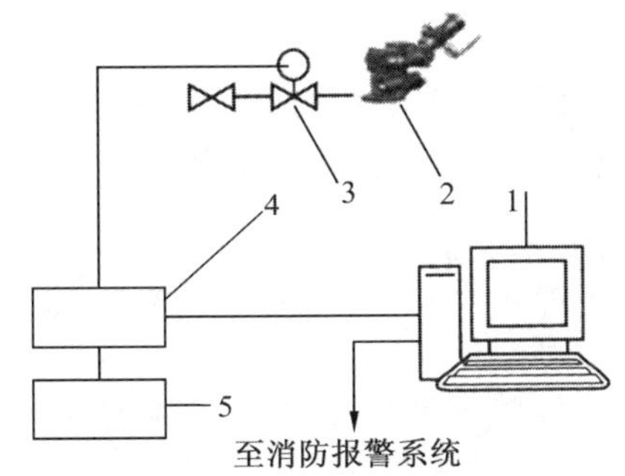

1—系统控制主机；2—消防水炮；3—电磁阀；
4—现场控制器；5—手动操作盘

图 3-42 固定式消防水炮灭火系统

当发生火灾时，由探测器发出的信号经过消防中心的集成控制器发出指令，由消防水炮现场控制器操纵炮体上的电机，将消防水炮炮口上下左右旋转，对准火灾报警点，再打开电磁阀门，从而实现定点灭火的功能。

固定式消防水炮灭火系统保护面积大，灭火二次破坏性小，现已在高大空间建筑、石油化工企业广泛应用。

项目小结

本项目为消防系统的执行机构灭火系统，首先对灭火系统进行概述，从而了解灭火的基本方法，然后讲述自动喷水灭火系统中的几种分类。以湿式自动喷水系统为主，介绍了系统的组成、特点及电气线路的控制；对室内消火栓系统的组成、灭火方式及电气线路进行了详细的分析，最后对卤化物灭火系统及二氧化碳灭火系统的组成、特点及适用场所进行了说明，从而证明了不同的场所、不同的火灾特点应采用不同的灭火方式。掌握不同的灭火方式对相关的工程设计、安装调试及维护是十分必要的。因此，应明白灭火方法并会正确选用；具有消火栓灭火系统的安装与调试技能；能对灭火系统进行维护运行。

复习思考题

1. 灭火的基本方法有哪些？
2. 燃烧必备的三个条件是什么？
3. 消火栓箱处消防按钮的作用是什么？
4. 消防水泵控制的方法有哪些？
5. 简述发生火灾时，湿式喷水灭火系统的控制原理。
6. 压力开关的作用是什么？

7. 末端试水装置的作用是什么？

8. 关于湿式报警阀，下列说法错误的是（　　）。

A. 平时阀芯前后水压相等，水通过导向杆中的水压平衡水孔保持阀板前后水压平衡

B. 发生火灾时，闭式喷头喷水，报警阀上面的水压下降，此时阀下水压大于阀上水压，于是阀板开启

C. 阀板开启后，水沿着报警阀的环形槽进入延迟器、压力继电器、水力警铃等设施

D. 阀板开启后即可发出火警信号并启动消防水泵等设施

9. 在管网式 1211 气体灭火系统中，手动操作盘施放灭火剂显示灯属于（　　）。

A. 监控系统　　B. 灭火剂储存和释放设施

C. 管道和喷嘴　　D. 以上都不对

10. 气体灭火系统报警信号道探测器分为感烟和感温两组，每组内部取逻辑（　　），两组之间取逻辑（　　）。

A. 与、与　　B. 或、与

C. 与、或　　D. 或、或

11. 下列选项中不属于七氟丙烷灭火剂的特点的是（　　）。

A. 无色、无味、不导电、无二次污染

B. 毒副作用小于卤代烷灭火剂

C. 对臭氧层没有损耗

D. 灭火后仅靠通风不易排除

12. 大型油罐应设置（　　）。

A. 泡沫灭火系统　　B. 二氧化碳灭火系统

C. 卤代烷灭火系统　　D. 喷淋灭火系统

13. 泡沫灭火系统对（　　）的扑救尤为有效。

A. A 类火灾　　B. B 类火灾

C. C 类火灾　　D. D 类火灾

14. 消防水炮主要应用于哪些场所？

项目 4　防灾与减灾系统

4.1　防排烟设备的设置与监控

防排烟系统—基本概念

火灾中对人体伤害最严重的是烟雾，由固体、液体粒子和气体所形成的混合物，含有有毒、刺激性气体。火灾死伤者中相当数量的人是因为中毒或窒息死亡。建筑物发生火灾后，烟气在建筑物内不断流动传播，不仅导致火灾蔓延，也引起人员恐慌，影响疏散与扑救。引起烟气流动的因素有扩散、烟囱效应、浮力、热膨胀、风力、通风空调系统等。高层建筑的火灾由于火灾蔓延快，疏散困难，扑救难度大，且其火灾隐患多，因此防火防烟和排烟尤其重要。

防排烟系统将火灾产生的烟气及时排除，防止和延缓烟气扩散，保证疏散通道不受烟气侵害，确保建筑物内人员顺利疏散、安全避难，属于建筑主动防火（灭火）措施之一。

4.1.1　防排烟系统的认知

1. 火灾烟气控制

烟气控制的主要目的是在建筑物内创造无烟或烟气含量低的疏散通道或安全区。烟气控制的实质是控制烟气的合理流动，也就是使烟气不流向疏散通道、安全区和非着火区，而向室外流动。主要控制方法有隔断或阻挡、疏导排烟、加压防烟。

（1）隔断或阻挡

墙、楼板、门等都具有隔断烟气传播的作用。为了防止火势蔓延和烟气传播，建筑法规规定了建筑中必须划分防火分区和防烟分区。所谓防火分区，是指用防火墙、楼板、防火门或防火卷帘等分隔的区域，可以将火灾限制在一定的局部区域内（在一定时间内），不使火势蔓延。当然，防火分区的隔断同样也对烟气起了隔断作用。所谓防烟分区，是在设置排烟措施的过道、房间中，用隔墙或其他措施（可以阻挡和限制烟气的流动）分割的区域。

（2）疏导排烟

利用自然或机械的作用力，将烟气排到室外，称为排烟。利用自然作用力的排烟称为自然排烟；利用机械（风机）作用力的排烟称为机械排烟。排烟的部位有两类：着火区和疏散通道。着火区排烟的目的是将火灾发生的烟气排到室外，有利于着火区的人员疏散及救火人员的扑救。疏散通道的排烟是为了排除可能侵入的烟气，以保证疏散通道无烟或少烟，以利于人员安全疏散及救火人员通行。

（3）加压防烟

加压防烟是用风机把一定量的室外空气送入一个房间或通道内，使室内保持一定压力或门洞处有一定的流速，以避免烟气侵入。图 4-1 是加压防烟的两种情况，当门关闭时，房间内保持一定的正压值，空气从门缝或其他缝隙处流出，防止烟气的侵入；当门开启时，送入加压区的空气以一定的风速从门洞流出，防止烟气的流入。当流速较低时，烟气可能从上部流入室内。从对以上两种情况的分析可以看到，为了防止烟气流入被加压的房间，必须达到：门开启时，门洞有一定的向外的风速；门关闭时，房间内有一定的正压值。

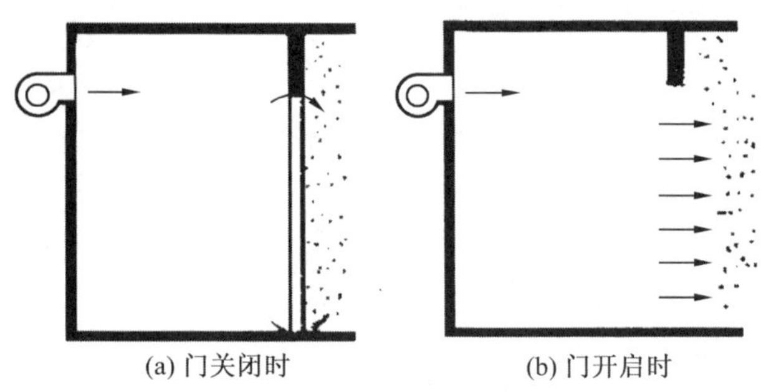

(a) 门关闭时　　(b) 门开启时

图 4-1　加压防烟

2. **防烟分区**

划分防烟分区与防火分区的目的不同，前者的目的在于防止烟气扩散，主要用挡烟垂壁、挡烟壁或挡烟隔墙等措施来实现，以满足人员安全疏散和消防扑救的需要，避免造成不应有的伤亡事故；后者则采用防火墙或防火卷帘加水幕划分防火分区，目的在于防止烟火蔓延扩大，为扑救创造有利条件，以保障财产和人身安全。

划分防烟分区时，应注意以下几点：

（1）凡需设排烟设施的走道、房间（净高不超过 6 m 的房间），应采用挡烟垂壁、隔墙或从顶棚下突出不小于 50 cm 的梁划分防烟分区。

（2）每一个防烟分区建筑面积不宜过大，一般不超过 500 m^2，且防烟分区不能跨越防火分区。其理由如下：

① 从实际排烟效果看，排烟分区划分面积分得小一些，排烟效果也会好一些，安全性就会提高。然而，在某些建筑物中常常会有大空间、大面积房间，因此《建筑设计防火规范》（GB 50016—2014）中规定排烟分区面积不宜大于 500 m^2。考虑到大空间房间，在一般情况下发生火灾时，不会在很短的时间使整个空间充满烟气，故又规定了净高大于 6 m 的房间可不考虑划分防烟分区。

② 如果防烟分区跨越了防火分区，那么构成防火分区的防火门、防火卷帘、防火阀必须具有阻火、隔火性能，而且要与感烟报警系统联动，故不应跨越。

（3）排烟口应设在防烟分区坝棚上或靠近顶棚的墙面上，且距该防烟分区最远点的水平距离不应超过 30 m。这主要是考虑在房间着火时，可燃物在燃烧时产生的烟气，因受热作用而产生浮力，向上升起，升到吊顶后转变方向，向水平方向扩散，如上部设有排烟口，就能及时将烟气排除。排烟口至防烟分区任何部位的距离不应超过 30 m，这主要是考虑防烟分区面积不能太大，而且与每一个防烟分区面积的布置形状与是否有阻挡物有关。

4.1.2　防排烟系统

1. 排烟系统

高层建筑的排烟方式有自然排烟和机械排烟两种。

（1） 自然排烟

自然排烟是火灾时利用室内热气流的浮力或室外风力的作用，将室内的烟气从与室外相邻的窗户、阳台、凹廊或专用排烟口排出。自然排烟不使用动力，结构简单，运行可靠，但当火势猛烈时，火焰有可能从开口部喷出，从而使火势蔓延。自然排烟还易受到室外风力的影响，当火灾房间处在迎风侧时，由于受到风压的作用，烟气很难排出。虽然如此，在符合条件时仍优先采用自然排烟。

自然排烟有两种方式：

① 利用可开启的外窗或专设的排烟口排烟；

② 利用排烟竖井排烟。

自然排烟系统示意图如图 4-2 所示，其中图 4-2a 利用专设排烟口进行排烟，如果外窗不能开启或无外窗，可以专设排烟口进行自然排烟；图中 4-2b 是利用专设的竖井，即相当于专设一个烟囱，各层房间设排烟风口与之连接，当某层起火有烟时，排烟风口自动或人工打开，热烟气即可通过竖井排到室外。

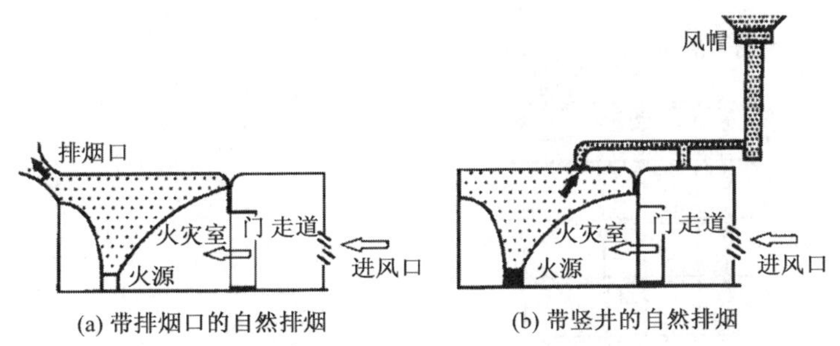

(a) 带排烟口的自然排烟　　(b) 带竖井的自然排烟

图 4-2　自然排烟系统示意图

（2） 机械排烟

1） 机械排烟系统

机械排烟就是使用排烟风机进行强制排烟。机械排烟可分为局部排烟和集中排烟两种。其中，局部排烟方式是在每个房间内设置风机直接进行排烟；或者将建筑物划分为若干个防烟分区，在每个分区内设置排烟风机，通过风道排出各区内的烟气。

机械排烟系统中，在机械排烟的同时还要向房间内补充室外的新风，有两种送风方式：

① 机械排烟、机械送风：利用设置在建筑物最上层的排烟风机，通过设在防烟

楼梯间、前室或消防电梯前室上部的排烟口及与其相连的排烟竖井将烟送至室外，或通过房间（或走道）上部的排烟口排至室外；由室外送风机通过竖井和设于前室（或走道）下部的送风口向前室（或走道）补充室外的新风。各层的排烟口及送风口的开启与排烟风机及室外送风机连锁。如图 4-3 所示。

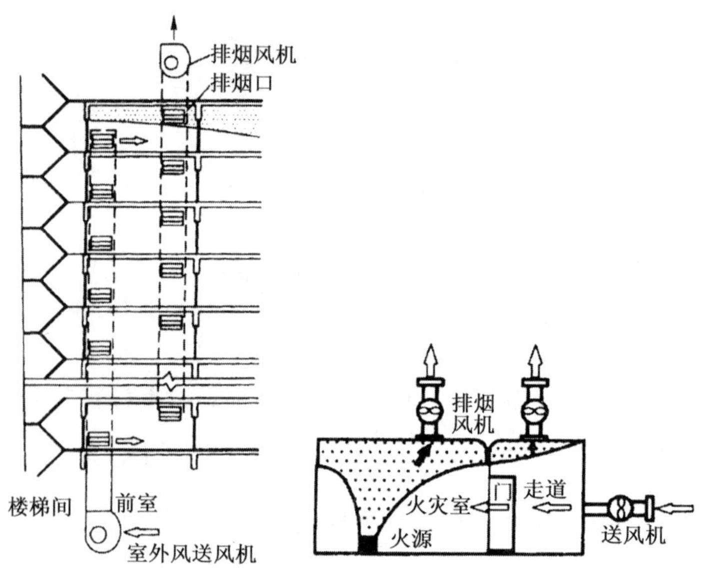

图 4-3　机械排烟、机械送风

② 机械排烟、自然送风：排烟系统同上。室外风向前室（或走道）的补充并不依靠风机，而是依靠排烟风机所造成的负压，通过自然进风竖井和进风口补充到前室（或走道）内，如图 4-4 所示。

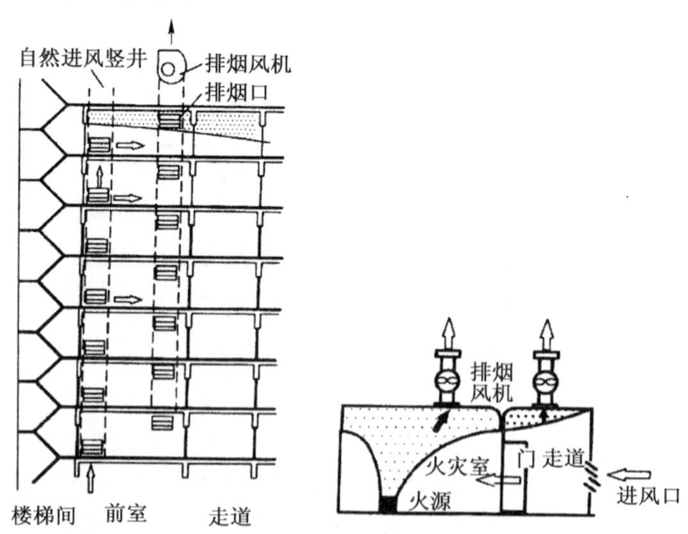

图 4-4　机械排烟、自然送风

2）机械排烟系统的组成

由以上机械排烟系统图可以看出，机械排烟系统一般包括防烟垂壁、排烟口、排烟道、排烟阀、排烟防火阀、排烟风机等。下面对机械排烟系统的主要组成部分进行介绍。

① 排烟口：排烟口一般尽可能布置于防烟分区的中心，距最远点的水平距离不能超过 30 m。排烟口应设在顶棚或靠近顶棚的墙面上，且与附近安全出口沿走道方向相邻边缘之间最小的水平距离小于 15 m。排烟口平时处于关闭状态，当火灾发生时，自动控制系统使排烟口开启，通过排烟口将烟气及时迅速排至室外。排烟口也可作为送风口。图 4-5 所示为板式排烟口示意图。

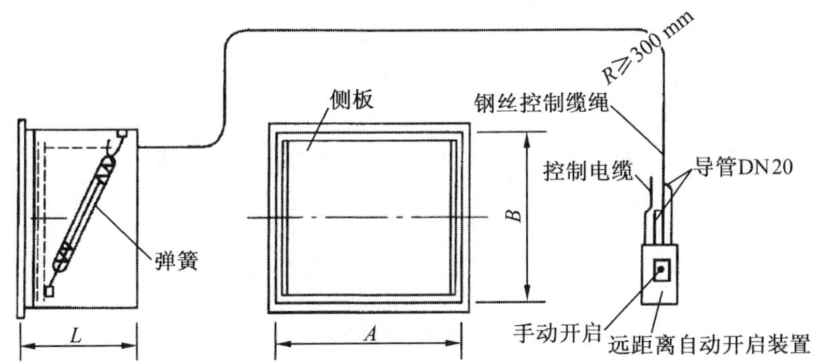

图 4-5　板式排烟口示意图

② 排烟阀：排烟阀应用于排烟系统的风管上，平时处于关闭状态，但火灾发生时，烟感探头发出火警信号，控制中心输出 DC 24 V 的电源，使排烟阀开启，通过排烟口进行排烟。图 4-6 所示为排烟阀示意图，图 4-7 所示为排烟阀安装图。

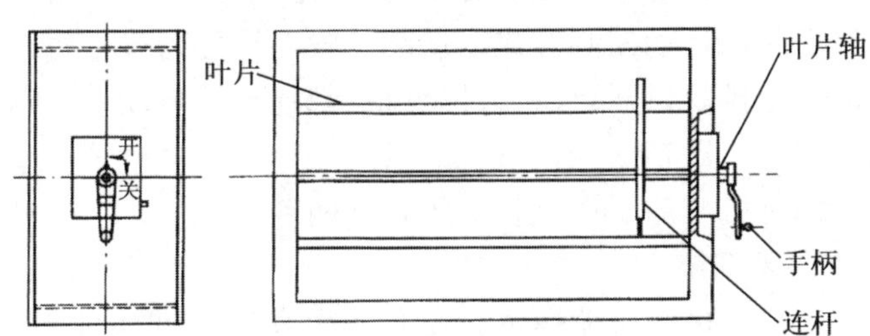

图 4-6　排烟阀示意图

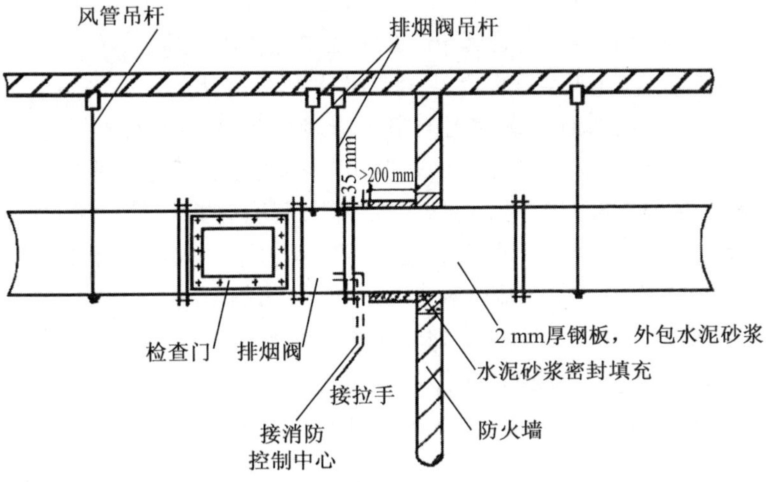

图 4-7　排烟阀安装图

③ 排烟防火阀：排烟防火阀适用于排烟系统管道上或风机吸入口处，兼有排烟阀和防火阀的功能。平时处于关闭状态，需要排烟时，其动作和功能与排烟阀相同，可自动开启排烟。当管道气流温度达到 280 ℃时，阀门靠装有易熔金属温度熔断器而自动关闭，切断气流，防止火灾蔓延。图 4-8 所示为远距离排烟防火阀示意图。

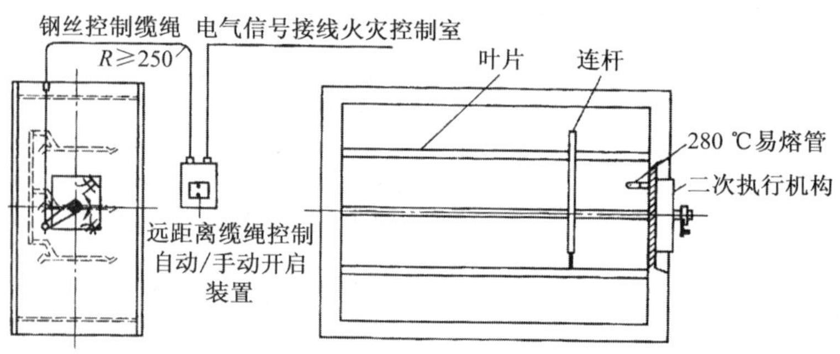

图 4-8　远距离排烟防火阀

④ 排烟风机：排烟风机有离心式和轴流式两种类型。在排烟系统中一般采用离心式风机。排烟风机在构造性能上具有一定的耐燃性和隔热性，以保证输送烟气温度在 280 ℃时能够正常连续运行 30 min 以上。排烟风机装置的位置一般设于该风机所在的防火分区的排烟系统中最高排烟口的上部，并设在该防火分区的风机房内。风机外缘与风机房墙壁或其他设备的间距应保持在 0. 6 m 以上。排烟风机设有备用电源，且能自动切换。

排烟风机的启动采用自动控制方式，启动装置与排烟系统中每个排风口连锁，即在该排烟系统任何一个排烟口开启时，排烟风机都能自动启动。

2. 防烟系统

高层建筑的防烟有机械加压送风和密闭防烟两种方式。

（1）机械加压送风系统

对疏散通道的楼梯间进行机械送风，使其压力高于防烟楼梯间或消防电梯前室，而这些部位的压力又比走道和火灾房间要高，这种防止烟气侵入的方式，称为机械加压送风方式。送风可直接利用室外空气，不必进行任何处理。烟气则通过远离楼梯间的走道外窗或排烟竖井排至室外。图 4-9 所示为机械加压送风系统。

机械加压送风防烟方式具有以下几个突出特点：

① 楼梯间、消防电梯前室或合用前室及避难层保持一定的正压，避免了烟气侵入这些区间，为火灾时的人员疏散和消防队员的扑救提供了安全地带。

② 由于采用这种防烟方式时，走道等地点布置有排烟设施，因此产生了一种有利的气流分布形式，气流由正压前室流向非正压间。这一方面减缓了火灾的蔓延扩大（无正压时，烟气一般从着火间流入楼梯间、电梯间等竖井）；另一方面，由于烟气的疏散方向与流动方向相反，减少了烟气对人的危害。

③ 防烟方式较为简单，操作方便，安全可靠。

机械加压送风系统一般由加压送风机、送风道、加压送风口、自动控制等组成。它是依靠加压送风机将新鲜空气提供给建筑物内被保护部位，使该部位的室内压力高于火灾压力，形成压力差，从而防止烟气侵入被保护部位。

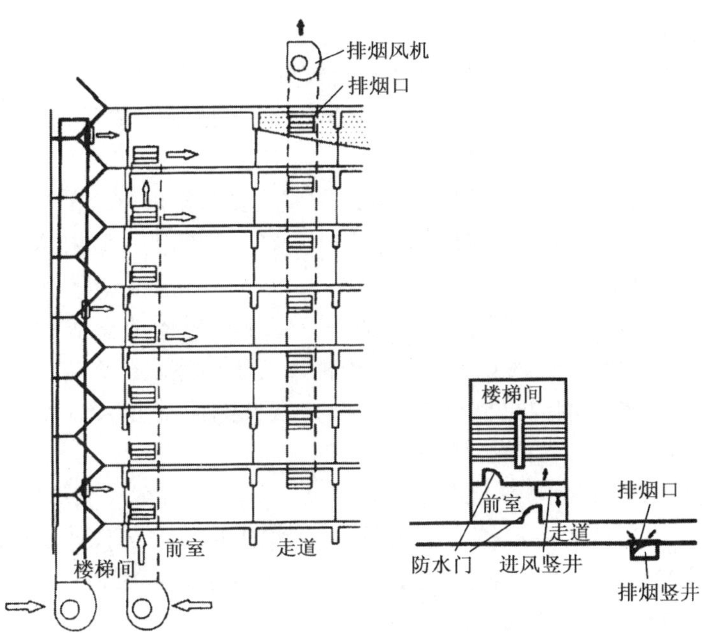

图 4-9　机械加压送风系统

① 加压送风机：加压送风机可采用中、低压离心式风机或轴流式风机，其位置根据供电位置、室外新风入口条件、风量分配情况等因素来确定。机械加压送风机的全压，除计算最不利环管压头外，尚有余压，余压值在楼梯间为 40～50 Pa，前室、合用前室、消防电梯间前室、封闭避难层（间）为 25～30 Pa。

② 加压送风口：楼梯间的加压送风口一般采用自垂式百叶风口或常开的百叶风口。当采用常开的百叶风口时，应在加压送风机出口处设置止回阀。楼梯间的加压送风口宜每隔 2～3 层设置一个。前室的加压送风口为常开的双层百叶风口，每层均设一个。

③ 加压送风道：加压送风道采用密实不漏风的非燃烧材料。

④ 余压阀：为保证防烟楼梯间及前室、消防电梯前室和合用前室的正压值，防止压值过大而导致门难以推开，为此在防烟楼梯间与前室、前室与走道之间设置余压阀以控制其正压间的正压差不超过 50 Pa。图 4-10 为余压阀结构示意图。

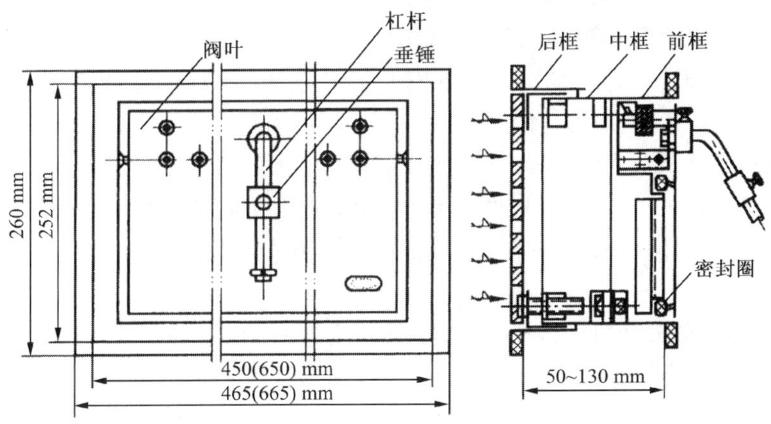

图 4-10　余压阀结构示意图

（2）密闭防烟

对于面积较小，其墙体、楼板耐火性能较好、密闭性也较好并采用防大门的房间，可以采取关闭房间使火灾房间与周围隔绝、让火情由于缺氧而熄灭的防烟方式，即密闭防烟。

自然排烟、机械排烟和机械加压送风这三种主要防排烟方式的目的都是为了保持楼梯间内无烟，以便人员安全疏散。但三者在途径、烟气的流动和人员疏散的方向及压差关系方面有所不同：

① 前室自然排烟与机械排烟的方式都是着眼于将进入前室的烟气及时排出，以此来保护楼梯间；而加压送风方式是着眼于拒烟气于前室之外，以此来保护楼梯间。

② 采取前室自然排烟或机械排烟方式时，烟气的流动和人员疏散的方向是相同的；采取加压送风方式时，两者方向是相反的。

③ 在压差关系方面，两种方式也正好相反。采取由前室（或房间）进行排烟时，前室（或房间）压力低于走道压力，也低于楼梯间压力；采取对楼梯间及前室加压送风方式时，楼梯间压力高于前室压力，前室压力高于走道压力。

3. 防排烟系统的适用范围

（1）建筑的下列场所或部位应设置防烟设施：

① 防烟楼梯间及其前室。

② 消防电梯间前室或合用前室。

③ 避难走道的前室、避难层（间）。

建筑高度不大于 50 m 的公共建筑、厂房、仓库和建筑高度不大于 100 m 的住宅建筑，当其防烟楼梯间的前室或合用前室符合下列条件之一时，楼梯间可不设置防烟系统：

① 前室或合用前室采用敞开的阳台、凹廊。

② 前室或合用前室具有不同朝向的可开启外窗，且可开启外窗的面积满足自然排烟口的面积要求。

（2）厂房或仓库的下列场所或部位应设置排烟设施：

① 人员或可燃物较多的丙类生产场所，丙类厂房内建筑面积大于 300 m^2 且经常有人停留或可燃物较多的地上房间。

② 建筑面积大于 5 000 m^2 的丁类生产车间。

③ 占地面积大于 1 000 m^2 的丙类仓库。

④ 高度大于 32 m 的高层厂房（仓库）内长度大于 20 m 的疏散走道，其他厂房（仓库）内长度大于 40 m 的疏散走道。

（3）民用建筑的下列场所或部位应设置排烟设施：

① 设置在一、二、三层且房间建筑面积大于 100 m^2 的歌舞娱乐放映游艺场所，设置在四层及以上楼层、地下或半地下的歌舞娱乐放映游艺场所。

② 中庭。

③ 公共建筑内建筑面积大于 100 m^2 且经常有人停留的地上房间。

④ 公共建筑内建筑面积大于 300 m^2 且可燃物较多的地上房间。

⑤ 建筑内长度大于 20 m 的疏散走道。

（4）地下或半地下建筑（室）、地上建筑内的无窗房间，当总建筑面积大于

200 m²或一个房间建筑面积大于 50 m²，且经常有人停留或可燃物较多时，应设置排烟设施。

4.1.3　防排烟设备的监控

发生火灾时和在火势发展的过程中，正确地控制和监视防排烟设备的动作顺序，使建筑物内防排烟达到理想的效果，对于保证人员的安全疏散和消防人员的顺利扑救具有重要意义。

对于建筑物内的小型防排烟设备，因平时没有监视人员，所以不可能集中控制，一般当发生火灾时在火场附近进行局部操作；对大型防排烟设备，一般均设有消防控制中心来对其进行控制和监视。所谓“消防控制中心”就是一般的“防灾中心”，常将其设在建筑的疏散层或疏散层邻近的上层或下层。

图 4-11 所示为具有紧急疏散楼梯及前室的高层楼房的排烟系统原理图。图中左侧纵轴表示火灾发生后火势逐渐扩大至各层的活动状况，并依次标示了排烟系统的操作方式。

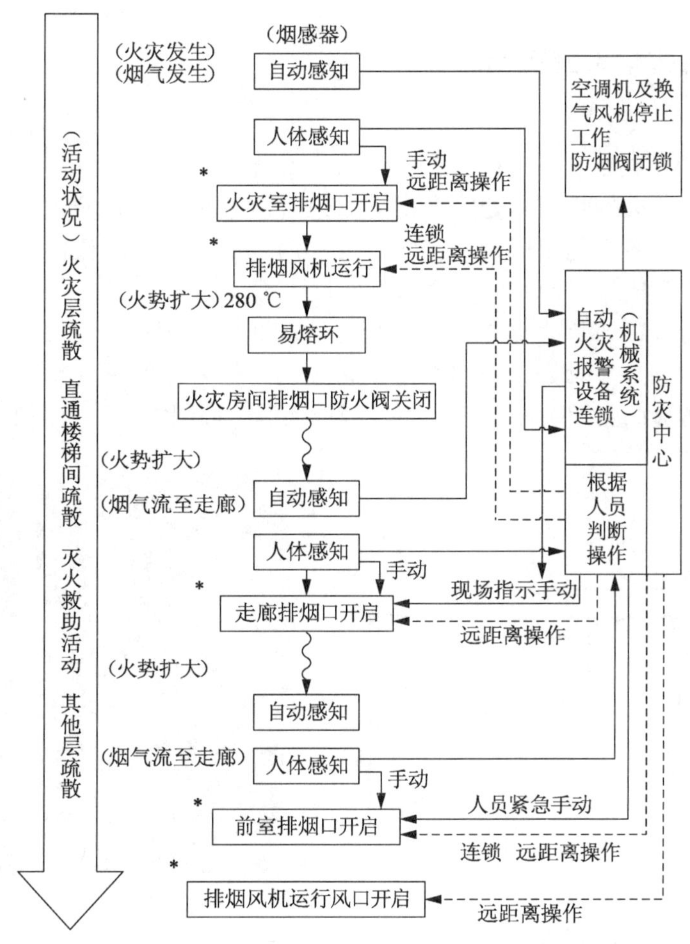

注：① 记号 * 表示防灾中心动作；② 虚线表示辅助手段。

图 4-11　排烟系统原理图

火灾发生时由烟感器感知，并在防灾中心显示所在分区。以手动操作为原则将排烟口开启，排烟风机与排烟口的操作连锁启动，人员开始疏散。

火势扩大后，排烟风道中的阀门在温度达到 280 ℃时关闭，停止排烟。这时，火灾层的人员全部疏散完毕。

当建筑物不能由防火门或防火卷帘构成分区时，火势扩大，烟气扩散到走廊中。对此，与火灾房间一样，由烟感器感知，防灾中心仍能随时掌握情况。这时打开走廊的排烟口（房间和走廊的排烟设备一般分别设置，即使火灾房间的排烟设备停止工作，走廊的排烟设备也能运行）。若火势继续扩大，温度达到 280 ℃时，防烟阀关闭，烟气流入作为重要疏散通道的楼梯间前室。这里的烟感器动作使防灾中心掌握烟气的流入状态。从而在防灾中心依靠远距离操作，或者防灾人员到现场紧急手动开启排烟口。排烟口开启的同时，进风口也随时开启。

防排烟系统不同于一般的通风空调系统，该系统在平时是处于一种几乎不用的状况。但是，为了使防排烟设备经常处于良好的工作状况，要求平时应加强对建筑物内防火设备和控制仪表的维修管理工作，还必须对有关工作人员进行必要的训练，以便在失火时能及时组织疏散和扑救工作。

4.1.4 防排烟设施控制

1. 防火门

（1）防火门及构造

防火门概述

防火分区的防火隔断设施处需要留有通道时应按规定设置防火门。防火门按耐火要求的不同划分为甲、乙、丙三级，其耐火极限分别为：甲级 1.2 h；乙级 0.9 h；丙级 0.6 h。

防火门由防火锁、手动及自动环节组成，如图 4-12 所示。防火门在建筑中的状态是平时处于开启状态，防火门的任一侧的火灾探测器报警后，防火门自动关闭，其关闭信号传到消防控制室。防火门的控制可用手动

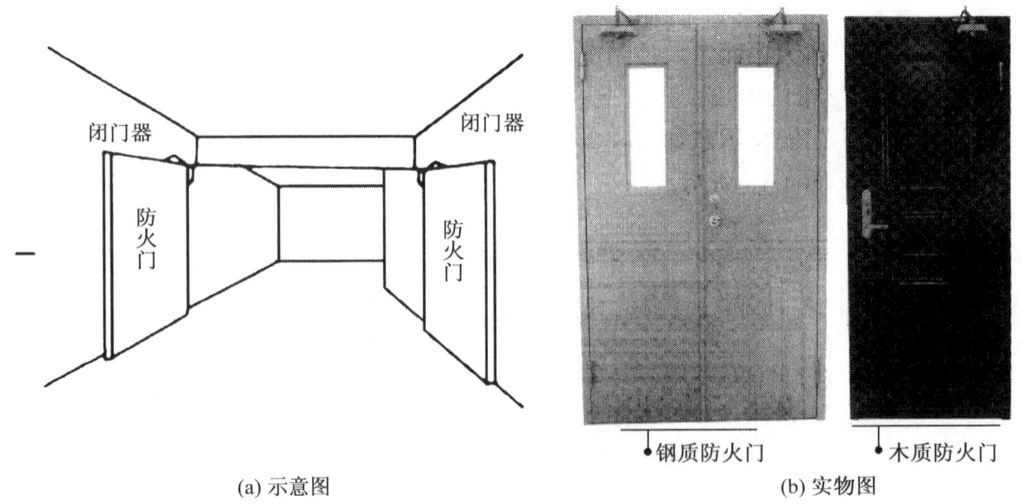

(a) 示意图　　(b) 实物图

图 4-12 电动防火门图

控制或电动控制，即由现场感烟、感温火灾探测器控制，或由消防中心控制。当采用电动控制时，需要在防火门上配有相应的闭门器及释放开关。

防火门的工作方式按其固定方式和释放开关可分为两种：

① 平时通电、火灾时断电的关闭方式，即防火门释放开关平时通电吸合，使防火门处于开启状态，火灾时通过联动装置自动控制扣手动控制切断电源，由装在防火门上的闭门器关闭。

② 平时不通电、火灾时通电的关闭方式，即通常将电磁铁、油压泵和弹簧制成一个整体装置，平时不通电，防火门被固定销扣住呈开启状态，火灾时受连锁信号控制，电磁铁通电将销子拔出，防火门靠油压泵的压力或弹簧力的作用而慢慢关闭。

（2）电动防火门的控制要求

① 重点保护建筑中的电动防火门应在现场自动关闭，不宜在消防控制室集中控制。

② 防火门两侧应设专用的感烟探测器组成控制电路。

③ 防火门宜选用平时不耗电的释放器，且宜暗设。

④ 防火门关闭后，应有关闭信号反馈到区控盘或消防中心控制室。

防火门设置实例如图 4-13 所示，图中 S1 ~ S4 为感烟探测器。FM1 ~ FM3 为防火门。当 S1 动作后，FM1 应自动关闭；当 S2 或 S3 动作后，FM2 应自动关闭；当 S4 动作后，FM3 应自动关闭。

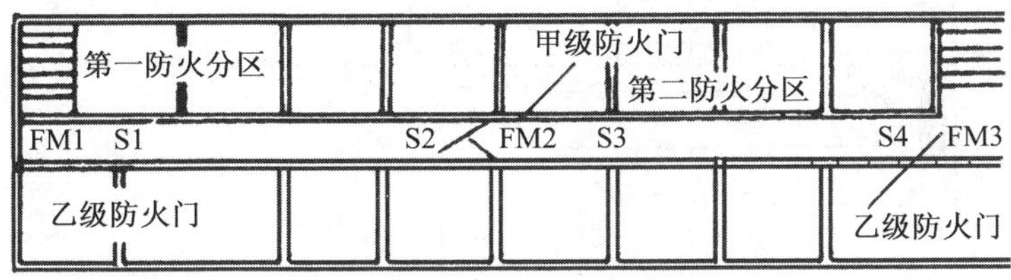

图 4-13 防火门设置示意图

（3）防火门的设置

应符合下列规定：

① 设置在建筑内经常有人通行处的防火门宜采用常开防火门。常开防火门应能在火灾时自行关闭，并应具有信号反馈的功能。

② 除允许设置常开防火门的位置外，其他位置的防火门均应采用常闭防火门。常闭防火门应在其明显位置设置“保持防火门关闭”等提示标识。

③ 除管井检修门和住宅的户门外，防火门应具有自行关闭功能。双扇防火门应具有按顺序自行关闭的功能。

④ 防火门应能在其内、外两侧手动开启。

⑤ 设置在建筑变形缝附近时，防火门应设置在楼层较多的一侧，并应保证防火门开启时门扇不跨越变形缝。

⑥ 防火门关闭后应具有防烟性能。

2. 防火卷帘门

防火卷帘设置在建筑物中防火分区通道口处，可形成门帘或防火分隔。当发生火灾时，可根据消防控制室、探测器的指令或就地手动操作使卷帘下降至一定点，水幕同步供水（复合型卷帘可不设水幕），接受降落信号先一步下放，经延时后再二步落地，以达到人员紧急疏散、灾区隔烟隔火、控制火灾蔓延的目的。卷帘电动机的规格一般为三相 380 V、0. 55～2 kW，视门体大小而定。控制电路为直流 24 V。

防火卷帘—主要结构及工作原理

(1) 电动防火卷帘门的组成

电动防火卷帘门由防火卷帘、卷帘电动机、控制箱、控制模块、火灾报警探测器、现场控制按钮等组成。电动防火卷帘门安装示意图如图 4-14 所示，防火卷帘门控制程序如图 4-15 所示。

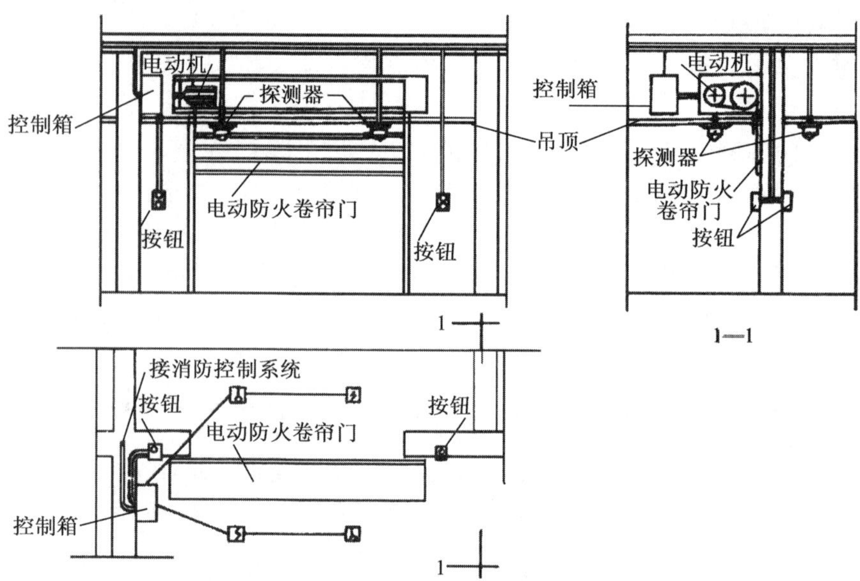

图 4-14 防火卷帘门安装示意图

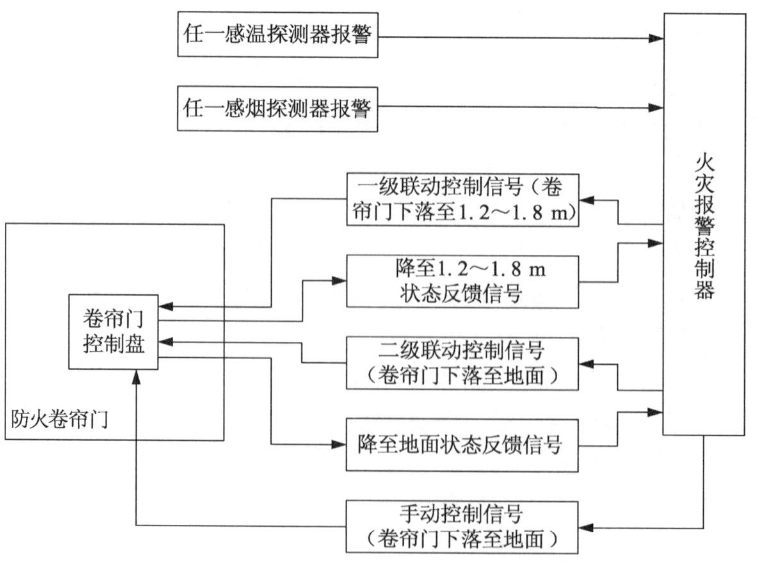

图 4-15 防火卷帘门控制程序

（2）防火卷帘的控制要求

防火卷帘的升降均由防火卷帘控制器控制。防火卷帘的设置有两种：一种是设置于疏散通道上；另一种是仅作为防火隔离。两种情况的控制方式有所不同。规范规定两种情况的控制应满足如下要求：

① 疏散通道上设置的防火卷帘的控制。联动控制防火分区内任两只独立的感烟火灾探测器或任一只专门用于联动防火卷帘的感烟火灾探测器的报警信号，应联动控制防火卷帘下降至距楼板面 1.8 m 处；任一只专门用于联动防火卷帘的感温火灾探测器的报警信号，应联动控制防火卷帘下降到楼板面；在卷帘的任一侧距卷帘纵深 0.5～5 m 内应设置不少于两只专门用于联动防火卷帘的感温火灾探测器。手动控制应由防火卷帘两侧设置的手动控制按钮控制防火卷帘的升降。

② 仅用作防火分隔的防火卷帘的控制。联动控制应由防火卷帘所在防火分区内任两只独立的火灾探测器的报警信号，作为防火卷帘下降的联动触发信号，并应联动控制防火卷帘直接下降到楼板面。手动控制应由防火卷帘两侧设置的手动控制按钮控制防火卷帘的升降，并应能在消防控制室内的消防联动控制器上手动控制防火卷帘的降落。

以上两种情况的控制中，防火卷帘下降到楼板面的动作信号（下降至距楼板面 1.8 m 处）和防火卷帘控制器直接连接的感烟、感温火灾探测器的报警信号，均应反馈到消防联动控制器。

（3）防火卷帘电气控制原理

疏散通道上分两次下降的防火卷帘电气控制原理如图 4-16 所示。

其控制原理如下：

第一步下放：当火灾初期产生烟雾时，来自消防中心的联动信号（感烟探测器报警所致）使触点 1KA（在消防中心控制器上的继电器因感烟报警而动作）闭合，中间继电器 KA1 线圈通电动作：使信号灯 HL 亮，发出报警信号；电警笛 HA 响，发出声报警信号；KA1 11－12 号触头闭合，给消防中心一个卷帘启动的信号（即 KA1 11-12 号触头与消防中心信号灯相接）；将开关 QS1 的常开触头短接，全部电路通以直流电：电磁铁 YA 线圈通电打开锁头，为卷帘门下降做准备；中间继电器 KA5 线圈通电，将接触器 KM2 线圈接通，KM2 触头动作，门电机反转卷帘下降，当卷帘下降距地 1.2～1.8 m 定点时，位置开关 SQ2 受碰撞动作，使 KA5 线圈失电，KM2 线圈失电，门电机停，卷帘停止下放（现场中常称中停），这样既可隔断火灾初期的烟，也有利于灭火和人员逃生。

第二步下放：当火势增大、温度上升时，消防中心的联动信号接点 2KA（安装在消防中心控制器上且与感温探测器联动）闭合，使中间继电器 KA2 线圈通电，其触头动作，使时间继电器 KT 线圈通电。经延时（30 s）后其触点闭合，使 KA5 线圈通电，KM2 又重新通电，门电机反转，卷帘继续下放，当卷帘落地时，碰撞位置开关 SQ3 使其触点动作，中间继电器 KA4 线圈通电，其常闭触点断开，使 KA5 失电释放，又使 KM2 线圈失电，门电机停止。同时 KA4 3-4 号、KA4 5-6 号触头将卷帘门完全关闭信号（或称落地信号）反馈给消防中心。

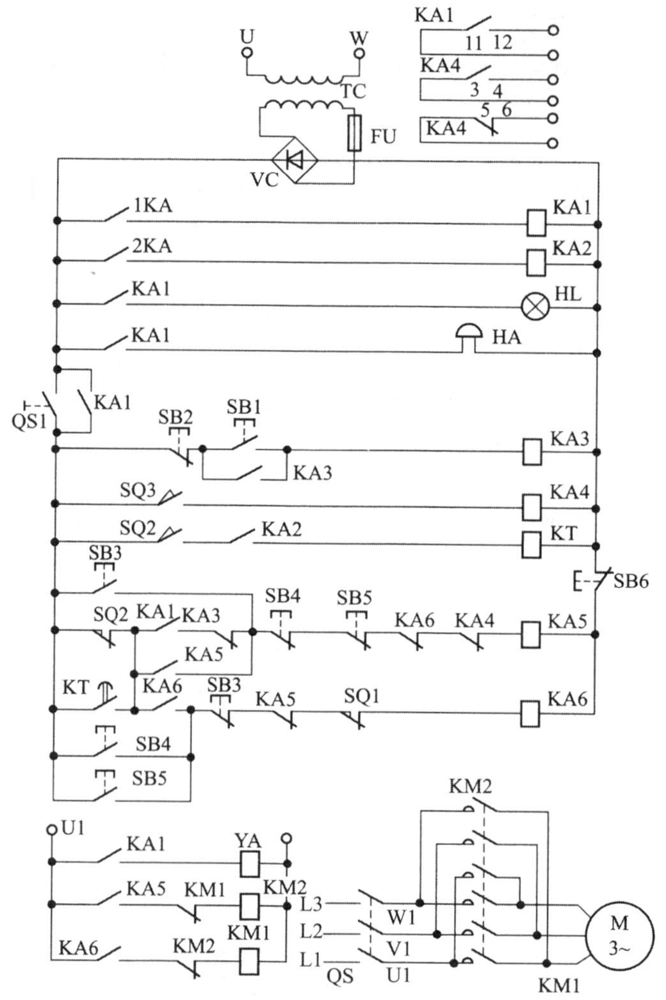

图 4-16 防火卷帘门电气控制

卷帘上升控制：当火扑灭后，按下消防中心的卷帘卷起按钮 SB4 或现场就地卷起按钮 SB5，均可使中间继电器 KA6 线圈通电，使接触器 KM1 线圈通电，门电机正转，卷帘上升，当上升到顶端时，碰撞位置开关 SQ1 使之动作，使 KA6 失电释放，KM1 失电，门电机停止，上升结束。

开关 QS1 用手动开、关门，而按钮 SB6 则用于手动停止卷帘的升和降。

（4）防火卷帘系统图设计案例

防火卷帘系统控制设计如图 4-17 所示。

防火卷帘门在商场中一般设置在自动扶梯的四周及商场的防火墙处，用于防火隔断。现以商场扶梯四周所设卷帘门为例，说明其应用。感烟、感温探测器布置在卷帘门的四周，每樘（或一组门）设计配用一个控制模块、一个监视模块与卷帘门电控箱连接，以实现自动控制。动作过程：感烟探测器报警→控制模块动作→电控箱发出卷帘门降半信号→感温探测器报警→监视模块动作→通过电控箱发出卷帘二步降到底信号。

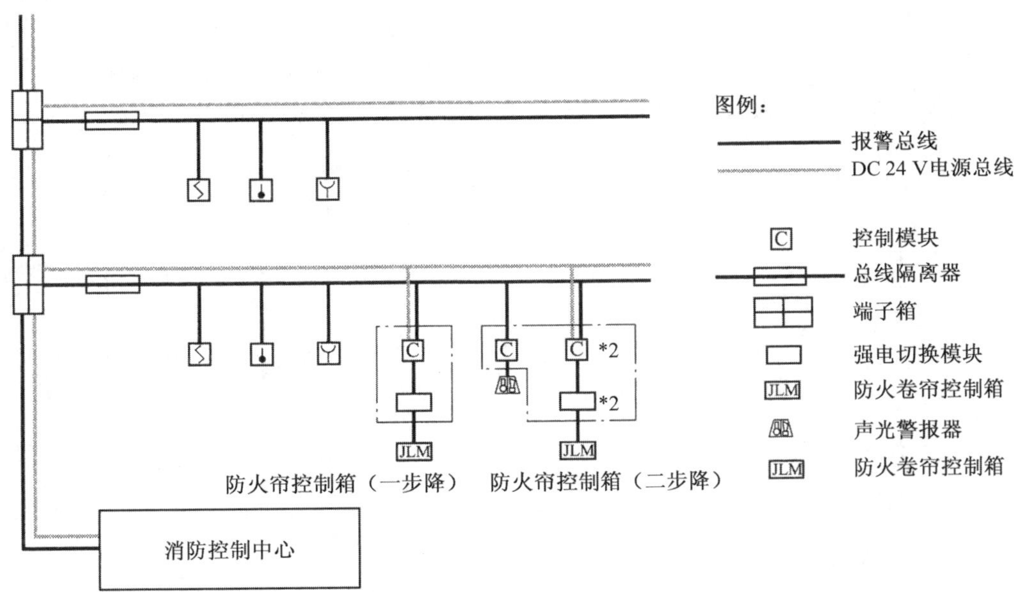

图 4-17　防火卷帘系统图设计案例

防火卷帘分为中心控制方式和模块控制方式两种，其控制框图如图 4-18 所示。

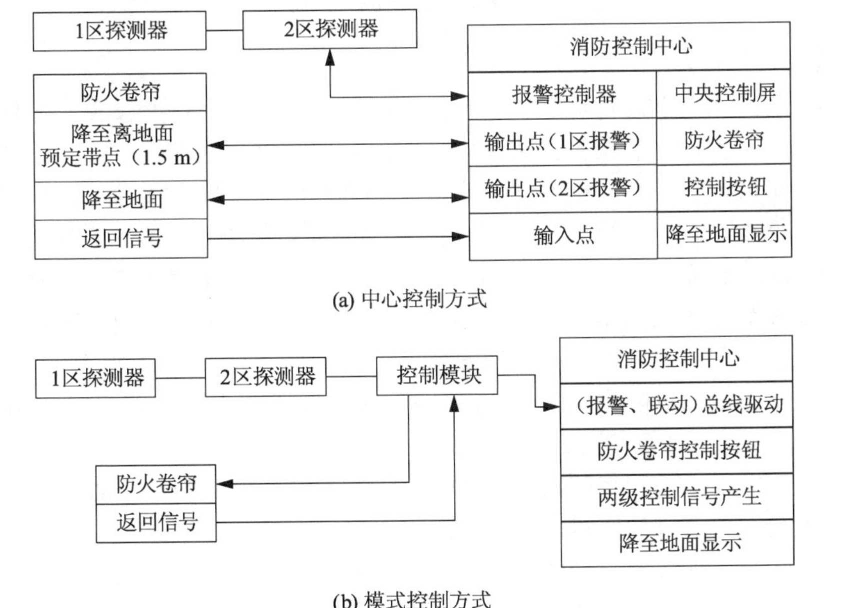

图 4-18　防火卷帘控制框图

3. 正压风机控制

当发生火灾时，防火分区的火警信号 K（如图 4-19）闭合，接触器 KM 通电，直接开启相应分区楼梯间或消防电梯前室的正压风机，对各层前室都送风，使前室中的风压为正压，周围的烟雾进不了前室，以保证垂直疏散通道的安全。由于它不是送风设备，高温烟雾不会进入风管，也不会危及风机，所以风机出口不设防火阀。除火警信号联动外，还可以通过联动模块在消防中心直接点动控制。另外，设置就地启停控制按钮，以供调试及维修用，这些控制组合在一起，不分自控和手控，以免误放手控位置而使火警失控。火警撤销时，由火警联动模块送出 K 停机信号，使正压风机停止运转。

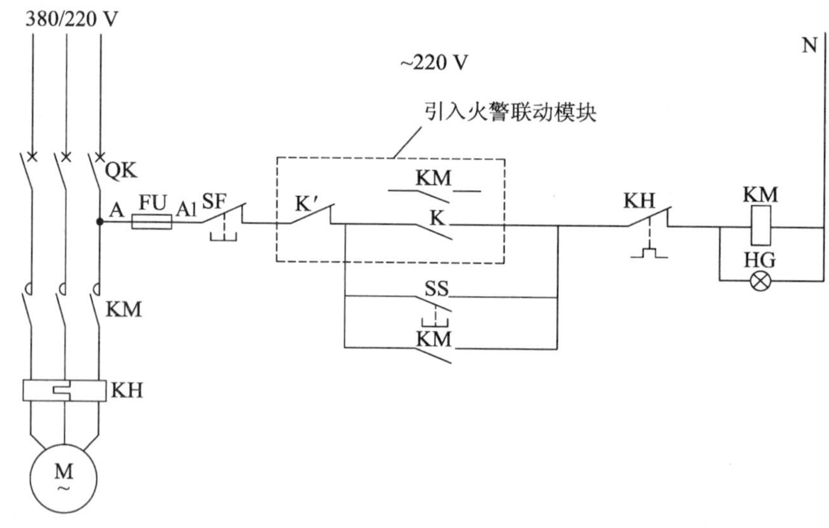

图 4-19 正压风机控制

4. **排烟风机控制**

排烟风机的风管上设排烟阀，这些排烟阀可以深入几个防火分区。火警时，与排烟阀相对应的火灾探测器探得火灾信号，由消防控制中心确认后，发送开启排烟阀信号至相应排烟阀的火警联动模块，由它开启排烟阀，排烟阀的电源是直流 24 V。消防控制中心收到排烟阀动作信号后，发指令给装在排烟风机附近的火警联动模块，启动排烟风机，由排烟风机的接触器 KM 常开辅助节点送出运行信号至排烟机附近的火警联动模块。火警撤销时，由消防控制中心通过火警联动模块停排烟风机、关闭排烟阀。

排烟风机吸取高温烟雾，当烟温度达到 280 ℃时，按照防火规范应停排烟风机，所以在风机进口处设置防火阀；当烟温达到 280 ℃，防火阀自动关闭，可通过触点开关（串入风机启停回路）直接停风机，但收不到防火阀关闭的信号。也可在防火阀附近设置火警联动模块，将防火阀关闭的信号送到消防控制中心，消防中心收到此信号后，再发送指令至排烟风机火警联动模块停风机。这样，消防控制中心不但能收到停排烟风机信号，而且能收到防火阀的动作信号。

排烟风机控制原理如图 4-20 所示，就地控制启停与火警控制启停是合在一起的，排烟阀直接由火警联动模块控制，每个火警联动模块控制一个排烟阀。发生火警时，消防控制中心收到排烟阀动作信号，即发出指令闭合 Kx，使 KM 通电自锁。火警撤销时，另发送 Kx′闭合的指令停风机。烟温达到 280 ℃时，防火阀关闭，KM 断开，直接停风机。

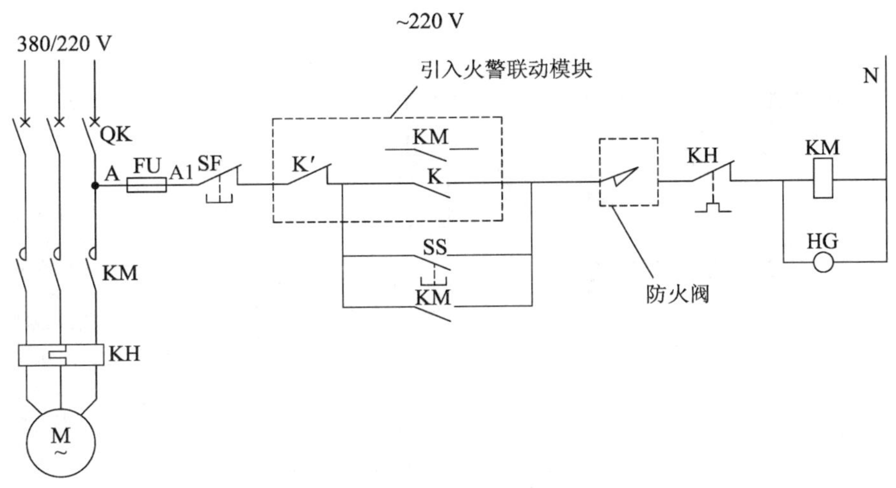

图 4-20 排烟风机控制原理图

5. **排风与排烟共用风机控制**

这种风机大部分用于地下室、大型商场等场所，平时用于排风，火警时用于排烟。装在风道上的阀门有两种形式：一种是空调排风用的风阀与排烟阀是分开的，平时排风用的风阀是常开型的，排烟阀是常闭型的。每天由 BA 系统按时启停风机进行排风，但风阀不动。有火警时，由消防联动指令关闭全部风阀，按失火部位开启相应的排烟阀，指令开启风机，进行排烟。火警撤销时，指令停风机，再由人工到现场手动开启排风阀，手动关闭排烟阀，恢复到可以由 BA 系统指令排气或再次接受火警信号的控制。另一种是空调排风用的风阀与排烟阀是合一的，平时是常开的，可由 BA 系统按时指令风机开停，作排风用。有火警时，由消防控制中心指令阀门全关，再由各个阀门前的烟感探测器送出火警信号，开启相应的阀门，同时指令开启风机，进行排烟。火警撤销时，由消防控制中心发指令停风机，同时开启所有风阀。由于风阀的开停及信号全部集中在消防控制中心，因此将阀门全开的信号送入控制回路，以防开启风机，部分阀门未开，达不到排风的要求。

排风、排烟风机的进口也应设置防火阀，280 ℃自熔关闭，关阀信号送至消防控制中心，再由消防控制中心发指令停风机。防排烟系统控制如图 4-21 所示，加压风机控制原理如图 4-22 所示（未画手动直接控制环节）。

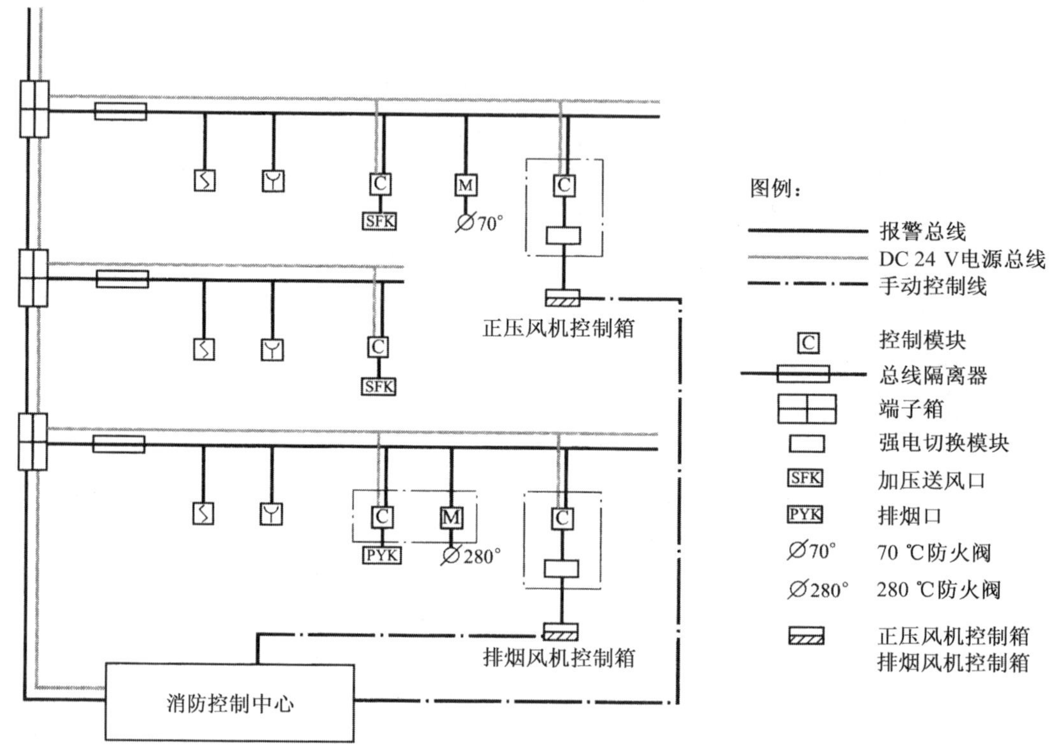

图 4-21　防排烟系统控制图

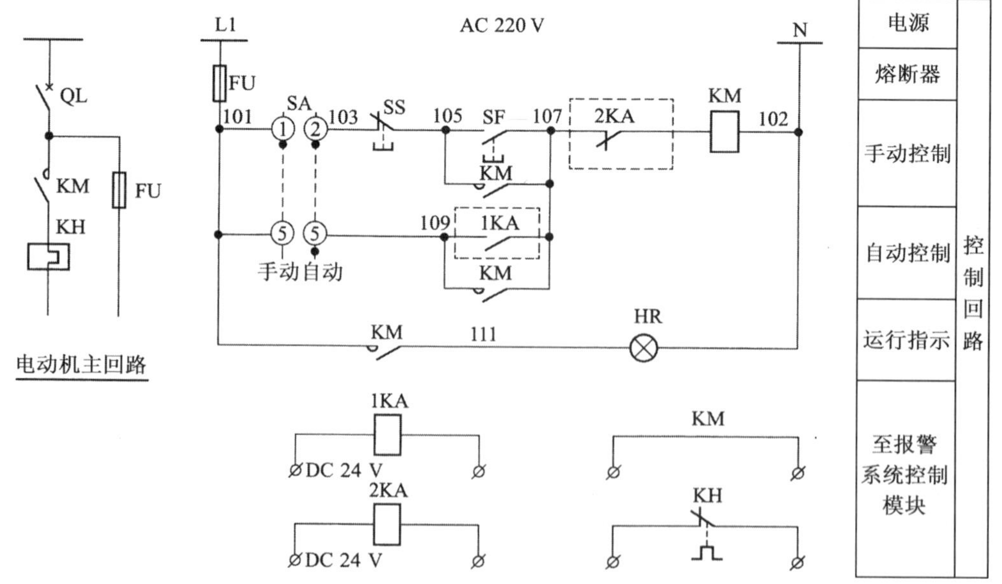

图 4-22　加压风机控制原理图

4.2　消防指挥系统

4.2.1　消防广播系统

消防应急广播

消防广播系统也叫消防应急广播系统，是火灾疏散和灭火指挥的重要设备，在整个消防控制管理系统中起着极其重要的作用。火灾发生时，应急广播信号由音源设备发出，经功率放大器放大后，由控制模块切换到指定区域的扬声器实现应急广播。它主要由音源（包括传声器、录音机等）、功率放大器、扬声器（或音箱，有吸顶式和壁挂式）等构成，如图 4-23 所示。消防应急广播系统一般应用在人员密集、发生火灾影响较大、必须设置控制中心报警系统的场所，如高层宾馆、饭店、办公楼、综合楼、医院等。在条件允许的情况下，集中火灾报警系统也应设置火灾应急广播。

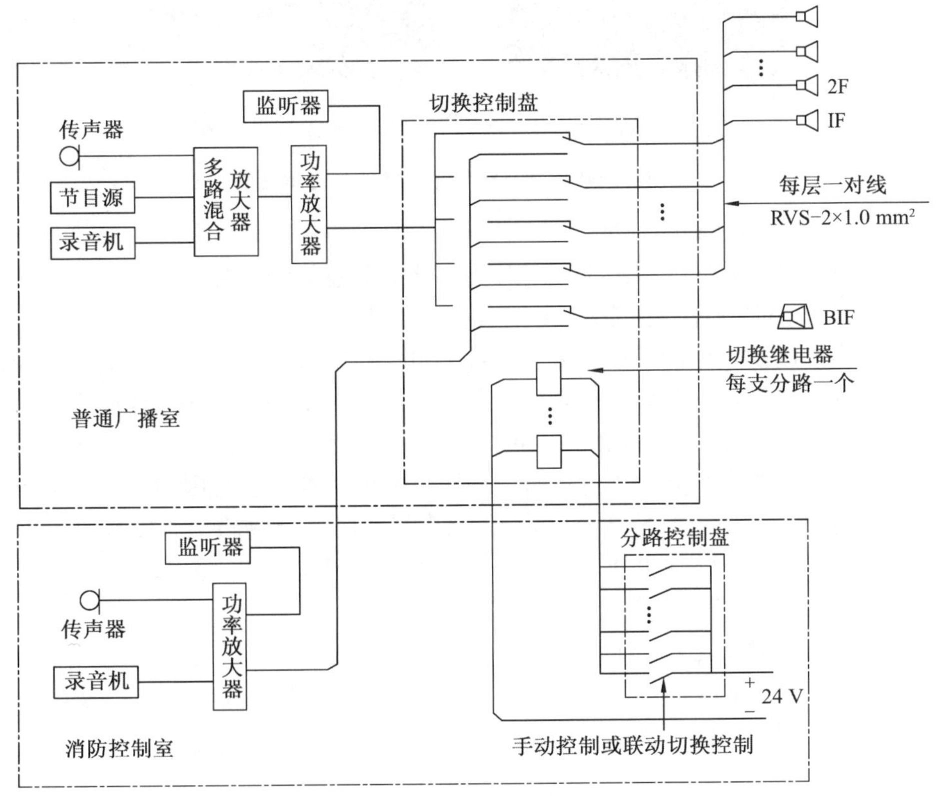

图 4-23　消防应急广播系统

1. 消防广播系统的组成

在火灾发生时，应急广播信号通过音源设备发出，经过功率放大后，由广播切换模块切换到广播指定区域的音箱实现应急广播。消防广播系统分为多线制和总线制两种。一般由音源（如录放机卡座、CD 机等）、播音话筒、功率放大器、音箱（分壁挂和吸顶两种）、多线制广播分配盘（多线制专用）、广播模块（总线制专用）等组成。部分设备的外形如图 4-24 所示。

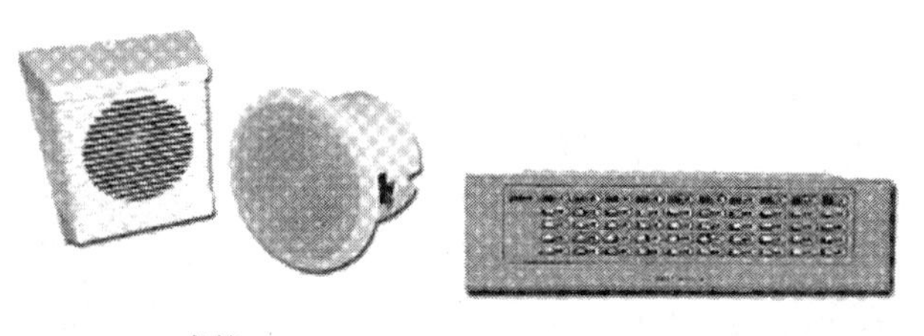

(a) 音箱　(b) LD-GBFP-100多线制广播分配盘　(c) LD-8305编码消防广播模块

(d) 消防电话总机

(e) 广播控制柜

图 4-24　消防广播系统部分设备的外形示意图

2. 消防应急广播系统的分类

消防应急广播系统根据线制不同可分为多线制和总线制两种。

（1）多线制消防应急广播系统

对外输出的广播线路按广播分区来设计，每一广播分区有两根独立的广播线路与现场放音设备连接，各广播分区的切换控制由消防控制中心专用的多线制广播分配盘来完成。多线制消防应急广播系统中心的核心设备为多线制广播分配盘，通过此切换盘，可手动完成对各广播分区进行正常或消防广播的切换。但是因为多线制消防广播系统的 n 个防火（或广播）分区，需设 $2n$ 条广播线路，导致施工难度大、工程造价高，所以在实际应用中已很少使用了。其系统构成如图 4-25 所示。

（2）总线制消防广播系统

总线制消防广播系统取消了广播分路盘，主要由总线制广播主机、功率放大器、广播模块、扬声器组成，如图 4-26 所示。该系统使用和设计灵活，与正常广播配合协调，同时成本相对较低，所以应用相当广泛。

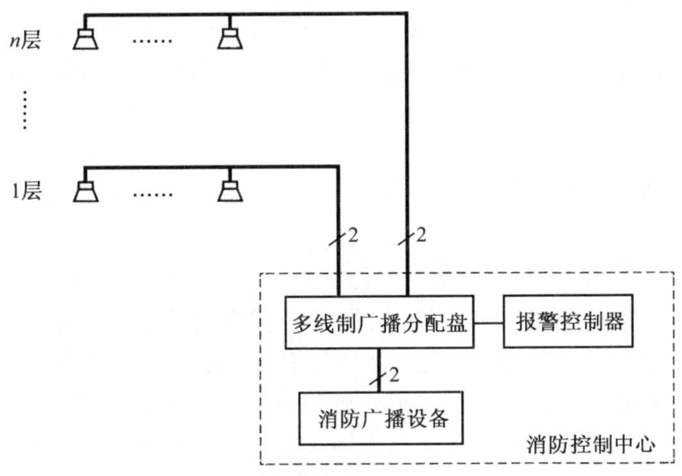

图 4-25　多线制消防应急广播系统构成

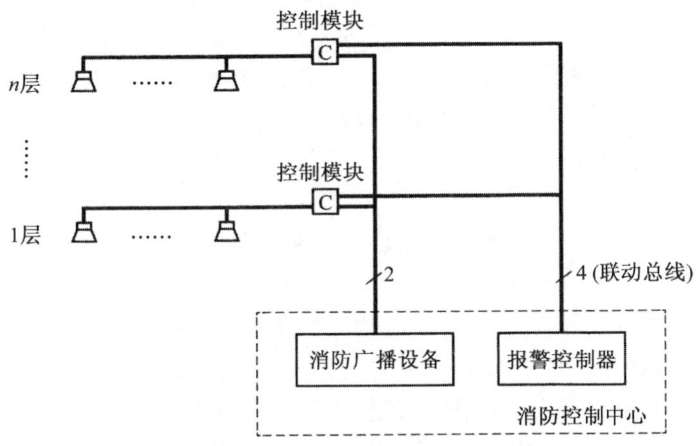

图 4-26　总线制消防广播系统框图

以上两种系统都可与火灾报警设备成套供应，在购买火灾报警系统时厂家都可依据要求加配相关设备。

3. 消防应急广播系统的控制

（1）消防应急广播系统的联动控制

应急广播系统的联动控制信号应由消防联动控制器发出。消防联动控制器对火灾应急广播系统的控制设计如下：

① 火灾自动报警系统应设置火灾声光警报器，并应在确认火灾后启动建筑内的所有火灾声光警报器。

② 消防应急广播的单次语音播放时间宜为 10～30 s，应与火灾声警报器分时交替工作，可采取 1 次火灾声警报器播放、1 次或 2 次消防应急广播播放的交替工作方式循环播放。

③ 在消防控制室应能手动或按预设控制逻辑联动控制选择广播分区、启动或停止应急广播系统，并应能监听消防应急广播。在通过传声器进行应急广播时，应自动对广播内容进行录音。

④ 消防控制室内应能显示消防应急广播的广播分区的工作状态。

⑤ 消防应急广播与普通广播或背景音乐广播合用时，应具有强制切入消防应急广播的功能。

（2）多线制消防广播系统分路方式

广播分路盘每路功率是有定量的，一般一路可接 8～10 个功率为 3 W 的扬声器。分路配址应按报警区划分，以便联动控制。

（3）火灾消防广播与背景音乐的切换方式

① 大部分厂家生产的消防火灾广播设备采用在分路盘中抑制背景音乐声压级、提高消防火灾广播声压级的方式。这样做可使功放及输出线只需一套，既方便又简洁。但对酒吧、宴会厅等背景音乐输出要调节音量时，则应从广播分路盘中用 3 条线引入扬声器，火灾时强切到第三条线路上为火灾广播，并切除第 2 条线路，即切除背景音乐。

② 用音源切换方式。这时背景音乐及消防火灾广播需要分开设置功放，凡是需要做火灾广播的扬声器接两条线路，一路为背景音乐，一路为火灾广播。在扬声器处设火警联动切换开关，平时播放背景音乐，火灾时切换成消防火灾广播。这种方式用于背景音乐广播较多，消防广播较少的情况。

4. 火灾应急广播的设置

（1）设置范围

控制中心报警系统应设置火灾应急广播，集中报警系统宜设置火灾应急广播。

（2）设置要求

① 民用建筑内扬声器应设置在走道和大厅等公共场所，每个扬声器的额定功率不应小于 3 W，其数量应能保证从一个防火分区的任何部位到最近一个扬声器的距离不大于 25 m。走道内最后一个扬声器至走道末端的距离不应大于 12.5 m。

② 在环境噪声大于 60 dB 的场所设置扬声器，应使在其播放范围内最远点的播放声压级比背景噪声高 15 dB。

③ 客房设置专用扬声器时，其功率不宜小于 1 W。

④ 壁挂扬声器的底边距地面高度应大于 2.2 m。

（3）火灾应急广播与公共广播合用时的消防要求

① 火灾时应能在消防控制室将火灾疏散层的扬声器和公共广播扩音机强制转入火灾应急广播状态。

② 消防控制室应能监控用于火灾应急广播时的扩音机的工作状态，并应具有遥控开启扩音机和采用传声器播音的功能。

③ 床头控制柜内设有服务性音乐广播扬声器时，应有火灾应急广播功能。

④ 应设置火灾应急广播备用扩音机，其容量不应小于火灾时需同时广播的范围内火灾应急广播扬声器最大容量总和的 1.5 倍。

另外，在为商场等大型场所选用功率放大器时，应能满足三层所有扬声器启动的要求，音源设备应具有放音、录音功能。如果业主要求应急广播平时作为背景音乐的音箱时，功率放大器的功率应选择大于所有广播功率的总和，否则功率放大器将会过载保护导致无法输出背景音乐。

(4) 检查要点

① 检查火灾应急广播能分区播放，正确引导人员疏散。

② 检查备用扩音机的切换功能。

③ 检查应急广播预案的准备情况。

④ 检查消防控制室值班操作人员的实际操作能力。

4.2.2　消防通信系统

消防专用
电话系统

消防电话是一种相对普通电话而独立为消防专用的通信系统，通过这个系统可以迅速实现对火灾的人工确认，并及时掌握火灾现场情况及进行其他必要的通信联络，便于指挥灭火和恢复工作。消防通信系统主要由电话总机、传输线路、电话分机、电话插孔，以及必要的事故切换装置等组成。

1. 消防专用电话的设置要求

消防控制室应设置消防专用电话总机，且宜选择供电式电话总机或对讲通信电话设备。消防控制室、消防值班室或企业消防站等处，应设置可直接报警的外线电话。电话分机或电话插孔的设置，应符合下列规定：

(1) 消防水泵房、发电机房、配变电室、计算机网络机房、主要通风和空调机房、防排烟机房、灭火控制系统操作装置处或控制室、企业消防站、消防值班室、总调度室、消防电梯机房及其他与消防联动控制有关的且经常有人值班的机房，应设置消防专用电话分机。消防专用电话分机应固定安装在明显且便于使用的部位，并应有区别于普通电话的标识。

(2) 设有手动火灾报警按钮或消火栓按钮等处，宜设置电话插孔，并宜选择带有电话插孔的手动火灾报警按钮。

(3) 各避难层应每隔 20 m 设置一个消防专用电话分机或电话插孔。

(4) 电话插孔在墙上安装时，其底边距地面高度宜为 1.3～1.5 m。

2. 消防专用电话的主要设备

消防专用电话的主要设备包括消防电话主机、固定式消防电话机、便携式消防电话机。固定式消防电话的使用非常简单，只要拿起话筒就可以直接与消防控制室的人员联系。消防控制室的人员也可以直接呼叫固定式消防电话。便携式消防电话由巡检人员使用，用于连接楼内手动报警按钮上的消防电话插孔，有火情时，巡检人员将便携式的消防电话直接插到消防电话插孔内就可以与消防控制室的人员通话。

消防电话主机、固定式消防电话机、消防电话插孔如图 4-27 所示。

目前使用的总线消防电话主机可以实现如下功能：

① 快速实时自动巡检。

② 总机可以同时与多部分机进行通话。

③ 具有液晶汉字图形显示功能，可以直观地了解各种功能操作及工作状态。

④ 可存储一定时间的通话录音及呼叫通话记录，能准确记录每部分机呼叫、通话发生的时间、类型及通话内容。

⑤ 总机可即时进行短路、断路的故障报警。

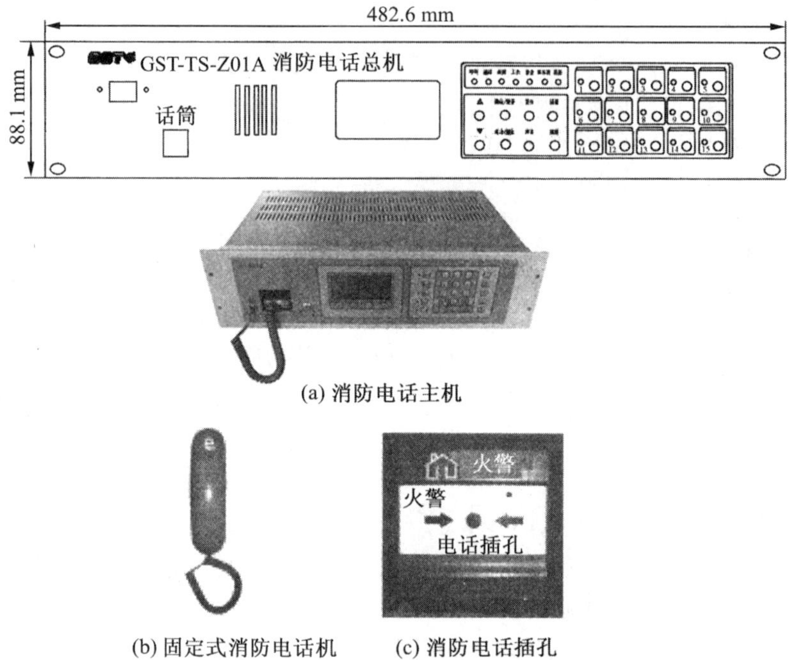

(a) 消防电话主机

(b) 固定式消防电话机　(c) 消防电话插孔

图 4-27　消防专用电话主要设备

⑥ 可编码消防电话分机也可连接非编码消防电话分机或非编码消防电话插孔。

3. 消防通信系统的构成

消防电话分机是专线话机，分机直通消防控制中心主机。其接线方式分为多线制和总线制两种。

（1）多线制对讲电话系统

消防控制室专用对讲通信电话设备与各固定对讲电话分机和对讲电话插孔为多线连接，每台消防电话分机都有单独线与消防控制室的电话主机相连接，分机提机可呼叫主机，主机上按下相应分机的按键可呼叫分机。多线制对讲电话系统如图 4-28 所示。

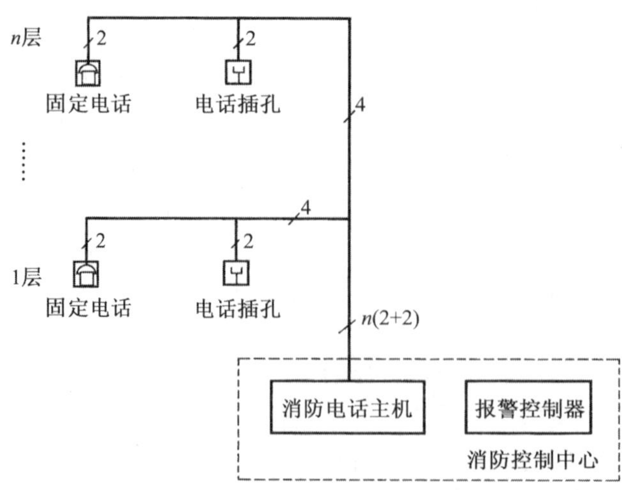

图 4-28　多线制消防专用电话系统图

（2）总线制对讲电话系统

总线制接线的消防电话系统有两种情况。一种为主机带有接口模块，分机不带编码模块，消防电话分机采用二总线直接与消防电话主机连接。当消防电话分机的话筒被提起或电话插孔插上手提电话时，该部电话即被消防电话接口自动向消防电话系统请求接入。系统接受请求后，由火灾报警控制器向该接口发出启动命令。也可利用火灾报警控制器直接启动接口，实现对固定分机的呼叫。如图 4-29 所示。

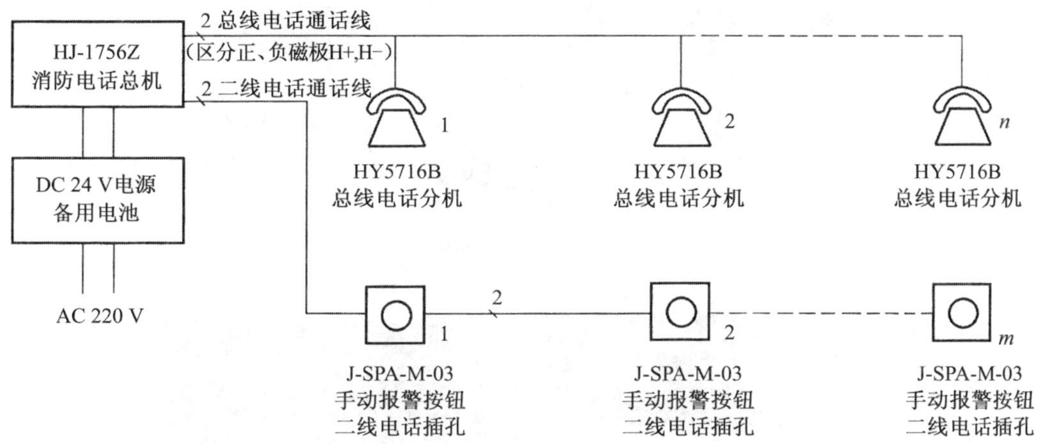

图 4-29　总线制分机无编码模块消防专用电话系统图

另一种消防电话分机前端有一个消防电话编码模块，主机到这个模块要有 2 根 24 V 电源线、2 根控制总线再加 2 根电话线，即六线制。模块可直接与固定式分机相连接，每个电话分机均有固定的地址编码。如图 4-30 所示。

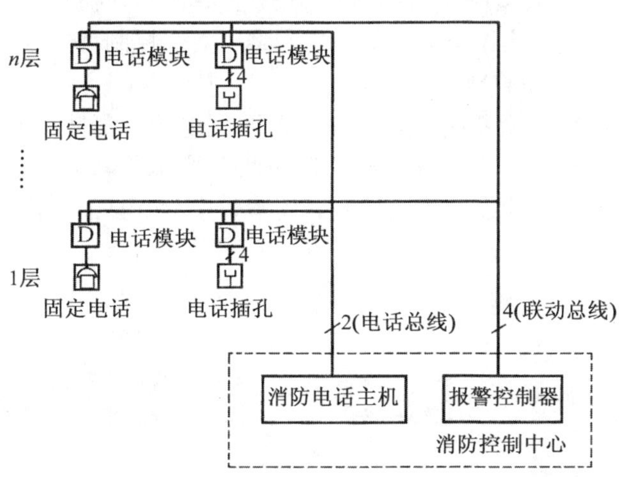

图 4-30　总线制对讲电话系统图

4.3　应急照明与疏散指示系统

应急照明与疏散标志是在突然停电或发生火灾而断电时，在重要的房间或建筑的主要通道，继续维持一定程度的照明，可保证人员迅速疏散并对事故及时处理。高层建筑、大型建筑及人员密集的场所（如商场、体育场等），一旦发生火灾或某些人为事故时，室内动力照明线路有可能被烧毁。为了避免线路短路而使事故扩大，必须人为地切断部分电源线路。因此，在建筑物内设置火灾应急照明和疏散指示系统是十分必要的，其实物图如图 4-31 和图 4-32 所示。

图 4-31　应急照明

图 4-32　疏散指示

4.3.1　应急照明和疏散指示系统形式

应急照明和疏散指示—系统形式

消防应急照明和疏散指示系统按控制方式主要有三种类型：自带电源非集中控制型、集中电源非集中控制型、集中控制型。

1. **自带电源非集中控制型**

自带电源非集中控制型系统主要由应急照明配电箱、消防应急灯具和配电线路等组成。发生火灾时，消防联动控制器联动控制应急照明配电箱的工作状态，进而控制各路消防应急灯具的工作状态。自带电源非集中控制型系统如图 4-33 所示。

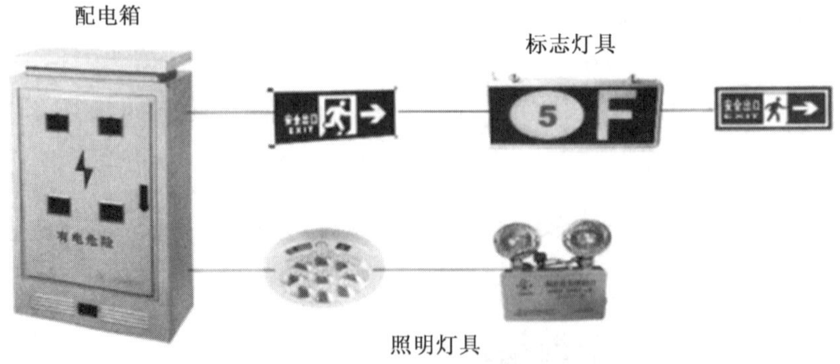

图 4-33　自带电源非集中控制型系统图

2. 集中电源非集中控制型

集中电源非集中控制型系统主要由应急照明集中电源、应急照明分配电装置、消防应急灯具、配电线路等组成。消防应急灯具可为持续型或非持续型。发生火灾时，消防联动控制器联动控制集中电源和（或）应急照明分配电装置的工作状态，进而控制各路消防应急灯具的工作状态。集中电源非集中控制型系统如图4-34所示。

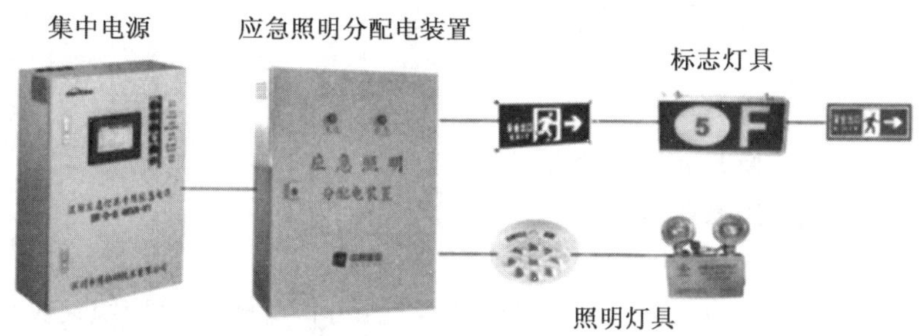

图4-34　集中电源非集中控制型系统图

3. 集中控制型

集中控制型系统主要由应急照明集中控制器、双电源应急照明配电箱、消防应急灯具、配电线路等组成。消防应急灯具可为持续型或非持续型。持续型不管是主电源还是应急电源供电，灯具均亮；非持续型是主电源供电时不亮，只有应急电源供电时才亮。

集中控制型系统的特点是所有消防应急灯具的工作状态都受应急照明集中控制器控制。发生火灾时，火灾报警控制器或消防联动控制器向应急照明集中控制器发出相关信号，应急照明集中控制器按照预设程序控制各消防应急灯具的工作状态。集中控制型系统如图4-35所示。

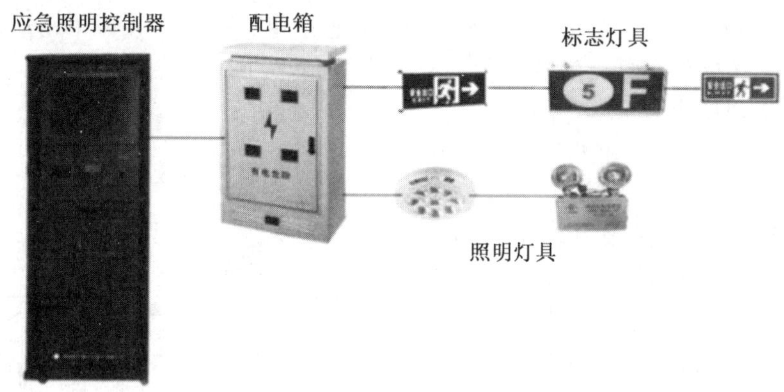

图4-35　集中控制型系统图

4.3.2　系统的设置要求

消防应急标志灯具的设置要求

1. 火灾应急照明设置场所

除建筑高度小于27 m的住宅建筑外，民用建筑、厂房和丙类仓库的下列部位应设置疏散照明：

① 封闭楼梯间、防烟楼梯间及其前室、消防电梯间的前室或

合用前室、避难走道、避难层（间）。

② 观众厅、展览厅、多功能厅和建筑面积大于 200 m^2 的营业厅、餐厅、演播室等人员密集的场所。

③ 建筑面积大于 100 m^2 的地下或半地下公共活动场所。

④ 公共建筑内的疏散走道。

⑤ 人员密集的厂房内的生产场所及疏散走道。

2. 设置要求

（1）应急转换时间

① 系统的应急转换时间不应大于 5 s。

② 高危险区域使用系统的应急转换时间不应大于 0.25 s。

（2）应急转换控制

① 在消防控制室，应设置强制使消防应急照明和疏散指示系统切换和应急投入的手、自动控制装置。

② 在设置了火灾自动报警系统的场所，消防应急照明和疏散指示系统的切换和应急投入要接受火灾自动报警系统的联动控制。

（3）备用照明

消防控制室、消防水泵房、自备发电机房、配电室、防排烟机房，以及发生火灾时仍需正常工作的消防设备房应设置备用照明，其作业面的最低照度不应低于正常照明的照度。

（4）照明灯具

① 疏散照明灯具应设置在出口的顶部、墙面的上部或顶棚上。

② 备用照明灯具应设置在墙面的上部或顶棚上。

（5）公共建筑、建筑高度大于 54 m 的住宅建筑、高层厂房（库房），以及甲、乙、丙类单、多层厂房灯光疏散指示标志的设置

应符合下列规定：

① 设置在安全出口和人员密集的场所的疏散门的正上方。

② 设置在疏散走道及其转角处距地面高度 1.0 m 以下的墙面或地面上。灯光疏散指示标志的间距不应大于 20 m；对于袋形走道，标志的间距不应大于 10 m；在走道转角区，不应大于 1.0 m。

疏散指示标志布置示例如图 4-36 所示。

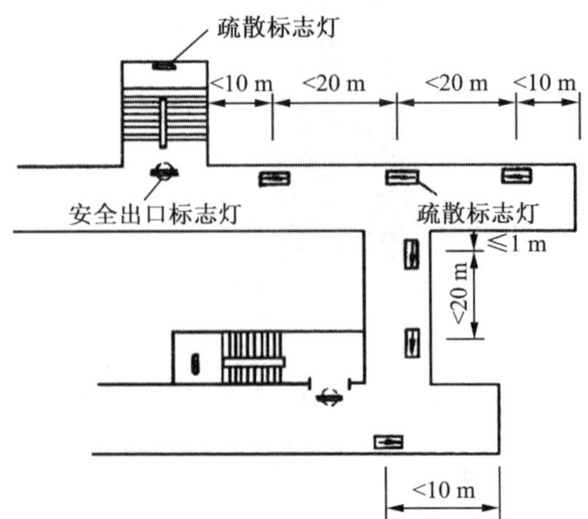

图 4-36　疏散指示标志布置示例

（6）应在疏散走道和主要疏散路径的地面上增设能保持视觉连续的灯光疏散指示标志或蓄光疏散指示标志的建筑或场所

① 总建筑面积大于 8 000 m^2 的展览建筑。

② 总建筑面积大于 5 000 m^2 的地上商店。

③ 总建筑面积大于 500 m^2 的地下或半地下商店。

④ 歌舞娱乐放映游艺场所。

⑤ 座位数超过 1 500 个的电影院、剧场，座位数超过 3 000 个的体育馆、会堂或礼堂。

⑥ 车站、码头建筑和民用机场航站楼中建筑面积大于 3 000 m^2 的候车厅、候船厅和航站楼的公共区域。

（7）建筑内疏散照明的地面最低水平照度

应符合下列规定：

① 对于疏散走道，该照度不应低于 1.0 lx。

② 对于人员密集场所、避难层（间），该照度不应低于 3.0 lx。

③ 对于病房楼或手术部的避难间，该照度不应低于 10.0 lx。

④ 对于楼梯间、前室或合用前室、避难走道，该照度不应低于 5.0 lx。

（8）建筑内消防应急照明和灯光疏散指示标志的备用电源的连续供电时间

应符合下列规定：

① 建筑高度大于 100 m 的民用建筑，连续供电时间不应小于 1.5 h。

② 医疗建筑、老年人建筑、总建筑面积大于 100 000 m^2 的公共建筑和总建筑面积大于 20 000 m^2 的地下、半地下建筑，连续供电时间不应小于 1.0 h。

③ 其他建筑的连续供电时间不应小于 0.5 h。

4.3.3　应急照明系统供电控制方式

应急照明电源宜采用集中应急电源，亦可采用集中蓄电池电源或照明灯具自带电源作为应急电源。应急照明中的疏散指示标志和安全出口标志也可采用无电源蓄光装置，并应满足以下要求：

① 当建筑物消防用电负荷等级为一级，采用交流电源供电时，宜由消防总电源提供双电源，以双回路树干式或放射式供电。按防火分区设置末端双电源自动切换应急照明配电箱，提供该分区内的备用照明和疏散照明电源。

② 当建筑物的消防用电负荷等级为一级，应急照明电源采用集中蓄电池（或灯具自带电源），或者消防用电负荷等级为二级，应急照明采用交流电源时，宜由消防总电源提供专用回路采用树干式供电。按防火分区设置应急照明配电箱提供该分区内的备用照明和疏散照明电源。

③ 高层建筑楼梯间的应急照明，宜由消防总电源中的应急电源提供专用回路，采用树干式供电，每层或最多不超过 4 层设置应急照明配电箱，提供备用照明和疏散照明电源。

④ 备用照明和疏散照明不应由同一分支回路供电，当建筑物内设有消防控制室时，疏散照明宜在消防控制室控制。

⑤ 当疏散指示标志和安全出口标志所处环境的自然采光或人工照明能满足蓄光装置的要求时，可采用蓄光装置作为此类照明光源的辅助照明。

由消防总电源提供的双电源双回路树干式末端自动切换供电方式如图 4-37 所示。主供、备供的两路电源来自两个独立电源，按防火分区设置双电源自动切换应急照明配电箱。单相支路为三线制（若灯具为金属外壳且安装高度低于 2.4 m 时，需加接 PE 线），应急照明亮灭可控，火灾时由消防联动控制模块 M 强制点亮。

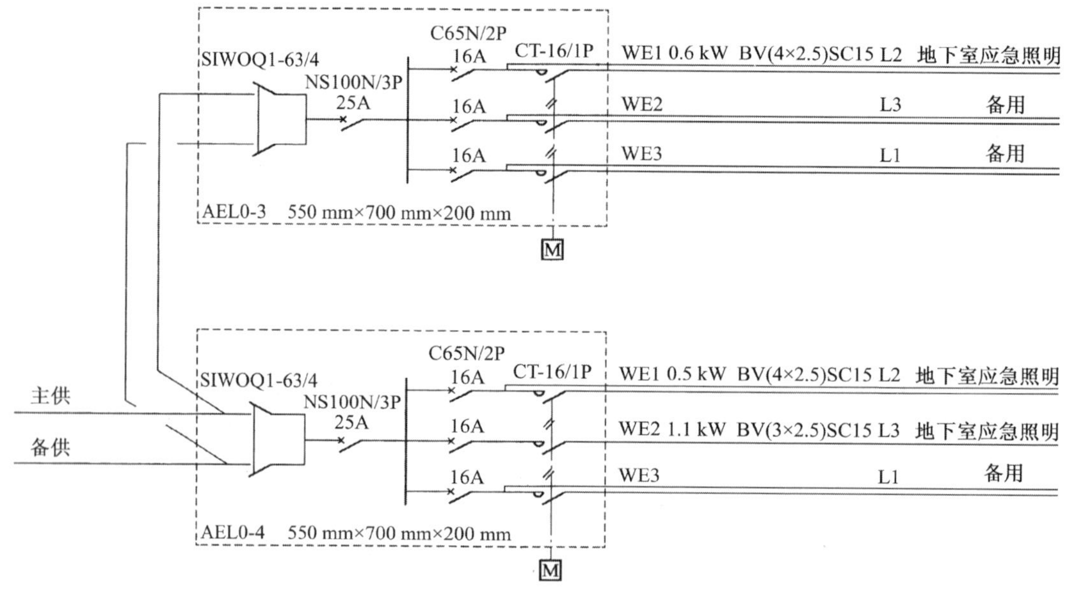

图 4-37 双电源双回路树干式末端自动切换供电方式

图 4-38 为应急照明亮灭可控接线原理图。正常情况时应急照明灯亮灭可控，火灾时可由消防控制中心强行联动点亮，疏散指示灯（包括出口指示灯）为长明灯。

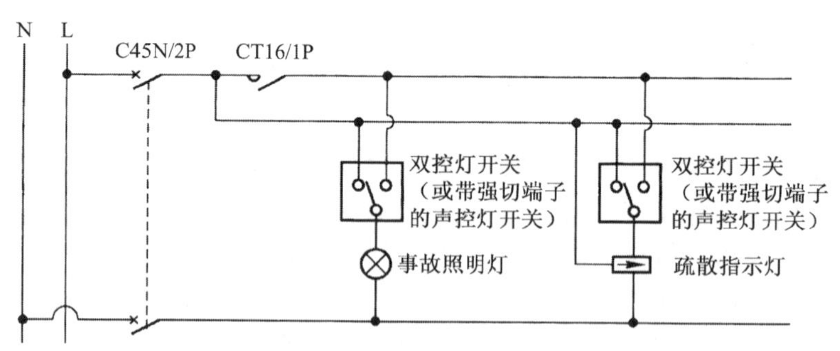

图 4-38 应急照明亮灭可控接线原理图

图 4-39 为应急照明与火灾自动报警接线系统图。

图 4-40 为应急照明由消防控制中心自动或手动控制强制启动原理图。

国内目前还普遍使用应急照明系统自带电源的应急照明灯具。其正常电源接在普通照明供电回路中，平时对应急灯蓄电池充电，当正常电源断电时，备用电源（蓄电池）自动供电。这种形式的应急照明系统中，每个灯具内部都有变压、稳压、充电、逆变、蓄电池等大量的电子元器件。应急灯在使用、检修、故障时电池均需充、放电。

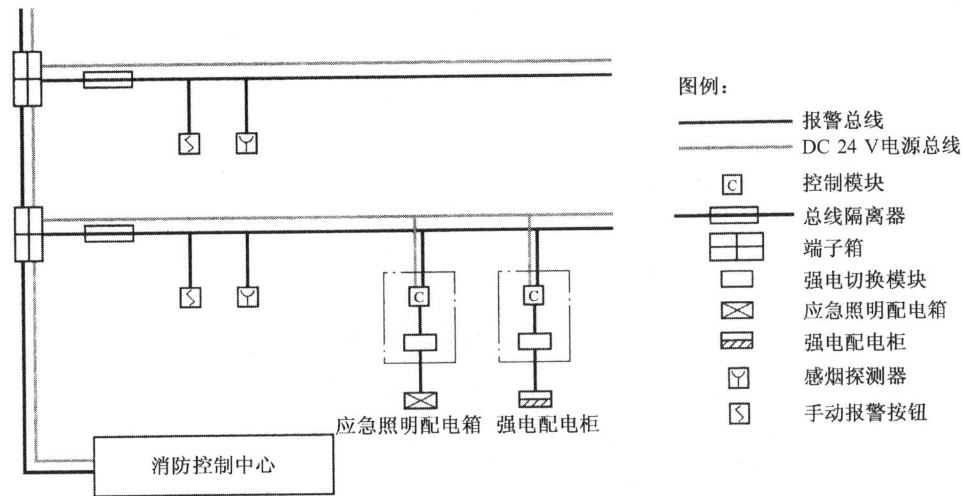

图 4-39　应急照明与火灾自动报警接线系统图

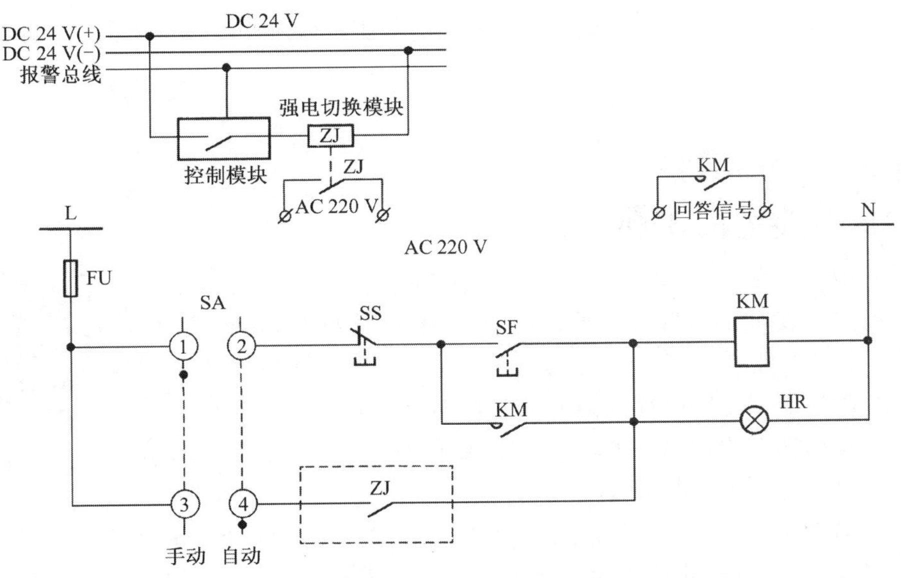

图 4-40　应急照明由消防控制中心自动或手动控制强制启动原理图

另一种普遍使用的是集中蓄电池电源集中控制型应急灯具。其内无自带电源，正常情况下由普通电源供电，正常照明电源故障时，由集中蓄电池电源供电。在这种形式的应急照明系统中，所有灯具内部复杂的电子电路被省掉了，应急照明灯具与普通的灯具无异。集中供电系统设置在专用的房间内或应急照明配电箱内。集中蓄电池电源供电应急照明如图 4-41 所示。

与自带蓄电池电源应急灯具相比，集中蓄电池电源集中控制型应急灯具有便于集中管理、用户自查、消防监督检查、延长灯具寿命、提高应急疏散效能等优点。系统中的每个应急灯具内没有备用电源（蓄电池），若供电线路发生故障，则会直接影响到应急照明系统的正常运行，所以对其供电线路敷设有特殊的防火要求。而自带电源独立控制型应急灯具因为在每个应急灯具内都带有备用电源（蓄电池），所以供电线

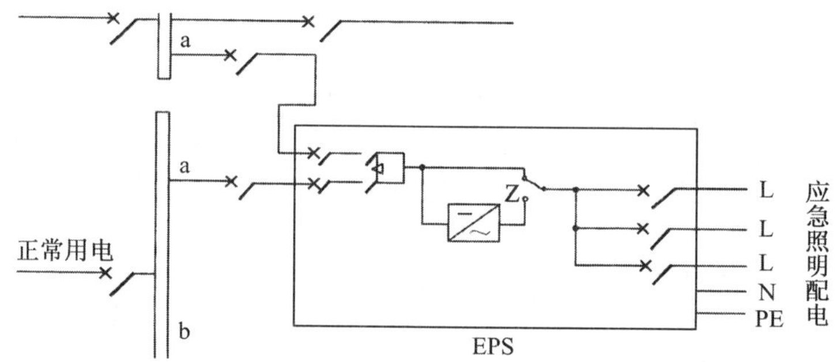

图 4-41　集中蓄电池电源供电应急照明系统图

路故障并不会影响备用电源发挥作用。应急灯发生故障时，一般也只影响该灯具本身，对整个系统影响不大。

在选择应急照明灯具时，应根据具体情况合理选择。一般来说，新建工程或设有消防控制室的工程，应尽量在建设过程中统一布线，选用集中电源集中控制型应急照明；对于小型场所、后期整改或二次装潢改造的工程应选用自带电源独立控制型应急照明。

4.4　消防电梯

消防电梯是在建筑物发生火灾时供消防人员进行灭火与救援使用且具有一定功能的电梯。因此，消防电梯具有较高的防火要求，其防火设计十分重要。在我国内地，真正意义上的消防电梯非常少见，常见的所谓“消防电梯”只是具有消防开关动作时，返回预设基站或撤离层功能的普通乘客电梯，不能在发生火情时搭乘。消防电梯一般与客梯等工作电梯兼用。

消防电梯

工作电梯在发生火灾时常常因为断电和不防烟火等而停止使用，因此设置消防电梯很有必要。其主要作用：供消防人员携带灭火器材进入高层灭火；抢救疏散受伤或老弱病残人员；避免消防人员与疏散逃生人员在疏散楼梯上形成“对撞”，否则既延误灭火时机，又影响人员疏散；防止消防人员通过楼梯登高时间长，消耗大，体力不够，不能保证迅速投入战斗。

1. 消防电梯的设置场所

① 建筑高度大于 33 m 的住宅建筑。

② 一类高层公共建筑和建筑高度大于 32 m 的二类高层公共建筑、5 层及以上且总建筑面积大于 3 000 m^2（包括设置在其他建筑内五层及以上楼层）的老年人照料设施。

③ 设置消防电梯的建筑的地下或半地下室，埋深大于 10 m 且总建筑面积大于 3 000 m^2的其他地下或半地下建筑（室）。

2. 消防电梯的设置要求

① 消防电梯应分别设置在不同防火分区内，且每个防火分区不应少于 1 台。

② 消防电梯间应设前室，要求：居住建筑面积不小于 4. 50 m^2；公共建筑面积不小于 6 m^2。当消防电梯与防烟楼梯间合用前室时，要求：居住建筑面积不小于 6 m^2；公共建筑面积不小于 10 m^2。

③ 消防电梯间前室宜靠外墙设置，在首层应设直通室外的出口或经过长度不超过 30 m 的通道通向室外。

④ 消防电梯间前室的门应采用乙级防火门或具有停滞功能的防火卷帘。

⑤ 消防电梯的载重量不应小于 800 kg。

⑥ 消防电梯井、机房与相邻其他电梯井、机房之间应采用耐火极限不低于 2 h 的隔墙隔开。当在隔墙上开门时，应设甲级防火门。

⑦ 在首层的消防电梯入口处应设置供消防队员专用的操作按钮，电梯轿厢内部应设置专用消防对讲电话。

⑧ 电梯轿厢的内部装修应采用不燃材料。

⑨ 电梯的动力与控制电缆、电线、控制面板应采取防水措施。

⑩ 消防电梯的井底应设置排水设施，排水井的容量不应小于 2 m^3，排水泵的排水量不应小于 10 L/s。消防电梯间前室的门口宜设置挡水设施。

⑪ 符合消防电梯要求的客梯或货梯可兼作消防电梯。

3. 可不设置消防电梯的建筑

建筑高度大于 32 m 且设置电梯的高层厂房（仓库），每个防火分区内宜设置 1 台消防电梯，但符合下列条件的建筑可不设置消防电梯：

① 建筑高度大于 32 m 且设置电梯，任一层工作平台上的人数不超过 2 人的高层塔架。

② 局部建筑高度大于 32 m，且局部高出部分的每层建筑面积不大于 50 m^2 的丁、戊类厂房。

4. 消防电梯联动控制

消防联动控制器应具有发出联动控制信号强制所有电梯停于首层或电梯转换层的功能。电梯运行状态信息和停于首层或转换层的反馈信号，应传送给消防控制室显示，轿厢内应设置能直接与消防控制室通话的专用电话。

电梯的控制有两种方式：一种是将所有电梯控制的副盘显示设在消防控制中心，消防值班人员随时可直接操作；另一种是消防控制中心自行设计电梯控制装置（一般通过消防控制模块实现），发生火灾时，消防值班人员通过控制装置，向电梯机房发出火灾信号和强制电梯全部停于首层的指令。在一些大型公共建筑里，利用消防电梯前的感烟探测器直接联动控制电梯。这也是一种控制方式，但是必须注意感烟探测器误报的危险性，最好通过消防中心进行控制。消防电梯在火灾状态下应能在消防控制室和首层电梯门厅处明显的位置设有控制归底的按钮。消防在联动控制系统设计时，常用总线或多线控制模块来完成此项功能。如图 4-42 所示。

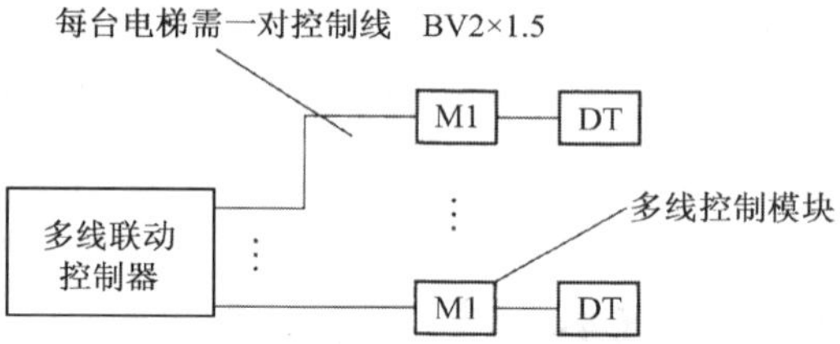

每台电梯需一对控制线 BV2×1.5

M1 DT

多线控制模块

多线联动控制器

M1 DT

(a) 多线制控制系统

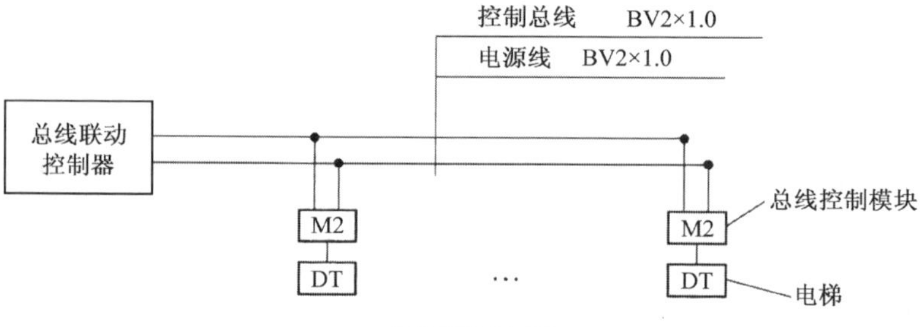

控制总线 BV2×1.0

电源线 BV2×1.0

总线联动控制器

M2 总线控制模块

DT … DT 电梯

(b) 总线制控制系统

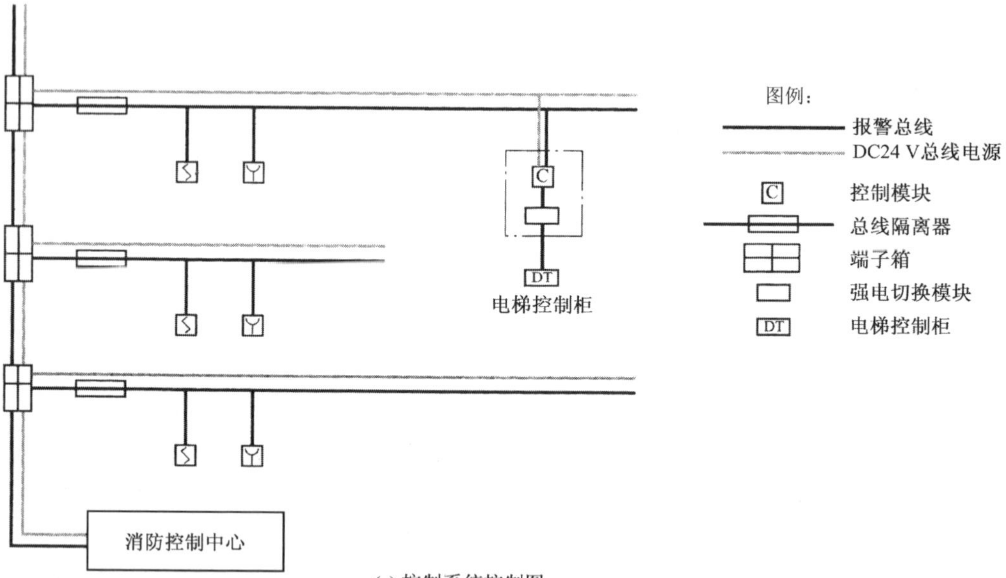

C

DT

电梯控制柜

图例：

报警总线

DC24 V总线电源

控制模块

总线隔离器

端子箱

强电切换模块

电梯控制柜

消防控制中心

(c) 控制系统控制图

图 4-42 消防电梯控制系统

项目小结

本项目首先对疏散诱导及防排烟系统进行了概述，然后较详细地阐述了防排烟系统中的各种系统。对防火门、防火卷帘、防排烟风机等进行了分析，说明了对防排烟设备的监控；对火灾事故广播的容量估算，广播系统的组成及应用，对火灾情况下的广播方式及切换进行了论述；对应急照明/疏散指示标志、安全出口的设置场所、要求、设置方式进行了概括的叙述。另外，对消防电梯的设置、规定也进行了简要说明。

本项目内容是火灾下确保人员有组织逃生、防止人员伤亡及减小损失的重要组成部分。学习本项目后，应具有火灾指挥系统的设置、安装与调试能力；具有疏散指示的设置与安装能力；具有防烟、防火分区的划分，以及防排烟设施的施工与调试能力；明白消防电梯的设置要求。

复习思考题

1. 什么叫作自然排烟？自然排烟的优缺点有哪些？

2. 机械排烟系统由哪些部分组成？

3. 简述防排烟联动控制方式和控制要求。

4. 简述消防广播控制顺序的设置要求。

5. 防排烟系统主要是对烟气进行控制，有排烟和防烟两种方式。以下既不属于排烟也不属于防烟的方式为（　　）。

A. 机械送风　　B. 自然排烟

C. 机械加压送风防烟　　D. 密封防烟

6. 以下针对防排烟联动控制的要求，论述错误的是（　　）。

A. 消防控制室应能对排烟风机和正压送风机进行应急控制，即有手动启动应急按钮

B. 排烟阀动作后应启动相关的排烟风机和正压送风机，并启动相关范围内的空调风机及其他送、排风机

C. 同一排烟区内的多个排烟阀，若需同时动作，则可采用接力控制方式开启，并由最后动作的排烟阀发送动作信号

D. 设于空调通风管道上的防排烟阀，宜采用定温保护装置直接动作将阀门关闭。只有必须要求在消防控制室远方关闭时，才采取远方控制

7. 常用的防火分隔设施有多种，以下不属于防火分隔设施的是（　　）。

A. 防火墙　　B. 防火楼板

C. 排烟阀　　D. 挡烟垂壁

8. 下列针对消防广播系统的说法中，不正确的是（　　）。

A. 当建筑物的某层发生火灾时，为了利于确诊火情，组织人员有序疏散和灭火，推荐只对火灾层和相邻的上下各一层进行广播

B. 扬声器的设置应能保证从本层任何部位到最近一个扬声器的步行距离不超过15 m

C. 为了更好地进行分散控制，扬声器可设置开关

D. 建筑内背景音乐与火灾事故广播可以合用

9. 以下针对消防广播扬声器的设置要求，错误的是（　　）。

A. 在民用建筑里，扬声器应设置在走道和大厅等公共场所，其间距应保证从一个防火分区的任何部位到最近一个扬声器的步行距离不大于25 m，走道末端扬声器距墙不大于12.5 m

B. 客房设置专用扬声器时，其功率不宜小于3.0 W

C. 火灾时，应能在消防控制室将火灾疏散层的扬声器和公共广播扩音机强制转入火灾应急广播系统

D. 设置火灾应急广播备用扩音机，其容量不应小于火灾时需同时广播的范围内火灾应急广播扬声器最大容量总和的1.5倍

10. 下列关于建筑防烟系统联动控制要求的做法中，错误的是（　　）。

A. 常闭加压送风口开启由其所在防火分区内两只独立火灾探测器的报警信号作为联动处罚信号

B. 加压送风机启动可由所在的防火分区内的一只火灾探测器与一只手动火灾报警按钮的报警信号作为联动触发信号

C. 楼梯间的前室或合用前室的加压送风系统中任意常闭加压送风口开启时，联动启动该楼梯间各楼层的前室及合用前室的常闭加压送风口

D. 对于防火分区跨越多个楼层的建筑，楼梯间的请示会合用前室内任意常闭加压送风口开启时，联动启动该防火分区内全部楼层的楼梯间前室及合用前室内的常闭加压送风

11. 简述消防电梯的基本要求。

12. 走道上的疏散指示标志间距不应大于（　　）m。

A. 20　　B. 30　　C. 40　　D. 50

13. 以下高层建筑中不应设消防电梯的有（　　）。

A. 一类公共建筑

B. 塔式住宅

C. 不小于12层的单元式、通廊式住宅

D. 高度大于32 m的高层工业厂房

项目5　火灾自动报警系统设计

5.1　设计依据

5.1.1　工程条件

在进行火灾自动报警系统设计前，需要各专业提供如下工程条件：

① 建筑专业需要提供建筑物类型、层数、各层层高、大楼总高度、各层建筑平面图（应明确各房间功能、防火分区）、建筑面积等。

② 结构专业需要提供结构形式、基础类型、梁柱位置、梁柱尺寸等。

③ 给水排水专业需要提供消防灭火类型、消防给水方式；消防水泵房及水泵布置、高位水箱及稳压泵布置；消火栓、压力开关（或压力传感器）及流量开关的布置；自动喷水灭火系统中报警阀、水流指示器、压力开关（或压力传感器）及流量开关的布置；气体灭火系统的类型及布置等。

④ 通风与空调专业需要提供空调类型；通风方式；通风与空调管道布置；防烟排烟方式及防烟排烟风机布置；防火阀、送风口、排风口、排烟口布置。

⑤ 建筑电气专业需要提供变电站位置；各层动力及照明配电箱的布置；消防应急照明方式及应急照明电源布置与控制。

5.1.2　现行规范、标准、图集

国家现行规范、标准、图集包括：《建筑设计防火规范》（GB 50016—2014）、《火灾自动报警系统设计规范》（GB 50116—2013）、《民用建筑电气设计标准》（GB 51348—2019）、《消防联动控制系统》（GB 168066—2006），以及相关单项工程规范、标准及工程图集。

5.2　火灾自动报警系统设计

下面以某高层综合楼为例，介绍火灾报警系统的设计工作过程。

案例：某高层写字楼由建筑专业人士提供土建图。该大楼地面上 22 层，地下 1 层，地下室层高 4.8 m，1 层层高 4.5 m，2～22 层层高均为 3.8 m；1 层有一个会议厅，其他层均为办公用房；建筑总高度为 86.2 m，总建筑面积为 36 234 m^2，其中地下室建筑面积为 1 837 m^2。地下室主要为设备用房，包括变配电房、空调机房、水泵房、燃气锅炉房等。

5.2.1 确定是否需要设计火灾自动报警系统

确定建筑项目是否需要设置火灾自动报警系统的依据是相关专业提供的条件图和《建筑设计防火规范》（GB 50016—2014）中的相关内容。本建筑属于一类高层公共建筑，依据《建筑设计防火规范》（GB 50016—2014）第 5.1.1 条和第 8.4 条规定，一类高层公共建筑应设置火灾自动报警系统。

5.2.2 确定系统形式及总体设计要求

1. 确定系统形式

依据《火灾自动报警系统设计规范》（GB 50116—2013）第 3.2.1 条规定，该大楼不仅需要报警，同时还需要联动自动消防设备，按其规模只需设置一台具有集中控制功能的火灾报警控制器和消防联动控制器，应采用集中报警系统形式。

2. 系统设计总体要求

依据《火灾自动报警系统设计规范》（GB 50116—2013）第 3.2.3 条规定，集中火灾报警系统形式，其设计应符合如下规定：

① 系统应由火灾探测器、手动火灾报警按钮、火灾声光警报器、消防应急广播、消防专用电话、消防控制室图形显示装置、火灾报警控制器、消防联动控制器等组成。

② 系统中的火灾报警控制器、消防联动控制器和消防控制室图形显示装置、消防应急广播的控制装置、消防专用电话总机等起集中控制作用的消防设备，应设置在消防控制室内。

③ 系统设置的消防控制室图形显示装置应具有传输本规范中附录 A 和附录 B 规定的有关信息的功能（详见规范）。

系统设计时在设备的选择及容量的确定方面应满足如下要求：

① 火灾自动报警系统应设有自动和手动两种触发装置。

② 火灾自动报警系统设备应选择符合国家有关标准和有关市场准入制度的产品。系统中各类设备之间的接口和通信协议的兼容性应符合现行国家标准《火灾自动报警系统组件兼容性要求》（GB 22134—2014）的有关规定。

③ 任意一台火灾报警控制器所连接的火灾探测器、手动火灾报警按钮和模块等设备总数和地址总数，均不应超过 3 200 点，其中每一条总线回路连接设备的总数不宜超过 200 点，且应留有不少于额定容量 10%的余量；任意一台消防联动控制器地址总数或火灾报警控制器（联动型）所控制的各类模块总数不应超过 1 600 点，每一条联动总线回路连接设备的总数不宜超过 100 点，且应留有不少于额定容量 10%的余量。

④ 系统总线上应设置总线短路隔离器，每条总线短路隔离器保护的火灾探测器、手动火灾报警按钮和模块等消防设备的总数不应超过 32 点；总线穿越防火分区时，应在穿越处设置总线短路隔离器。

根据以上要求，对本工程的设计初步进行设备选型。所选的产品应符合国家相关规定，容量满足工程需要。

5.2.3 系统设施与报警系统设计

1. 消防控制室设置

依据《民用建筑电气设计标准》（GB 51348—2019）第 13.3 条及《火灾自动报警系统设计规范》（GB 50116—2013）第 3.4 条规定确定消防控制室的设置及要求。

（1）消防控制室类型的确定

依据规范，本大楼应设置一间消防控制室。

（2）消防控制室位置的选择

本大楼消防控制室设于大楼一层，有直接对外的出口。

（3）消防控制室的面积的确定

本大楼消防控制室的面积应满足《火灾自动报警系统设计规范》第 3.4.8 条设备布置的相关要求。

2. 火灾探测器与手动报警按钮设置

（1）报警区域和探测区域的划分

所谓报警区域，就是将火灾自动报警系统的警戒范围按防火分区或楼层等划分的单元。报警区域的划分依据《火灾自动报警系统设计规范》（GB 50116—2013）第 3.3.1 条确定。本工程是按楼层划分的防火分区，每一层为一个防火分区，因此可将每一个楼层划分为一个报警区域，也可将发生火灾时需要同时联动消防设备的相邻几个楼层划分为一个报警区域。一般来说，一个报警区域可确定为一条报警总线回路，但每一条总线回路连接设备的总数不宜超过 200 点，因此还应根据所选报警产品的具体情况，并且应留有不少于额定容量 10%的余量。

所谓探测区域，就是将报警区域按探测火灾的部位划分的单元。探测区域的划分依据《火灾自动报警系统设计规范》（GB 50116—2013）第 3.3.2 及 3.3.3 条规定，应符合下列规定：

探测区域应按独立房（套）划分。一个探测区域的面积不宜超过 500 m^2，从主要入口能看清其内部，且面积不超过 1 000 的房间，也可划分为一个探测区域。

敞开或封闭楼梯间、防烟楼梯间、防烟楼梯间前室、消防电梯前室、消防电梯与防烟楼梯间合用的前室、走道、坡道、电气管道井、通信管道井、电缆隧道、建筑物闷顶、夹层等应单独划分探测区域。一般来说，一个探测区域可以是同一个报警地址编码。

（2）火灾探测器与手动火灾报警按钮的设置

依据《火灾自动报警系统设计规范》（GB 50116—2013）第 6.2 条及附录 D 的规定，下列场所应设置火灾探测器：办公室、会议室、档案室；消防电梯、防烟楼梯的前室及合用前室、走道、门厅、楼梯间；可燃物品库房、空调机房、配电室（间）、变压器室、自备发电机房、电梯机房；敷设具有可延燃绝缘层和外护层电缆的电缆竖井、电缆夹层、电缆隧道、电缆配线桥架；贵重设备间和火灾危险性较大的房间；经常有人停留或可燃物较多的地下室。

在设置火灾探测器的同时，还应设置手动火灾报警按钮。手动火灾报警按钮的设置应符合《火灾自动报警系统设计规范》（GB 50116—2013）第 6.3 条规定，即每个防火分区应至少设置一只手动火灾报警按钮，并且满足一个防火分区内的任何位置到最邻近的手动火灾报警按钮的步行距离不大于 30 m，手动火灾报警按钮宜设置在疏散通道或出入口处。

（3）火灾探测器类型的选择

应根据建筑物房间的功能、高度、环境、火灾燃烧特点等选择火灾探测器的类型，再参照《火灾自动报警系统设计规范》（GB 50116—2013）中第 5 章的相关规定确定。

（4）火灾探测器的布置及要求

火灾探测器的布置应根据建筑物房间的形状、面积尺寸、火灾探测器的种类及灵敏度、火灾探测器的保护面积及保护半径、突出顶棚的梁高等因素，具体参照《火灾自动报警系统设计规范》（GB 50116—2013）中第 6 章的相关规定确定。

探测区域的每个房间应至少设置一只火灾探测器。探测器的保护面积和保护半径，应按《火灾自动报警系统设计规范》（GB 50116—2013）中表 6.2.2 确定。

感烟火灾探测器、感温火灾探测器的安装间距，应根据探测器的保护面积和保护半径确定，并不应超过《火灾自动报警系统设计规范》（GB 50116—2013）中附录 E 探测器安装间距的极限曲线规定的范围。在有梁的顶棚上设置点型感烟或感温火灾探测器时，应符合《火灾自动报警系统设计规范》（GB 50116—2013）第 6.2.3 条的规定。同时按规范中附录 F 和附录 G 确定梁对探测器保护面积的影响，以及一只探测器能够保护的梁间区域的数量。在宽度小于 3 m 的内走道顶棚上设置点型火灾探测器时，宜居中布置。感温火灾探测器的安装间距不应超过 10 m；感烟火灾探测器的安装间距不应超过 15 m；探测器至端墙的距离不应大于探测器安装间距的 1/2。

点型探测器至墙壁、梁边的水平距离不应小于 0.5 m。点型探测器周围 0.5 m 内不应有遮挡物。

房间被书架、设备或隔断等分隔，其顶部至顶棚或梁的距离小于房间净高的 5%时，每个被隔开的部分应至少安装一只点型探测器。

点型探测器至空调送风口边的水平距离不应小于 1.5 m，并宜接近回风口安装。探测器至多孔送风顶棚孔口的水平距离不应小于 0.5 m。

点型探测器宜水平安装，当倾斜安装时，倾斜角不应大于 45°。

在电梯井、升降机井设置点型探测器时，其位置宜在井道上方的机房顶棚上。

3. 其他设备设计

（1）区域显示器的设置

依据《火灾自动报警系统设计规范》（GB 50116—2013）规定，本大楼在每层的消防电梯前室设置一个区域显示器。

（2）火灾警报器的设置

火灾警报器的设置依据《火灾自动报警系统设计规范》（GB 50116—2013）第6.5条规定。

本大楼在每个楼层的楼梯口、消防电梯前室、建筑内部拐角等处的明显部位等相应的位置设置了火灾声光警报装置。

（3）消防应急广播的设置

依据《火灾自动报警系统设计规范》（GB 50116—2013）第6.6条规定，应设置消防应急广播。

本大楼为集中报警系统，因此设计了一套消防广播系统，并按要求布置扬声器。

（4）消防专用电话的设置

依据《火灾自动报警系统设计规范》（GB 50116—2013）第6.7条规定，应设置消防专用电话。

本大楼为集中报警系统，因此设计了一套消防专用电话网络系统。在消防控制室设置消防专用电话总机；在相应的设备房设置了消防专用电话分机；在手动火灾报警按钮处采用带有电话插孔的手动火灾报警按钮。消防控制室设置了可直接报警的外线电话，消防专用电话分机为多线制，每个电话分机与总机为单独线路连接，电话插孔为一条总线总机置。

（5）消防控制室图形显示装置的设置

依据《火灾自动报警系统设计规范》（GB 50116—2013）第6.9条规定，本大楼在消防控制室内设置了一套图形显示装置。

5.3　消防联动控制设计

根据建筑专业、供配电与照明、建筑给水排水、通风与空调等专业提供的相关条件，确定灭火与减灾系统的联动控制方式，选择联动控制设备，绘制完整的火灾自动报警与消防联动控制平面图、系统图。

消防联动控制设计具体参见《火灾自动报警系统设计规范》（GB 50116—2013）第4章相关规定。

1. 消防联动控制设计的一般规定

① 消防联动控制器应能按设定的控制逻辑向各相关的受控设备发出联动控制信号，并接受相关设备的联动反馈信号。

② 消防联动控制器的电压控制输出应采用直流24 V，其电源容量应满足受控消防设备，同时启动且维持工作的控制容量要求。

③ 各受控设备接口的特性参数应与消防联动控制器发出的联动控制信号相匹配。

④ 消防水泵、防烟和排烟风机的控制设备，除应采用联动控制方式外，还应在消防控制室设置手动直接控制装置。

⑤ 启动电流较大的消防设备宜分时启动。

⑥ 需要火灾自动报警系统联动控制的消防设备，其联动触发信号应采用两个独

立的报警触发装置报警信号的“与”逻辑组合。

2. 自动喷水灭火系统的联动控制设计

依据《火灾自动报警系统设计规范》(GB 50116—2013)第4.2条规定，自动喷水灭火系统按类型有湿式系统、干式系统、预作用系统、雨淋系统、水幕系统等，按控制方式有联动控制和手动控制。

本工程中只设计有湿式自动喷淋灭火系统，采用联动控制和手动控制两种方式。联动控制通过水流指示器、湿式报警阀压力开关的动作信号作为触发信号直接控制启动喷淋消防泵。手动控制是通过在消防控制室内的消防联动控制器的手动控制盘上的控制按钮，直接手动控制喷淋消防泵的启动、停止。

3. 消火栓系统的控制设计

依据《火灾自动报警系统设计规范》(GB 50116—2013)第4.2条规定，消火栓系统的控制方式有联动控制和手动控制。

本工程设计的消火栓灭火系统，消火栓泵的联动控制由消火栓系统出水干管上设置的低压压力开关、高位消防水箱出水管上设置的流量开关或报警阀压力开关等信号作为触发信号，直接控制启动消火栓泵。消火栓按钮的动作信号只作为报警信号及启动消火栓泵的联动触发信号，由消防联动控制器联动控制消火栓泵的启动。手动控制方式，是将消火栓泵控制箱（柜）的启动、停止按钮用专用线路直接连接至消防控制室内的消防联动控制器的手动控制盘，直接手动控制消火栓泵的启动、停止。

消火栓泵的动作信号应反馈至消防联动控制器。

4. 气体灭火系统、泡沫灭火系统的控制设计

气体灭火系统、泡沫灭火系统应分别由专用的气体灭火控制器、泡沫灭火控制器控制。

气体灭火控制器、泡沫灭火控制器与火灾探测器按连接方式不同可分为直接连接火灾探测器和不直接连接火灾探测器两种情况；按控制方式不同又可分为自动控制和手动控制。控制要求详见《火灾自动报警系统设计规范》(GB 50116—2013)第4.4条规定。

本工程在变配电房设置了气体灭火系统，采用气体灭火控制器直接连接火灾探测器的控制方式，同时具有自动控制和手动控制功能。

5. 防烟排烟系统的控制设计

防烟系统为正压送风系统，排烟系统为排风系统，二者的控制有相同之处，也有不同之处。防烟排烟系统的控制方式也包括联动控制和手动控制。其控制要求详见《火灾自动报警系统设计规范》(GB 50116—2013)第4.5条规定。

本工程地下有4台正压送风机、5台排烟风机；屋顶有2台正压送风机、2台排烟风机，风机均具有联动控制和手动控制。

6. 防火门及防火卷帘系统的控制设计

（1）防火门的控制

《火灾自动报警系统设计规范》(GB 50116—2013)第4.6.1条规定防火门的控制主要是对于防火分区中采用的常开防火门在火灾时应能联动控制关闭。本工程未设置常开防火门，所以没有该方面的设计。

（2）防火卷帘的控制

防火卷帘的升降应由防火卷帘控制器控制。防火卷帘的控制方式有联动控制和手动控制，对于防火卷帘设置的场所不同，其升降控制程序也有所不同。详见《火灾自动报警系统设计规范》（GB 50116—2013）第 4.6.2—4.6.5 条。

本工程只在二层走廊靠大厅一侧设置了作为防火分隔的防火卷帘，其控制方式为非疏散通道上设置的防火卷帘的控制，同时设计有联动控制和手动控制。其控制方式详见规范第 6.4.4 条和第 6.4.5 条。

7. 电梯的控制设计

电梯按功能分为消防电梯和普通电梯，二者的控制要求详见《火灾自动报警系统设计规范》（GB 50116—2013）第 4.7 条。

本工程有 1 台消防电梯、2 台普通客梯。由消防联动控制器采用总线控制，应具有发出联动控制信号后强制所有电梯停于首层的功能。普通电梯停于首层后断电停止运行，消防电梯停于首层后不断电，可通过消防电梯内专用按钮继续运行，但只限消防人员使用。电梯运行状态信息和停于首层或转换层的反馈信号，应传送给消防控制室显示（具体见火灾自动报警系统图、平面图）。

8. 火灾警报和消防应急广播系统的联动控制设计

（1）火灾自动警报器

火灾自动警报器是指设置在大楼中的火灾声光警报装置。其设置及联动控制详见《火灾自动报警系统设计规范》（GB 50116—2013）第 6.5 条和第 4.8 条。

本大楼在每个楼层的楼梯口、消防电梯前室、建筑内部走廊及其他适当的地方设置了火灾声光警报装置，由火灾报警控制器采用总线集中控制。

（2）消防应急广播

消防应急广播系统的设置及联动控制详见《火灾自动报警系统设计规范》（GB 50116—2013）第 3.2.3 条、第 6.6 条和第 4.8 条。

本大楼在每个楼层的楼梯口、消防电梯前室、建筑内部走廊及适当的地方设置了消防应急广播扬声器，在消防控制中心设置了消防广播柜，消防应急广播系统由火灾报警控制器采用总线集中控制，当确认火灾后，应同时向全楼进行广播（具体见火灾自动报警系统图、平面图）。

9. 消防应急照明和疏散指示系统的联动控制

消防应急照明和疏散指示系统的设置及联动控制设计详见《火灾自动报警系统设计规范》（GB 50116—2013）第 4.9 条和《民用建筑电气设计标准》（GB 51348—2019）第 13.4 条、第 13.6 条规定。

火灾应急照明包括备用照明和疏散照明。备用照明是为消防作业及救援人员继续工作设置的照明。疏散照明是为提供人员疏散的路线指示和安全出口指示标志，以及疏散通道所需的照明。

本大楼在消防控制室、自备电源室、配电室、消防水泵房、防烟及排烟机房、电话总机房，以及在火灾时仍需要坚持工作的其他房间设置了备用照明。在疏散楼梯间、防烟楼梯间前室、疏散通道、消防电梯间及其前室、合用前室等场所设置了疏散照明，同时按规范要求在相应位置设置了疏散指示标志。

本大楼消防应急照明配电在每个防火分区设置应急照明配电箱，电源采用两路电源供电，双回路在末端应急照明配电箱内自动切换。应急照明灯具还采用内附蓄电池灯具。控制方式为集中控制，由火灾报警控制器的消防联动控制器启动应急照明控制器实现。

10. **相关联动控制设计**

消防联动控制除上述内容外，还包括切断火灾区域及相关区域的非消防电源、自动打开涉及疏散的电动栅杆、打开疏散通道上由门禁系统控制的门和庭院电动大门、打开停车场出入口挡杆等功能（具体见《火灾自动报警系统设计规范》（GB 5016—2013）第 4.10 条）。

本大楼主要设计有联动切断火灾区域及相关区域的非消防电源，包括一般正常照明电源。

5.4 火灾自动报警系统供电及系统接地设计

5.4.1 系统供电设计

火灾自动报警系统供电电源应满足《火灾自动报警系统设计规范》（GB 50116—2013）第 10.1 条的规定。

本工程为一类高层综合楼，火灾自动报警系统负荷等级为一级，采用两路独立的交流电源供电，在消防中心末端配电箱自动切换，同时在消防控制中心设有一套由火灾报警控制器和消防联动控制器自带的不间断供电电源 UPS，其输出功率大于火灾自动报警及联动控制系统全负荷功率的 1.2 倍，其容量保证火灾自动报警及联动控制系统在火灾状态同时工作负荷条件下连续工作 3 h 以上。

5.4.2 系统接地设计

火灾自动报警系统的接地应满足《火灾自动报警系统设计规范》（GB 50116—2013）第 10.2 条规定。

本工程采用建筑物钢筋混凝土基础作为大楼共用自然接地装置，因此综合接地电阻不应大于 1 Ω。消防控制室内的电气和电子设备的金属外壳、机柜、机架和金属管、槽等，均采用等电位连接。由消防控制室等电位接地端子板引至各消防电子设备的专用接地线选用铜芯绝缘导线，其线芯截面面积大于 4 mm^2。消防控制室等电位接地端子板采用线芯截面面积大于 25 mm^2 的铜芯绝缘导线与接地体之间连接。

5.5 火灾自动报警系统布线设计

火灾自动报警系统传输线路导线的电压等级、导体类型、线芯规格、敷设方式、要求等应满足《火灾自动报警系统设计规范》（GB 50116—2013）第 11.1 条、11.2

条规定本工程火灾自动报警系统的供电线路、消防联动控制线路均采用耐火型铜芯电线电缆，报警总线、消防应急广播线和消防专用电话线等传输线路均采用阻燃或阻燃耐火型铜芯电线电缆，电压等级均为450/750 V。线路暗敷设时，均采用金属管、可挠（金属）电气导管，敷设在不燃烧体的结构层内，保护层厚度要求不小于30 mm。线路明敷设时，均采用金属管、可挠（金属）电气导管或金属封闭线槽保护，并做好防火处理。不同电压等级的线缆分开穿保护管敷设，当合用同一线槽或桥架时，线槽或桥架内设金属防火隔板分隔。

5.6 火灾自动报警系统施工图绘制

一般来说，火灾自动报警系统施工图应由设计说明、图例说明及主要设备材料表、火灾自动报警与联动控制系统图、火灾自动报警平面图，以及相应的大样图组成。设计说明中一般包括工程概况（建筑面积、高度、建筑类型等）、设计依据（包括现行设计规范、选用的国家标准图集等）、报警系统形式及要求、报警设备选型联动控制内容及要求、供电电源、线路选型及敷设等。

图例说明及主要设备材料表应对本设计所用图形符号对应的设备、器件加以说明。设备材料表应统计主要的设备名称、型号规格（若不明确型号，应有功能及规格要求）、数量及安装要求。

火灾自动报警系统图是在火灾自动报警工程平面图的基础上采用标准图例符号绘制而成。系统图表示整个火灾自动报警与联动控制系统的组成与连接情况，其内容应包括消防中心的设备类型、型号规格，每个防火分区的探测报警设备、警报设备、联动控制设备的类型、数量及接线方式，连接导线的型号、规格、线数、敷设方式等。

火灾自动报警平面图依据建筑平面图绘制。平面图中应表达消防中心设备布置，探测器、手动报警按钮、消火栓按钮、水流指示器、报警阀、压力开关、流量开关、消防水泵控制柜、防排烟风机控制柜、防火阀、送风口、排风口、防火卷帘（门）控制箱、区域显示器、短路隔离器、声光警报器、消防广播、消防电话（电话插孔）、火灾时需切断的非消防电源箱（柜）、应急照明配电箱等火灾报警及联动控制设备在建筑平面图上的布置，报警与联动控制线路的布置与敷设等。

项目小结

为了便于进行消防工程设计，本项目根据设计的实际过程对消防设计做了详细的阐述。首先，给出了设计的基本原则和内容。然后，介绍了探测器的选用、设计程序和方法，通过设计实例加深对消防设计的感性认识。最后，通过完成综合训练、进行角色扮演，学会设计并掌握全过程。

复习思考题

1. 消防系统设计一般包括哪两个方面的内容?

2. 火灾自动报警系统的供电要求有哪些?

3. 火灾自动报警系统的主电源应采用（　　）。

A. 蓄电池　　B. 动力电源

C. 照明电源　　D. 消防电源

4. 集中火灾报警系统宜用于（　　）保护对象。

A. 一级和二级　　B. 特级

C. 特级和一级　　D. 二级

5. 对消防控制室，下列设计中不合要求的是（　　）。

A. 消防控制室的门应向疏散方向开启，并应在入口处设置明显的标志

B. 消防控制室应设两个出口

C. 消防控制室的送、回风管，在其穿墙处应设防火阀

D. 消防控制室内允许与其无关的电气线路及管道穿过，但要设置防火措施

6. 下列消防联动控制设计的要求中，错误的是（　　）。

A. 应采用总线制联动系统与多线系统相结合的联动控制和系统

B. 在对火灾确认后，可根据水流指示器、压力开关、消火栓按钮的动作情况启动设在地下层设备房内相关的设备

C. 启动正压送风机，启动报警装置，切换消防广播，迫降所有电梯并开启相关范围内的空调风机

D. 对一些重要的设备，可以通过多线联动控制盘手动操作，即一对一直观地控制操作

7. 从一个防火分区内的任何位置到最邻近的一个手动火灾报警按钮的步行距离，不应大于（　　）m。

A. 20　　B. 25　　C. 30　　D. 40

8. 下列设计内容中与消防系统无关的是（　　）。

A. 安防系统　　B. 防排烟及空调系统

C. 电梯系统　　D. 疏散指示系统

9. 在执行法规遇到矛盾时，（　　）是正确的。

A. 国家标准服从行业标准　　B. 按施工便捷性执行

C. 从成本方面考虑　　D. 报请主管部门解决

项目 6　消防系统的安装调试与使用维护

6.1　消防系统线路安装

6.1.1　系统管路安装

（1）各类管路明敷时，应采用单独的卡具吊装或支撑物固定，吊杆直径应小于 6 mm。

（2）各类管路暗敷时，应敷设在不燃结构内，且保护层厚度不应小于 30 mm。

（3）管路经过建筑物的沉降缝、伸缩缝、抗震缝等变形缝处，应采取补偿措施，线缆跨越变形缝的两侧应固定，并应留有适当余量。

（4）敷设在多尘或潮湿场所管路的管口和管路连接处，均应做密封处理。

（5）管路超过下列长度时，应在便于接线处装设接线盒：

① 管子长度每超过 30 m，无弯曲；

② 管子长度每超过 20 m，有 1 个弯曲；

③ 管子长度每超过 10 m，有 2 个弯曲；

④ 管子长度每超过 8 m，有 3 个弯曲。

（6）金属管子入盒，盒外侧应套锁母，内侧应装护口；在吊顶内敷设时，盒的内、外侧均应套锁母。塑料管入盒应采取相应的固定措施。

6.1.2　线槽安装

（1）敷设线槽时，应在下列部位设置吊点或支点，管路的吊杆直径不应小于 6 mm：

① 线槽始端、终端及接头处；

② 距接线盒 0.2 m 处；

③ 线槽转角或分支处；

④ 直线段不大于 3 m 处。

（2）线槽接口应平直、严密，槽盖应齐全、平整、无翘角。并列安装时，槽盖应便于开启。

6.1.3 导线安装

（1）同一工程中的导线，应根据不同用途选用不同颜色加以区分，相同用途的导线颜色应一致。电源线正极应为红色，负极应为蓝色或黑色。

（2）在管内或线槽内的布线，应在建筑抹灰及地面工程结束后进行，管内或线槽内不应有积水及杂物。

（3）系统应单独布线，除设计要求以外，系统内不同回路、不同电压等级和交流与直流的线路，不应布在同一管内或槽盒的同一槽孔内。

（4）导线在管内或线槽内，不应有接头或扭结。导线应在接线盒内采用焊接、压接、接线端子可靠连接。

（5）从接线盒、槽盒等处引到探测器底座、控制设备、扬声器的线路，当采用可弯曲金属电气导管保护时，其长度不应大于 2 m。可弯曲金属电气导管应入盒，盒外侧应套锁母，内侧应装护口。

（6）系统导线敷设结束后，应用 500 V 的兆欧表测量每条回路导线对地的绝缘电阻，且绝缘电阻值不应小于 20 MΩ。

6.2 消防系统设备安装

6.2.1 探测器安装

1. **点型火灾探测器的安装**

常用点型探测器的安装方式如图 6-1 所示，图中使用的预埋盒和探测器通用底座的外形如图 6-2 所示。

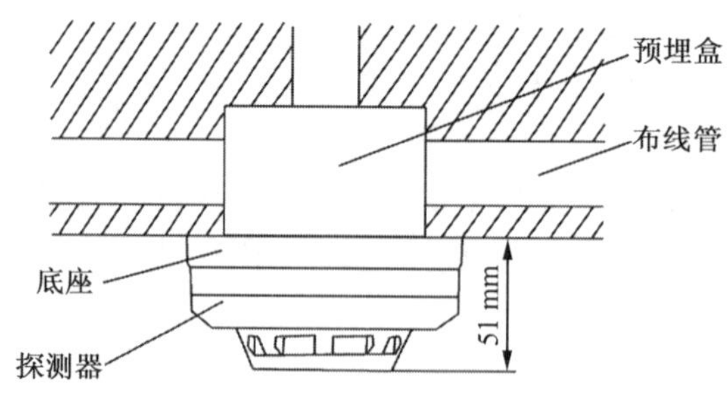

图 6-1　点型探测器的安装方式示意图

由图 6-2b 可知，底座上有 4 个导体片，片上带接线端子，底座上不设定位卡，便于调整探测器报警指示灯的方向。预埋管内的探测器总线分别接在任意对角的两个接线端子上（不分极性），另一对导体片用来辅助固定探测器。待底座安装牢固后，将探测器底部对正底座顺时针旋转，即可将探测器安装在底座上。

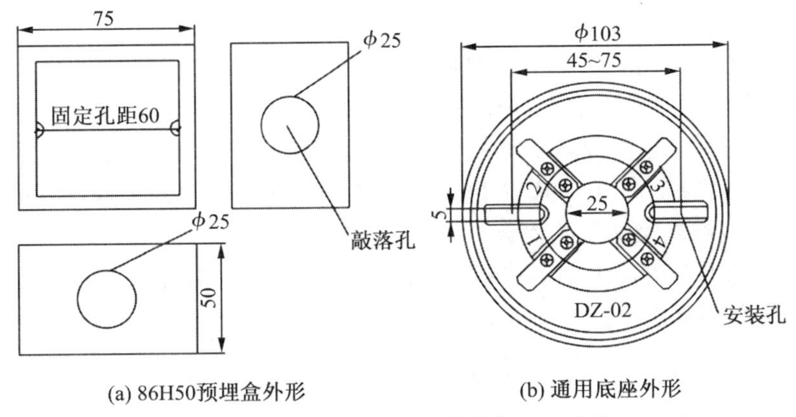

(a) 86H50预埋盒外形　　(b) 通用底座外形

图6-2　预埋盒和通用底座的外形示意图（单位：mm）

点型感烟、感温火灾探测器的安装应符合下列要求：

（1）探测器的底座应固定牢靠，其导线连接必须可靠压接或焊接。当采用焊接时，不得使用带腐蚀性的助焊剂。

（2）探测器的“+”线应为红色，“-”线应为蓝色，其余线应根据不同的用途采用其他颜色区分，但同一工程中相同用途的导线颜色应一致。

（3）探测器至墙壁、梁边的水平距离不应小于0.5 m。

（4）探测器周围水平距离0.5 m内，不应有遮挡物。

（5）探测器至空调送风口最近边的水平距离不应小于1.5 m；至多孔送风顶棚孔口的水平距离不应小于0.5 m。

（6）在宽度小于3 m的内走道顶棚上安装探测器时，宜居中安装。点型感温火灾探测器的安装间距不应超过10 m，点型感烟火灾探测器的安装间距不应超过15 m。探测器至端墙的距离不应大于安装间距的一半。

（7）探测器宜水平安装，当确需倾斜安装时，倾斜角不应大于45°。

2. 线型光束感烟火灾探测器的安装

线型光束感烟火灾探测器的安装方式如图6-3所示。

（1）发射器和接收器（反射式探测器的探测器和反射板）之间的距离不宜超过100 m。

（2）相邻两组探测器光束轴线的水平距离不应大于14 m，探测器光束轴线至侧墙的水平距离不应大于7 m，且不应小于0.5 m。

（3）发射器和接收器（反射式探测器的探测器和反射板）应安装在固定结构上，且应安装牢固，确需安装在钢架等容易发生位移形变的结构上时，结构的位移不应影响探测器的正常运行。

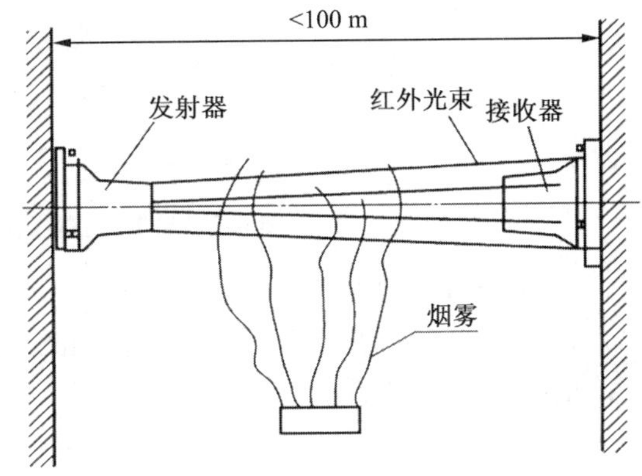

图6-3　红外光束感烟探测器安装示意图

（4）发射器和接收器（反射式探测器的探测器和反射板）之间的光路应

无遮挡物。

（5）应保证接收器（反射式探测器的探测器）避开日光和人工光源直接照射。

（6）探测器的光束轴线至顶棚的垂直距离宜为 0.3～1 m，距地高度不宜超过 20 m。一般情况下，当顶棚高度不大于 5 m 时，探测器的红外光束轴线至顶棚的垂直距离为 0.3 m；当顶棚高度为 10～20 m 时，光束轴线至顶棚的垂直距离可为 1.0 m。

3. 缆式线型感温探测器的安装

缆式线型感温探测器由编码接口、终端和线型感温电缆构成，如图 6-4 所示。其中接口 1 带两路感温电缆，接口 n 带单路感温电缆。

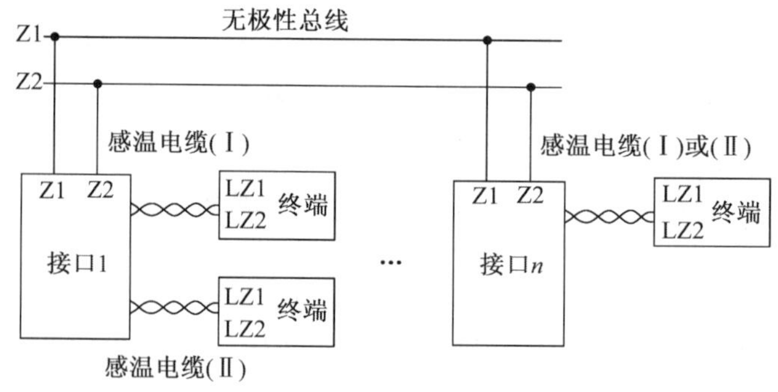

图 6-4 缆式感温探测器构成示意图

（1）接线盒、终端盒可安装在电缆隧道内或室内，并应将其固定于现场附近的墙壁上。安装于户外时，应加外罩雨箱。

（2）热敏电缆安装在电缆托架或支架上。热敏电缆应紧贴电力电缆或控制电缆的外护套，呈正弦波方式敷设，如图 6-5 所示。固定卡具宜选用阻燃塑料卡具。

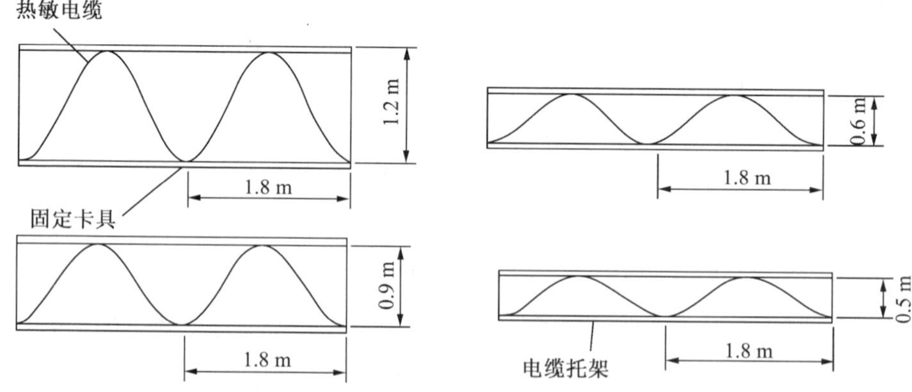

图 6-5 热敏电缆在电缆托架上的敷设方式

（3）热敏电缆安装在顶棚下方。热敏电缆应安装在其线路距顶棚垂直距离 $d=$ 0.5 m 以下（通常为 0.2～0.3 m），如图 6-6 所示。热敏电缆线路之间及其与墙壁之间的距离如图 6-7 所示。

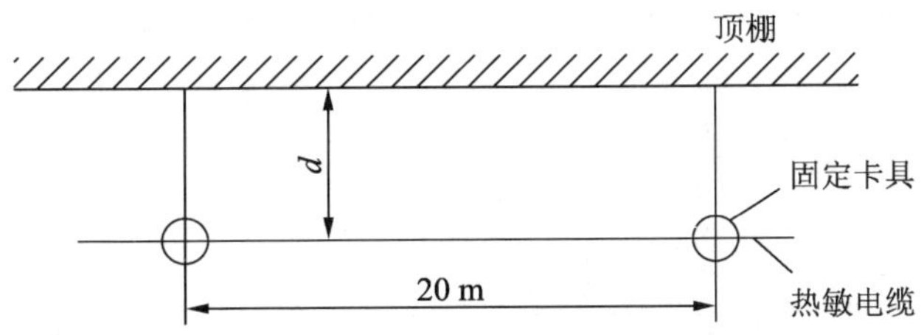

图 6-6　热敏电缆在顶棚下安装

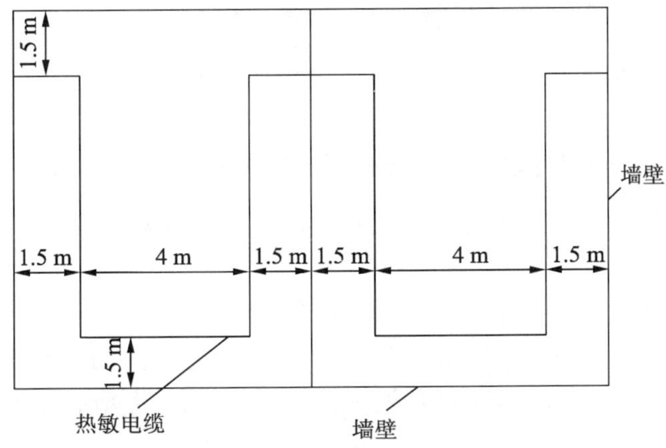

图 6-7　热敏电缆线路之间及其与墙壁之间的距离

（4）热敏电缆安装在其他场所。例如，安装在市政设施、高架仓库、浮顶罐、冷却塔袋室、沉渣室、灰尘收集器等场所时，安装方法可参照安装在室内顶棚下的方式；在靠近和接触安装时可参照电缆托架的安装方式。

4. 线型感温探测器的安装

（1）线型感温探测器适用于垂直或水平电缆桥架、可燃气体、容器管道、电气装置（配电柜、变压器）等的探测防护，如图 6-8 所示。

（2）线型感温探测器的安装不应妨碍例行检查及运动部件的动作。

（3）应根据不同的环境温度来选择不同规格的探测器。

（4）线型感温探测器用于电气装置时应保证安全距离。

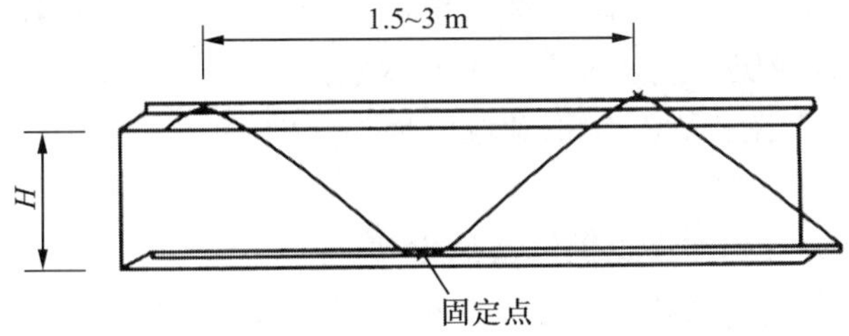

图 6-8　电缆桥架敷设

5. 空气管线型差温探测器的安装

图 6-9 所示为空气管线型差温探测器在顶棚上安装的实例。

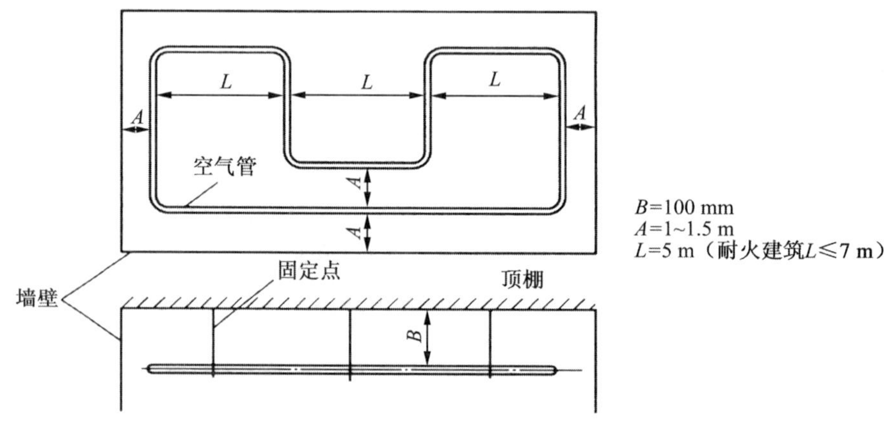

图 6-9　空气管线型差温探测器在顶棚上安装示意图

（1）安装前必须做空气管的流通试验，在确认空气管不堵、不漏的情况下再进行安装。

（2）每个探测器的空气管两端应接到传感元件上。

（3）空气管应安装在距安装面 100 mm 处，难以达到的场所不得大于 300 mm。

（4）每个探测器报警区的设置必须正确，空气管的设置要有利于一定长度的空气管足以感受到温升速率的变化。

（5）空气管必须固定在安装部位，固定点间隔在 1 m 之内。

（6）同一探测器的空气管互相间隔应在 5～7 m 之内，当安装现场较高或热量上升后有阻碍，以及顶部有横梁交叉等时，间隔要适当减小。

（7）在拐弯的部分空气管弯曲半径必须大于 5 mm。

（8）安装空气管时不得使铜管扭弯、挤压、堵塞，以防止空气管功能受损。

（9）在穿通墙壁等部位时，必须有保护管、绝缘套管等保护。

（10）在“人”字架顶棚设置时，应使其顶部空气管间隔小一些，以保证获得良好的感温效果。

（11）安装完毕后，用“U”形水压计和空气注入器组成的检测仪进行通电监视，以确保整个探测器处于正常状态。

（12）在使用过程中，非专业人员不得拆装探测器以免损坏探测器或降低精度。另外，应进行年检以确保系统处于完好的监视状态。

（13）当空气管需在“人”字形顶棚、地沟、电缆隧道、跨梁局部安装时，应按工程经验或厂家出厂说明进行。

6. 管路采样式吸气感烟火灾探测器的安装

（1）高灵敏度吸气式感烟火灾探测器可安装在天棚高度大于 16 m 的场所，并应保证至少有两个采样孔低于 16 m。

（2）非高灵敏度的吸气式感烟火灾探测器不宜安装在天棚高度大于 16 m 的场所。

（3）采样管应牢固安装在过梁、空间支架等建筑结构上。

（4）在大空间场所安装时，每个采样孔的保护面积、保护半径应满足点型感烟火灾探测器的保护面积、保护半径的要求，当采样管道布置形式为垂直采样时，每 2 ℃温差间隔或 3 m 间隔（取最小者）应设置一个采样孔，采样孔小应背对气流方向。

（5）采样孔的直径应根据采样管的长度及敷设方式、采样孔的数量等因素确定，并应满足设计文件和产品使用说明书的要求，采样孔需要现场加工时，应采用专用打孔工具。

（6）当采样管道采用毛细管布置方式时，毛细管长度不宜超过 4 m。

（7）采样管和采样孔应设置明显的火灾探测器标识。

7. 可燃气体探测器的安装

（1）安装位置应根据探测气体密度确定，若其密度小于空气密度，探测器应位于可能出现泄漏点的上方或探测气体的最高可能聚集点上方，若其密度大于或等于空气密度，则探测器应位于可能出现泄漏点的下方。

（2）在探测器周围应适当留出更换和标定的空间。

（3）线型可燃气体探测器在安装时，应使发射器和接收器的窗口避免日光直射，且在发射器与接收器之间不应有遮挡物，发射器和接收器的距离不宜大于 60 m，两组探测器之间的轴线距离不应大于 14 m。

（4）可燃气体探测器应安装在距煤气灶 40 cm 以内，距地面 30 cm，如图 6-10a 所示。在室内梁上安装探测器时，探测器与顶棚之间的距离应在 0.3 m 以内，如图 6-10b 所示。梁高大于 0.6 m 时，气体探测器应安装在有煤气灶的梁的一侧，如图 6-10c 所示。气体探测器应安装在距煤气灶 8 m 以内的屋顶板上，当屋内有排气口时，气体探测器允许装在排气口附近，但是位置应距煤气灶 8 m 以上，如图 6-10d 所示。

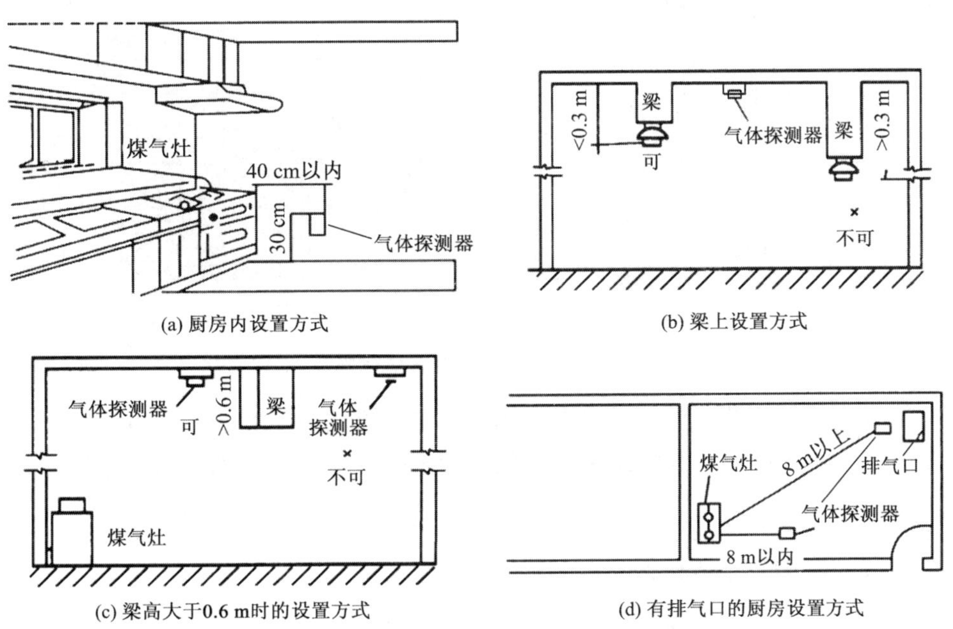

图 6-10　可燃气体探测器的设置方式

8. **点型火焰探测器和图像型火灾探测器的安装**

（1）安装位置应保证其视场角覆盖探测区域，并应避免光源直接照射在探测器的探测窗口，如图 6-11 所示。

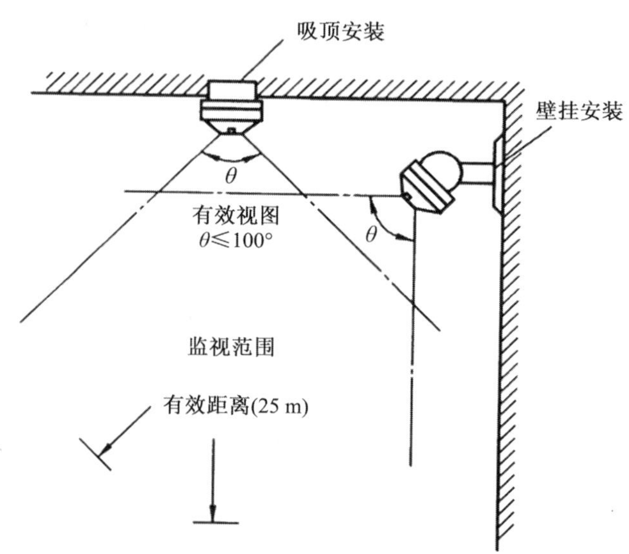

图 6-11 火焰探测器有效视角的安装方式

（2）探测器的探测视角内不应存在遮挡物。

（3）在室外或交通隧道场所安装时，应采取防尘、防水措施。

（4）在具有货物或设备阻挡探测器“视线”的场所，探测器靠接收火灾辐射光线而动作，如图 6-12 所示。

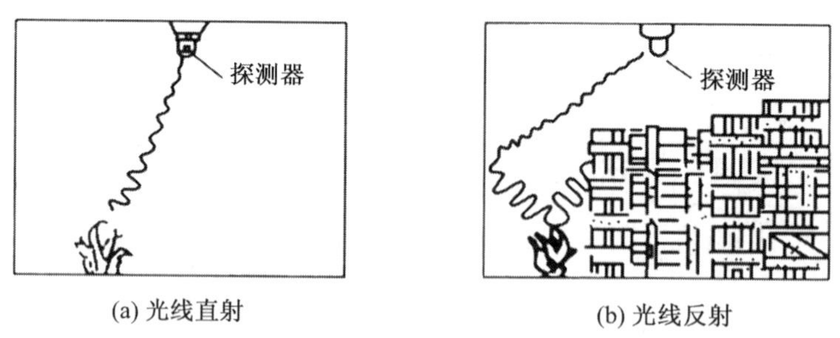

(a) 光线直射　　(b) 光线反射

图 6-12 火焰探测器受光线的作用图

以上列举的探测器的设置方式是实际应用中常见的典型做法，具体的工程现场情况千变万化，不可能一一列举出来，安装者应根据安装规范要求灵活掌探测器的设置方式。

6.2.2 报警附件安装

1. **手动火灾报警按钮的安装**

手动火灾报警按钮底盒背面和底部各有一个敲落孔，可明装也可暗装。明装时可将底盒装在 86H50 预埋盒上，暗装时可将底盒装进埋入墙内的 YM-02C 型手动报警按钮专用预埋盒。

按规范要求，手动报警按钮旁应设计消防电话插孔，考虑到现场实际安装调试的方便性，将手动报警按钮与消防电话插座设计成一体，构成一体化手动报警按钮。按钮采用拔插式结构，可电子编码，安装简单、方便。

（1）从一个防火分区内的任何位置到最近的一个手动火灾报警按钮的距离不应大于 30 m。手动火灾报警按钮宜设置在明显和便于操作的部位，如公共活动场所的出入口处。

（2）当安装在墙上时，其底边距地（楼）面高度宜为 1.3～1.5 m。

（3）手动火灾报警按钮应安装牢固，不应倾斜。

（4）手动火灾报警按钮的外接导线应留有不小于 150 mm 的余量，且在其端部应有明显的标志。

2. 消火栓报警按钮的安装

消火栓报警按钮的外形尺寸及结构与手动报警按钮相同，安装方法也相同。

（1）编码型消火栓报警按钮，可接入控制器总线，占一个编码。

（2）墙上安装，底边距地 1.3～1.5 m，距消火栓箱 200 m。

（3）应安装牢固并不得倾斜。

（4）连接导线应留有不小于 150 mm 的余量，且在其端部应设置明显的永久性标识。

消火栓报警按钮通常安装在消火栓箱外，报警按钮采用电子编码技术，安装方式为拔插式设计，安装调试简单方便，具有 DC 24 V 有源输出和现场设备无源回答输入，采用三线制与设备连接。报警按钮上的有机玻璃片在按下后可用专用工具复位。

3. 总线中继器的安装

总线中继器在室内墙上安装，采用 M4 螺钉固定。

4. 消防专用电话的安装

（1）下列部位应设置消防专用电话分机：

① 消防水泵房、备用发电机房、变配电室、主要通风和空调机房、排烟机房、消防电梯机房及其他与消防联动控制有关的且经常有人值班的机房。

② 灭火控制系统操作装置处或控制室。

③ 企业消防站、消防值班室、总调度室。

（2）消防电话、电话插孔、带电话插孔的手动报警按钮宜安装在明显且便于操作的位置；当在墙面上安装时，其底边距地（楼）面高度宜为 1.3～1.5 m。

（3）消防电话和电话插孔应有明显的永久性消防专用标记。

（4）避难层中，消防专用电话分机或电话插孔的安装间距不应大于 20 m。

（5）电话插孔不应设置在消火栓箱内。

5. 消防应急广播扬声器等的安装

消防应急广播扬声器、火灾警报器、喷洒光警报器、气体灭火系统手动与自动控制状态显示装置的安装方法如下：

（1）扬声器和火灾声警报装置宜在报警区域内均匀安装。扬声器在走道内安装时，距走道末端的距离不应大于 12.5 m。

（2）火灾光警报装置应安装在楼梯口、消防电梯前室、建筑内部拐角等处的明显部位，且不宜与消防应急疏散指示标志灯具安装在同一面墙上，确需安装在同一面墙上时，距离不应小于 1 m。

（3）气体灭火系统手动与自动控制状态显示装置应安装在防护区域内的明显部位。喷洒光警报器应安装在防护区域外，且应安装在出口门的上方。

（4）采用壁挂方式安装时，底边距地面高度应大于 2.2 m。

（5）应安装牢固，表面不应有破损。

6. 消防设备应急电源的安装

（1）消防设备应急电源的电池应安装在通风良好的地方，当安装在密封环境中时应有通风装置，电池安装场所的环境温度不应超出电池标称的工作温度范围。

（2）酸性电池不得安装在带有碱性介质的场所，碱性电池不得安装在带酸性介质的场所。

（3）消防设备应急电源不应安装在靠近带有可燃气体的管道、仓库、操作间等有火灾爆炸危险的场所。

（4）单相供电额定功率大于 30 kW、三相供电额定功率大于 120 kW 的消防设备应安装独立的消防应急电源，以提高应急电源运行的可靠性和供电系统安全的冗余性。

7. 防火门监控模块与电动闭门器、释放器、门磁开关等现场部件的安装

（1）防火门监控模块与电动闭门器、释放器、门磁开关等现场部件之间连接线的长度不应大于 3 m。

（2）防火门监控模块、电动闭门器、释放器、门磁开关等现场部件应安装牢固。

（3）门磁开关的安装不应破坏门扇与门框之间的密闭性。

8. 消防电气控制装置的安装

（1）消防电气控制装置在安装前应进行功能检查，检查结果不合格的装置不应安装。

（2）消防电气控制装置外接导线的端部应设置明显的永久性标识。

（3）消防电气控制装置应安装牢固，不应倾斜，安装在轻质墙体上时应采取加固措施。

6.2.3 消防联动控制模块接口安装

1. 模块或模块箱的安装

（1）同一报警区域内的模块宜集中安装在金属箱内，不应安装在配电柜、箱或控制柜、箱内。

（2）应独立安装在不燃材料或墙体上，安装牢固，并应采取防潮、防腐蚀等措施。

（3）模块连接导线应留有不小于 150 mm 的余量，其端部应有明显的永久性标识。

（4）模块的终端部件应靠近连接部件安装。

（5）隐蔽安装时在安装处附近应设置检修孔和尺寸不小于 100 mm×100 mm 的永

久性标识。

2. **消防联动控制设备接口的安装**

消防联动控制设备均与各种接口或模块相接，不同厂家的产品、不同的消防设备与接口的接线各有差异，安装时应综合考虑产品样本和控制功能。

（1）灭火控制典型接口的安装

图 6-13 所示为灭火控制典型接口的原理示意图。

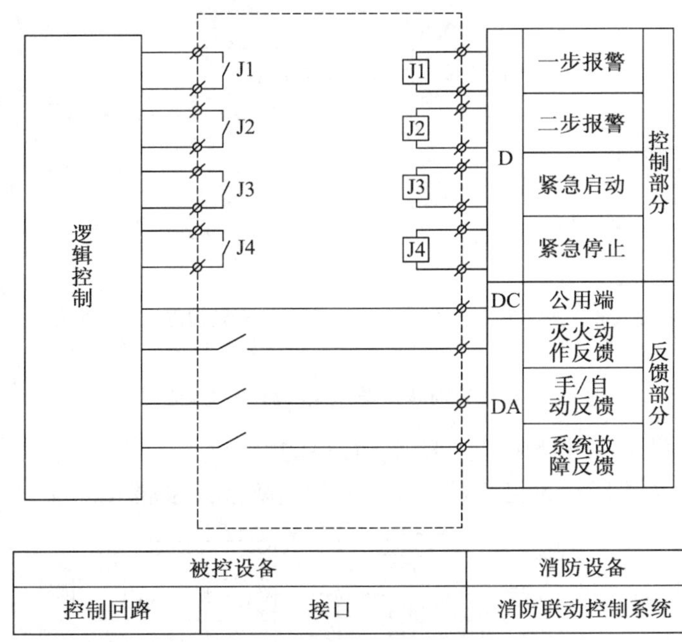

图 6-13　灭火控制典型接口原理示意图

① 适用于火灾确认启动灭火控制盘（一般安装在现场），例如气体灭火系统、雨淋灭火系统、水雾系统等。

② 紧急停止信号一般用于火灾确认后需延时启动的灭火系统。

③ 当灭火系统设置灭火剂（气体、水等）的压力或质量等自动监测时，其故障信号应并入系统故障信号。

（2）切断非消防用电典型接口的安装

图 6-14 所示为切断非消防用电典型接口的原理示意图。

① 适用于火灾确认后动作，以切断火灾区域非消防设备的电源。

② 施工中应特别注意低压直流与高压交流线路的绝缘、颜色区分等。

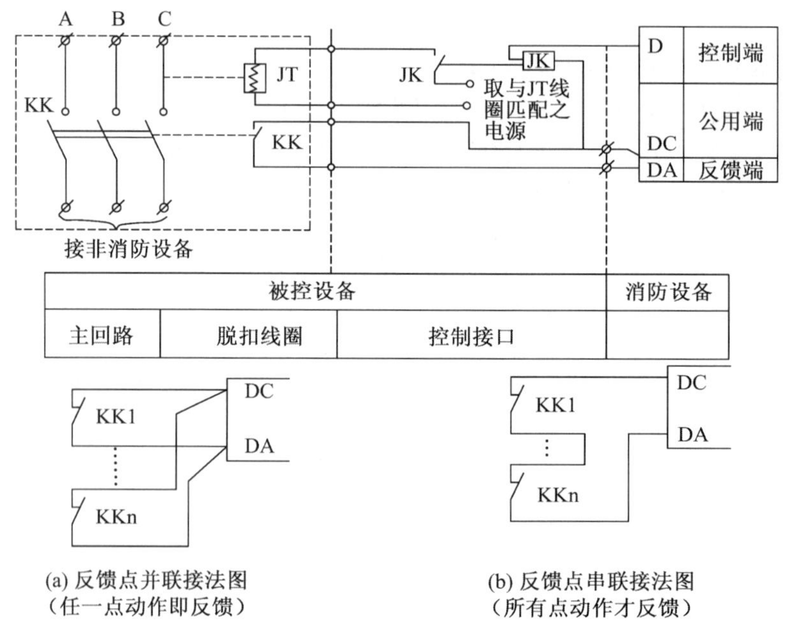

图 6-14　切断非消防用电典型接口原理图

（3）正压送风机、排烟风机典型消防接口的安装

图 6-15 所示为正压送风机、排烟风机典型消防接口原理示意图。

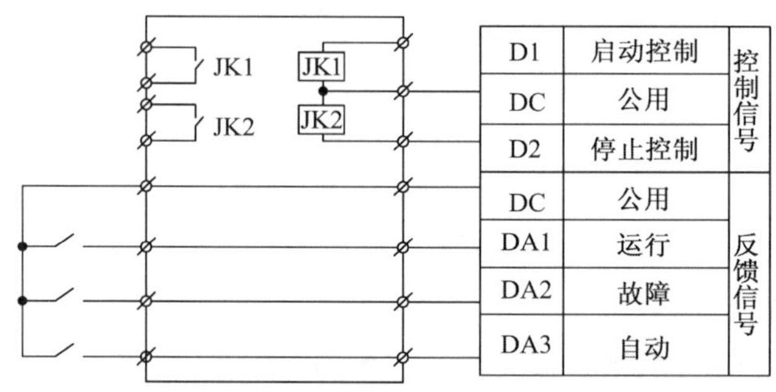

被控设备		消防设备
控制回路	控制接口	消防联动控制系统

图 6-15　正压送风机、排烟风机典型消防接口原理示意图

① 适用于火灾报警后，启动相关区域的防排烟风机。

② 本例中风机属于防排烟系统中的核心设备，宜设置停止功能。

③ 反馈信号中自动状态代表风机处于随时可启动状态。

④ 空调风机的控制接口仅保留停止控制和运行反馈（或停止信号）。

（4）电梯迫降典型消防接口的安装

图 6-16 所示为电梯迫降典型消防接口的原理示意图。

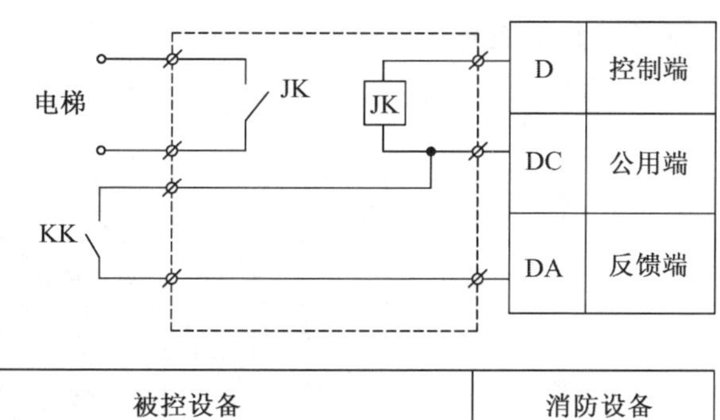

被控设备		消防设备
主回路	控制接口	消防联动控制系统

图 6-16　电梯迫降典型消防接口原理示意图

① 适用于火灾确认后，将所有相关区域的电梯降至首层，开门停机，扶梯停止运行。

② 当有多部电梯同时控制时，其控制端可并接或在控制接口中使用扩展继电器接点；反馈信号宜单独引至消防联动控制系统。

③ 反馈信号可以是到首层的位置信号或数码信号。

（5）防火卷帘门典型消防接口的安装

图 6-17 所示为防火卷帘门典型消防接口的原理图。

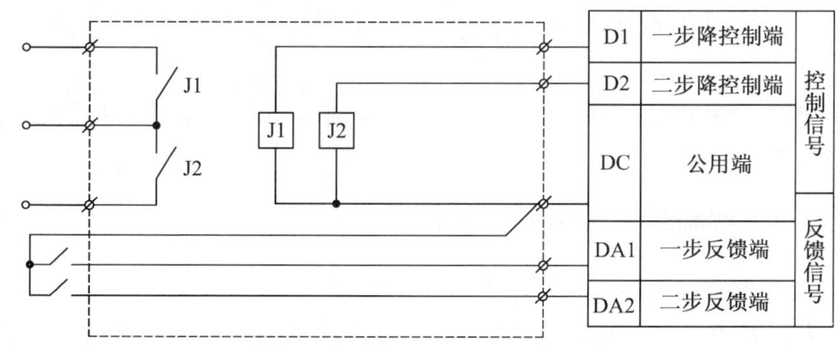

被控设备		消防设备
控制回路	控制接口	消防联动控制系统

图 6-17　防火卷帘门典型消防接口原理图

① 适用于火灾确认后，迫降相关区域内的防火卷帘门，实现防火阻隔的目的。

② 当用于一步降防火卷帘门或延时二步降的防火卷帘门时，不使用二步降控制及二步反馈信号。

③ 控制卷帘门下降的信号可同时控制防护卷帘门水幕等的控制阀，仅需考虑驱动电流。

（6）工频互投泵组典型消防接口的安装

图 6-18 所示为工频互投泵组典型消防接口的原理图。

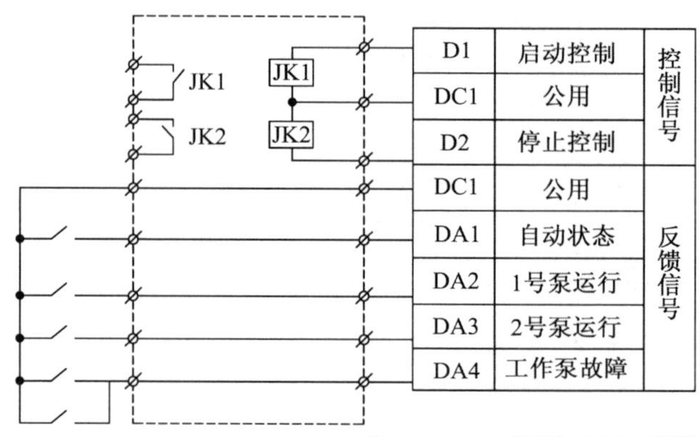

被控设备		消防设备
控制回路	控制接口	消防联动控制系统

图 6-18　工频互投泵组典型消防接口原理图

① 适用于火灾确认后，需要消防用水而自动或手动启动消火栓加压泵或喷淋加压泵组（一用一备形式）。

② 在水泵动力控制柜中应能实现工作泵启动故障时，备用泵能自动投入。

③ 自动状态代表泵组处于可随时启动状态，当电源断电或处于检修状态时应灭灯。

④ 消火栓启泵按钮若单独采用 220 V 交流接口与水泵动力控制柜连接时，其控制线路应单独敷设。

6.2.4　控制与显示类设备安装

1. 火灾报警器等控制与显示类设备的安装

火灾报警控制器、消防联动控制器、火灾显示盘、控制中心监控设备、家用火灾报警控制器、消防电话总机、可燃气体报警控制器、电气火灾监控设备、防火门监控器，消防设备电源监控器、消防控制室图形显示装置、传输设备、消防应急广播控制装置等控制与显示类设备的安装应注意以下几点：

（1）安装牢固，不得倾斜。

（2）安装在轻质墙上时，采取加固措施。

（3）在墙上安装时，其底边距地（楼）面高度宜为 1.3～1.5 m，其靠近门轴的侧面距墙不应小于 0.5 m，正面操作距离不应小于 1.2 m；落地安装时，其底边宜高出地（楼）面 0.1～0.2 m。

2. 控制与显示类设备引入控制器的电缆或导线的布置

（1）配线应整齐，不宜交叉，并应固定牢靠。

（2）线缆芯线的端部均应标明编号，并应与设计文件一致，字迹应清晰且不易褪色。

（3）端子板的每个接线端接线不应超过 2 根。

（4）线缆应留有不小于 200 mm 的余量。

（5）导线应绑扎成束。

（6）线缆穿管、槽盒后，应将管口、槽口封堵。

3. 控制与显示类设备的布置

控制与显示类设备应与消防电源、备用电源直接连接，不应使用电源插头。主电源应设置明显的永久性标识。

4. 控制与显示类设备的蓄电池的布置

控制与显示类设备的蓄电池需进行现场安装时，应核对蓄电池的规格、型号、容量，并应符合设计文件的规定。蓄电池的安装应满足产品使用说明书的要求。

5. 控制与显示类设备的接地布置

控制与显示类设备的接地应牢固，并应设置明显的永久性标识。

6. 消防报警控制室的设备布置

消防报警控制室的设备布置如图 6-19 所示。

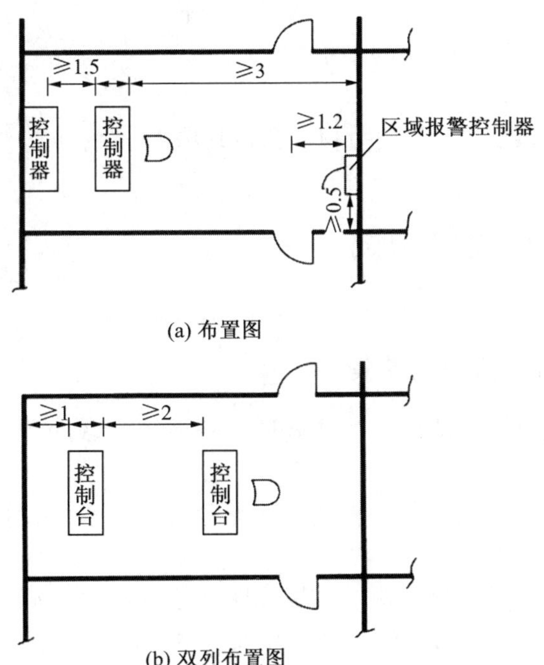

图 6-19 消防报警控制室设备布置示意图（单位：m）

消防报警控制室的设备布置应符合下列要求：

（1）壁挂式设备靠近门轴的侧面距离不应小于 0. 5 m。

（2）控制台的排列长度大于 4 m 时，控制盘两端应设置宽度不小于 1 m 的通道。

6. 2. 5 应急照明控制器、集中电源、应急照明配电箱的安装要求

1. 应急照明控制器、集中电源、应急照明配电箱的安装

（1）安装牢固，不得倾斜。

（2）在轻质墙上采用壁挂方式安装时，采取加固措施。

（3）落地安装时，其底边宜高出地（楼）面 100～200 mm。

（4）设备在电气竖井内安装时，应采用下出口进线方式。

（5）设备接地应牢固，并设置明显标识。

2. 应急照明控制器或集中电源的蓄电池(组)的安装

需进行现场安装时，应核对蓄电池（组）的规格、型号、容量，并应符合设计文件的规定，蓄电池（组）的安装应符合产品使用说明书的要求。集中电源的前部和后部应适当留出更换蓄电池（组）的作业空间。

3. 应急照明控制器主电源的安装

应急照明控制器主电源应设置明显的永久性标识，并应直接与消防电源连接，严禁使用电源插头；应急照明控制器与其外接备用电源之间应直接连接。

4. 应急照明控制器、集中电源和应急照明配电箱的接线

（1）引入设备的电缆或导线，配线应整齐，不宜交叉，并应固定牢靠。

（2）线缆芯线的端部均应标明编号，并与图纸一致，字迹应清晰且不易褪色。

（3）端子板的每个接线端，接线不得超过 2 根。

（4）线缆应留有不小于 200 mm 的余量。

（5）导线应绑扎成束。

（6）线缆穿管、槽盒后，应将管口、槽口封堵。

6.3 消防系统设备调试

6.3.1 一般规定和调试准备

（1）系统调试应包括系统部件功能调试和分系统的联动控制功能调试，并应符合下列规定：

① 应对系统部件的主要功能、性能进行全数检查，系统设备的主要功能、性能应符合现行国家标准的规定。

② 应逐一对每个报警区域、防护区域或防烟区域设置的消防系统进行联动控制功能检查，系统的联动控制功能应符合设计文件和现行国家标准《火灾自动报警系统设计规范》（GB 50116—2013）的规定。

③ 不符合规定的项目应进行整改，并应重新进行调试。

（2）火灾报警控制器、可燃气体报警控制器、电气火灾监控设备、消防设备电源监控器等控制类设备的报警和显示功能，应符合下列规定：

① 火灾探测器、可燃气体探测器、电气火灾监控探测器等探测器发出报警信号或处于故障状态时，控制类设备应发出声光报警信号，记录报警时间。

② 控制器应显示发出报警信号部件或故障部件的类型和地址注释信息。

（3）消防联动控制器的联动启动和显示功能应符合下列规定：

① 消防联动控制器接收到满足联动触发条件的报警信号后，应在 3 s 内发出控制

相应受控设备动作的启动信号，点亮启动指示灯，记录启动时间。

② 消防联动控制器应接收并显示受控部件的动作反馈信息、显示部件的类型和地址注释信息。

（4）消防控制室图形显示装置的消防设备运行状态显示功能应符合下列规定：

① 消防控制室图形显示装置应接收并显示火灾报警控制器发送的火灾报警信息、故障信息、隔离信息、屏蔽信息和监管信息。

② 消防控制室图形显示装置应接收并显示消防联动控制器发送的联动控制信息、受控设备的动作反馈信息。

③ 消防控制室图形显示装置显示的信息应与控制器的显示信息一致。

（5）气体灭火系统、防火卷帘系统、防火门监控系统、自动喷水灭火系统、消火栓系统、防烟与排烟系统、消防应急照明及疏散指示系统、电梯与非消防电源等相关系统的联动控制调试，应在各分系统功能调试合格后进行。

（6）系统设备功能调试、系统的联动控制功能调试结束后，应恢复系统设备之间、系统设备和受控设备之间的正常连接，并应使系统设备、受控设备恢复正常工作状态。

（7）系统调试前，应按设计文件的规定对设备的规格、型号、数量、备品备件等进行查验，并应对系统的线路进行检查。

（8）系统调试前，应对系统部件进行地址设置及地址注释，并应符合下列规定：

① 应对现场部件进行地址编码设置，一个独立的识别地址只能对应一个现场部件。

② 与模块连接的火灾警报器、水流指示器、压力开关、报警阀、排烟口、排烟阀等现场部件的地址编号应与连接模块的地址编号一致。

③ 控制器、监控器、消防电话总机及消防应急广播控制装置等控制类设备应对配接的现场部件进行地址注册，并应按现场部件的地址编号及具体设置部位录入部件的地址注释信息。

④ 填写系统部件设置情况记录。

（9）系统调试前，应对控制类设备进行联动编程，对控制类设备手动控制单元控制按钮或按键进行编码设置，并应符合下列规定：

① 应按照系统联动控制逻辑设计文件的规定进行控制类设备的联动编程，并录入控制类设备中。

② 对于预设联动编程的控制类设备，应核查控制逻辑和控制时序是否符合系统联动控制逻辑设计文件的规定。

③ 应按照系统联动控制逻辑设计文件的规定，进行消防联动控制器手动控制单元控制按钮、按键的编码设置。

④ 应填写控制类设备联动编程、手动控制单元编码设置记录。

（10）系统调试前，应对系统中的控制与显示类设备分别进行单机通电检查。

6.3.2　火灾报警控制器及其现场部件调试

（1）火灾报警控制器调试应切断火灾报警控制器的所有外部控制连线，并将任意一个总线回路的火灾探测器、手动火灾报警按钮等部件相连接后接通电源，使控制器处于正常监视状态。

（2）火灾报警控制器调试应对火灾报警控制器下列主要功能进行检查并记录。控制器的功能应符合现行国家标准《火灾报警控制器》（GB 4717—2005）的规定：

① 自检功能。

② 操作级别。

③ 屏蔽功能。

④ 主、备电源的自动转换功能。

⑤ 故障报警功能：

备用电源连线故障报警功能；

配接部件连线故障报警功能。

⑥ 短路隔离保护功能。

⑦ 火警优先功能。

⑧ 消音功能。

⑨ 二次报警功能。

⑩ 负载功能。

⑪ 复位功能。

（3）火灾报警控制器应依次与其他回路相连接，使控制器处于正常监视状态，在备电工作状态下。应对火灾报警控制器进行功能检查并记录，控制器的功能应符合现行国家标准《火灾报警控制器》（GB 4717—2005）的规定。

（4）应对探测器的离线故障报警功能进行检查并记录。探测器的离线故障报警功能应符合下列规定：

① 探测器由火灾报警控制器供电的，应使探测器处于离线状态；探测器不由火灾报警控制器供电的，应使探测器电源线和通信线分别处于断开状态。

② 火灾报警控制器的故障报警和信息显示功能应符合的规定。

（5）应对点型感烟、点型感温、点型一氧化碳火灾探测器的火灾报警功能、复位功能进行检查并记录。探测器的火灾报警功能、复位功能应符合下列规定：

① 对可恢复探测器，应采用专用的检测仪器或模拟火灾的方法，使探测器监测区域的烟雾浓度、温度、气体浓度达到探测器的报警设定阈值；对不可恢复的探测器，应采取模拟报警方法使探测器处于火灾报警状态，当有备品时，可抽样检查其报警功能；探测器的火警确认灯应点亮并保持。

② 火灾报警控制器火灾报警和信息显示功能应符合规定。

③ 应使可恢复探测器监测区域的环境恢复正常，使不可恢复探测器恢复正常。手动操作控制器的复位键后，控制器应处于正常监视状态，探测器的火警确认灯应熄灭。

（6）应对线型光束感烟火灾探测器的火灾报警功能、复位功能进行检查并记录。探测器的火灾报警功能、复位功能应符合下列规定：

① 应调整探测器的光路调节装置，使探测器处于正常监视状态。

② 应采用减光率为 0.9 dB 的减光片或等效设备遮挡光路，探测器不应发出火灾

报警信号。

③ 应采用产品生产企业设定的减光率为 1.0～10.0 dB 的减光片或等效设备遮挡光路，探测器的火警确认灯应点亮并保持，火灾报警控制器的火灾报警和信息显示动能应符合规定。

④ 应采用减光率为 11.5 dB 的减光片或等效设备遮挡光路，探测器的火警或故障确认灯应点亮，火灾报警控制器的火灾报警、故障报警和信息显示功能应符合规定。

⑤ 选择反射式探测器时，应在探测器正前方 0.5 m 处对探测器的火灾报警功能进行检查。

⑥ 应撤除减光片或等效设备，手动操作控制器的复位键后，控制器应处于正常监视状态，探测器的火警确认灯应熄灭。

（7）火灾探测器调试应对线型感温火灾探测器的敏感部件故障功能进行检查并记录。探测器的敏感部件故障功能应符合下列规定：

① 应使线型感温火灾探测器的信号处理单元和敏感部件间处于断路状态，探测器信号处理单元的故障指示灯应点亮。

② 火灾报警控制器的故障报警和信息显示功能应符合规定。

（8）应对线型感温火灾探测器的火灾报警功能、复位功能进行检查并记录。探测器的火灾报警功能、复位功能应符合下列规定：

① 对可恢复探测器，应采用专用的检测仪器或模拟火灾的方法，使任一段长度为标准报警长度的敏感部件周围温度达到探测器报警设定阈值；对不可恢复的探测器，应采取模拟报警方法使探测器处于火灾报警状态，当有备品时，可抽样检查其报警功能；探测器的火警确认灯应点亮并保持。

② 火灾报警控制器的火灾报警和信息显示功能应符合规定。

③ 应使可恢复探测器敏感部件周围的温度恢复正常，使不可恢复探测器恢复正常监视状态。手动操作控制器的复位键后，控制器应处于正常监视状态，探测器的火警确认灯应熄灭。

（9）应对标准报警长度小于 1 m 的线型感温火灾探测器的小尺寸高温报警响应功能进行检查并记录。探测器的小尺寸高温报警响应功能应符合下列规定：

① 应在探测器末端采用专用的检测仪器或模拟火灾的方法，使任一段长度为 100 mm的敏感部件周围温度达到探测器小尺寸高温报警设定阈值，探测器的火警确认灯应点亮并保持。

② 火灾报警控制器的火灾报警和信息显示功能应符合规定。

③ 应使探测器监测区域的环境恢复正常，剪除试验段敏感部件，恢复探测器的正常连接。手动操作控制器的复位键后，控制器应处于正常监视状态，探测器的火警确认灯应熄灭。

（10）应对管路采样式吸气感烟火灾探测器的采样管路气流故障报警功能进行检查并记录。探测器的采样管路气流故障报警功能应符合下列规定：

① 应根据产品说明书改变探测器的采样管路气流，使探测器处于故障状态，探测器或其控制装置的故障指示灯应点亮。

② 火灾报警控制器的故障报警和信息显示功能应符合规定。

③ 应恢复探测器的正常采样管路气流，使探测器和控制器处于正常监视状态。

（11）应对管路采样式吸气感烟火灾探测器的火灾报警功能、复位功能进行检查并记录。探测器的火灾报警功能、复位功能应符合下列规定：

① 应在采样管最末端采样孔加入试验烟，使监测区域的烟雾浓度达到探测器报警设定阈值，探测器或其控制装置的火警确认灯应在 120 s 内点亮并保持。

② 火灾报警控制器的火灾报警和信息显示功能应符合规定。

③ 应使探测器监测区域的环境恢复正常，手动操作控制器的复位键后，控制器应处于正常监视状态，探测器或其控制装置的火警确认灯应熄灭。

（12）应对点型火焰探测器和图像型火灾探测器的火灾报警功能、复位功能进行检查并记录。探测器的火灾报警功能、复位功能应符合下列规定：

① 在探测器监视区域内最不利处应采用专用检测仪器或模拟火灾的方法，向探测器释放试验光波，探测器的火警确认灯应在 30 s 点亮并保持。

② 火灾报警控制器的火灾报警和信息显示功能应规定。

③ 应使探测器监测区域的环境恢复正常，手动操作控制器的复位键后，控制器应处于正常监视状态，探测器的火警确认灯应熄灭。

（13）对手动火灾报警按钮的离线故障报警功能进行检查并记录。手动火灾报警按钮的离线故障报警功能应符合下列规定：

① 应使手动火灾报警按钮处于离线状态。

② 火灾报警控制器的故障报警和信息显示功能应符合规定。

（14）应对手动火灾报警按钮的火灾报警功能进行检查并记录。报警按钮的火灾报警功能应符合下列规定：

① 使报警按钮动作后，报警按钮的火警确认灯应点亮并保持。

② 火灾报警控制器的火灾报警和信息显示功能应符合规定。

③ 应使报警按钮恢复正常，手动操作控制器的复位键后，控制器应处于正常监视状态，报警按钮的火警确认灯应熄灭。

（15）应对火灾显示盘下列主要功能进行检查并记录。火灾显示盘的功能应符合现行国家标准《火灾显示盘》（GB 17429—2011）的规定：

① 接收和显示火灾报警信号的功能。

② 消音功能。

③ 复位功能。

④ 操作级别。

⑤ 非火灾报警控制器供电的火灾显示盘，主、备电源的自动转换功能。

（16）应对火灾显示盘的电源故障报警功能进行检查并记录。火灾显示盘的电源故障报警功能应符合下列规定：

① 应使火灾显示盘的主电源处于故障状态。

② 火灾报警控制器的故障报警和信息显示功能应符合规定。

6.3.3 消防联动控制器及其现场部件调试

（1）消防联动控制器调试时，应在接通电源前按以下顺序做好准备工作：

① 应将消防联动控制器与火灾报警控制器连接。

② 应将任一备调回路的输入/输出模块与消防联动控制器连接。

③ 应将备调回路的模块与其控制的受控设备连接。

④ 应切断各受控现场设备的控制连线。

⑤ 应接通电源，使消防联动控制器处于正常监视状态。

（2）应对消防联动控制器下列主要功能进行检查并记录。控制器的功能应符合现行国家标准《消防联动控制系统》（GB 16806—2006）的规定：

① 自检功能。

② 操作级别。

③ 屏蔽功能。

④ 主、备电源的自动转换功能。

⑤ 故障报警功能：

备用电源连线故障报警功能；

配接部件连线故障报警功能。

⑥ 总线隔离器的隔离保护功能。

⑦ 消音功能。

⑧ 控制器的负载功能。

⑨ 复位功能。

⑩ 控制器自动和手动工作状态转换显示功能。

（3）应依次将其他备调回路的输入/输出模块与消防联动控制器连接、模块与受控设备连接，切断所有受控现场设备的控制连线，使控制器处于正常监视状态。在备电工作状态下，对控制器进行功能检查并记录，控制器的功能应符合现行国家标准《消防联动控制系统》（GB 16806—2006）的规定。

（4）火灾报警控制器（联动型）的调试应符合规定。

（5）应对模块的离线故障报警功能进行检查并记录。模块的离线故障报警功能应符合下列规定：

① 应使模块与消防联动控制器的通信总线处于离线状态，消防联动控制器应发出故障声光信号。

② 消防联动控制器应显示故障部件的类型和地址注释信息，且控制器显示的地址注释信息应符合规定。

（6）应对模块的连接部件断线故障报警功能进行检查并记录。模块的连接部件断线故障报警功能应符合下列规定：

① 应使模块与连接部件之间的连接线断路，消防联动控制器应发出故障声光信号。

② 消防联动控制器应显示故障部件的类型和地址注释信息，且控制器显示的地址注释信息应符合规定。

（7）应对输入模块的信号接收及反馈功能、复位功能进行检查并记录。输入模块的信号接收及反馈功能、复位功能应符合下列规定：

① 应核查输入模块和连接设备的接口是否兼容。

② 应给输入模块提供模拟的输入信号，输入模块应在 3 s 内动作并点亮动作指示灯。

③ 消防联动控制器应接收并显示模块的动作反馈信息，显示设备的名称和地址注释信息，且控制器显示的地址注释信息应符合《消防联动控制系统》（GB 16806—2006）第 4.2.2 条的规定。

④ 应撤除模拟输入信号，手动操作控制器的复位键后，控制器应处于正常监视状态，输入模块的动作指示灯应熄灭。

（8）应对输出模块的启动、停止功能进行检查并记录。输出模块的启动、停止功能应符合下列规定：

① 应核查输出模块和受控设备的接口是否兼容。

② 应操作消防联动控制器向输出模块发出启动控制信号，输出模块应在 3 s 内动作并点亮动作指示灯。

③ 消防联动控制器应有启动光指示，显示启动设备的名称和地址注释信息，且控制器显示的地址注释信息应符合规定。

④ 应操作消防联动控制器向输出模块发出停止控制信号，输出模块应在 3 s 内动作并熄灭动作指示灯。

6.3.4 自动喷水灭火系统调试

（1）应使消防泵控制箱、柜与消防泵相连接，接通电源，使消防泵控制箱、柜处于正常监视状态。应对消防泵控制箱、柜的下列主要功能进行检查并记录，消防泵控制箱、柜的功能应符合现行国家标准《消防联动控制系统》（GB 16806—2006）的规定：

① 操作级别。

② 自动、手动工作状态转换功能。

③ 手动控制功能。

④ 自动启泵功能。

⑤ 主、备泵自动切换功能。

⑥ 手动控制插入优先功能。

（2）应对水流指示器、压力开关、信号阀的动作信号反馈功能进行检查并记录。水流指示器、压力开关、信号阀的动作信号反馈功能应符合下列规定：

① 应使水流指示器、压力开关、信号阀动作。

② 消防联动控制器应接收并显示设备的动作反馈信号，显示设备的名称和地址注释信息，且控制器显示的地址注释信息应符合《消防联动控制系统》（GB 16806—2006）第 4.2.2 条的规定。

（3）应对消防水箱、池液位探测器的低液位报警功能进行检查并记录。液位探测器的低液位报警功能应符合下列规定：

① 应调整消防水箱、池液位探测器的水位信号，模拟设计文件规定的水位，液位探测器应动作。

② 消防联动控制器应接收并显示设备的动作信号，显示设备的名称和地址注释

信息，且控制器显示的地址注释信息应符合《消防联动控制系统》（GB 16806—2006）第 4. 2. 2 条的规定。

（4）应使消防联动控制器与消防泵控制箱、柜等设备相连接，接通电源，使消防联动控制器处于自动控制工作状态。

（5）应根据系统联动控制逻辑设计文件的规定，对湿式、干式喷水灭火系统的联动控制功能进行检查并记录。湿式、干式喷水灭火系统的联动控制功能应符合下列规定：

① 应使报警阀防护区域内符合联动控制触发条件的一只火灾探测器或一只手动火灾报警按钮发出火报警信号、使报警阀的压力开关动作。

② 消防联动控制器应发出控制消防水泵启动的启动信号，点亮启动指示灯。

③ 消防泵控制箱、柜应控制启动消防泵。

④ 消防联动控制器应接收并显示干管水流指示器的动作反馈信号，显示设备的名称和地址注释信息。

⑤ 消防控制器图形显示装置应显示火灾报警控制器的火灾报警信号、消防联动控制器的启动信号、受控设备的动作反馈信号，且显示的信息应与控制器的显示信息一致。

（6）应根据系统联动控制逻辑设计文件的规定，在消防控制室对消防泵的直接手动控制功能进行检查并记录。消防泵的直接手动控制功能应符合下列规定：

① 应手动操作消防联动控制器直接手动控制单元的消防泵启动控制按钮、按键，对应的消防泵控制箱、柜应控制消防泵启动。

② 应手动操作消防联动控制器直接手动控制单元的消防泵停止控制按钮、按键，对应的消防泵控制箱、柜应控制消防泵停止运转。

③ 消防控制室图形显示装置应显示消防联动控制器的直接手动启动、停止控制信号。

6. 3. 5　消火栓系统调试

（1）系统联动部件调试应对消防泵控制箱柜、水流指示器、压力开关、信号阀、消防水箱、池液位探测器的主要功能和性能进行检查并记录。

（2）应对消火栓按钮的离线故障报警功能进行检查并记录。消火栓按钮的离线故障报警功能应符合下列规定：

① 使消火栓按钮处于离线状态，消防联动控制器应发出故障声光信号。

② 消防联动控制器的报警信息显示功能应符合规定。

（3）对消火栓按钮的启动、反馈功能进行检查并记录。消火栓按钮的启动、反馈功能应符合下列规定：

① 使消火栓按钮动作，消火栓按钮启动确认灯应点亮并保持，消防联动控制器应发出声光报警信号，记录启动时间。

② 消防联动控制器应显示启动设备名称和地址注释信息，且控制器显示的地址注释信息应符合《消防联动控制系统》（GB 16806—2006）第 4. 2. 2 条的规定。

③ 消防泵启动后，消火栓按钮回答确认灯应点亮并保持。

（4）消火栓系统控制调试应使消防联动控制器与消防泵控制箱、柜等设备相连接，接通电源，使消防联动控制器处于自动控制工作状态。

（5）应根据系统联动控制逻辑设计文件的规定，对消火栓系统的联动控制功能进行检查并记录。消火栓系统的联动控制功能应符合下列规定：

① 应使任一报警区域的两只火灾探测器，或者一只火灾探测器和一只手动火灾报警按钮发出火灾报警信号，同时使消火栓按钮动作。

② 消防联动控制器应发出控制消防泵启动的启动信号，点亮启动指示灯。

③ 消防泵控制箱、柜应控制消防泵启动。

④ 消防联动控制器应接收并显示干管水流指示器的动作反馈信号，显示设备的名称和地址注释信息。

⑤ 消防控制器图形显示装置应显示火灾报警控制器的火灾报警信号、消火栓按钮的启动信号、消防联动控制器的启动信号、受控设备的动作反馈信号，且显示的信息应与控制器的显示一致。

（6）应根据系统联动控制逻辑设计文件的规定，在消防控制室对消防泵的直接手动控制功能进行检查并记录。

6.3.6 防排烟系统调试

（1）应使风机控制箱、柜与加压送风机或排烟风机相连接，接通电源，使风机控制箱、柜处于正常监视状态。对风机控制箱、柜的下列主要功能进行检查并记录，风机控制箱、柜的功能应符合现行国家标准《消防联动控制系统》（GB 16806—2006）的规定：

① 操作级别。

② 自动、手动工作状态转换功能。

③ 手动控制功能。

④ 自动启动功能。

⑤ 手动控制插入优先功能。

（2）应对电动送风口、电动挡烟垂壁、排烟口、排烟阀、排烟窗、电动防火阀的动作功能、动作信号反馈功能进行检查并记录。设备的动作功能、动作信号反馈功能应符合下列规定：

① 手动操作消防联动控制器总线控制单元电动送风口、电动挡烟垂壁、排烟口、排烟阀、排烟窗、电动防火阀的控制按钮、按键，对应的受控设备应灵活启动。

② 消防联动控制器应接收并显示受控设备的动作反馈信号，显示动作设备的名称和地址注释信息。

（3）应对排烟风机入口处的总管上设置的 280 ℃ 排烟防火阀的动作信号反馈功能进行检查并记录。排烟防火阀的动作信号反馈功能应符合下列规定：

① 排烟风机处于运行状态时，使排烟防火阀关闭，风机应停止运转。

② 消防联动控制器应接收排烟防火阀关闭、风机停止的动作反馈信号，显示动作设备的名称和地址注释信息，且控制器显示的地址注释信息应符合《消防联动控制系统》（GB 16806—2006）第 4.2.2 条规定。

（4）加压送风系统控制调试应使消防联动控制器与风机控制箱（柜）等设备相连接，接通电源，使消防联动控制器处于自动控制工作状态。

（5）应根据系统联动控制逻辑设计文件的规定，对加压送风系统的联动控制功能进行检查并记录。加压送风系统的联动控制功能应符合下列规定：

① 应使报警区域内符合联动控制触发条件的两只火灾探测器，或者一只火灾探测器和一只手动火灾报警按钮发出火灾报警信号。

② 消防联动控制器应按设计文件的规定发出控制电动送风口开启、加压送风机启动的启动信号，点亮启动指示灯。

③ 相应的电动送风口应开启，风机控制箱、柜应控制加压送风机启动。

④ 消防联动控制器应接收并显示电动送风口、加压送风机的动作反馈信号，显示设备的名称和地址注释信息。

⑤ 消防控制器图形显示装置应显示火灾报警控制器的火灾报警信号、消防联动控制器的启动信号、受控设备的动作反馈信号，且显示的信息应与控制器的显示一致。

（6）应根据系统联动控制逻辑设计文件的规定，在消防控制室对加压送风机的直接手动控制功能进行检查并记录。加压送风机的直接手动控制功能应符合下列规定：

① 手动操作消防联动控制器直接手动控制单元的加压送风机开启控制按钮、按键，对应的风机控制箱、柜应控制加压送风机启动。

② 手动操作消防联动控制器直接手动控制单元的加压送风机停止控制按钮、按键，对应的风机控制箱、柜应控制加压送风机停止运转。

③ 消防控制室图形显示装置应显示消防联动控制器的直接手动启动、停止控制信号。

（7）电动挡烟垂壁、排烟系统控制调试应使消防联动控制器与风机控制箱、柜等设备相连接，接通电源，使消防联动控制器处于自动控制工作状态。

（8）应根据系统联动控制逻辑设计文件的规定，对电动挡烟垂壁、排烟系统的联动控制功能进行检查并记录。电动挡烟垂壁、排烟系统的联动控制功能应符合下列规定：

① 应使防烟分区内符合联动控制触发条件的两只感烟火灾探测器发出火灾报警信号。

② 消防联动控制器应按设计文件的规定发出控制电动挡烟垂壁下降，控制排烟口、排烟阀、排烟窗开启，控制空气调节系统的电动防火阀关闭的启动信号，点亮启动指示灯。

③ 电动挡烟垂壁、排烟口、排烟阀、排烟窗、空气调节系统的电动防火阀应动作。

④ 消防联动控制器应接收并显示电动挡烟垂壁、排烟口、排烟阀、排烟窗、空气调节系统电动防火阀的动作反馈信号，显示设备的名称和地址注释信息，且控制器显示的地址注释信息应符合《消防联动控制系统》（GB 16806—2006）第 4.2.2 条的规定。

⑤ 消防联动控制器接收到排烟口、排烟阀的动作反馈信号后，应发出控制排烟风机启动的启动信号。

⑥ 风机控制箱、柜应控制排烟风机启动。

⑦ 消防联动控制器应接收并显示排烟分机启动的动作反馈信号，显示设备的名称和地址注释信息，且控制器显示的地址注释信息应符合《消防联动控制系统》（GB 16806—2006）第 4. 2. 2 条的规定。

⑧ 消防控制器图形显示装置应显示火灾报警控制器的火灾报警信号、消防联动控制器的启动信号、受控设备的动作反馈信号，且显示的信息应与控制器的显示一致。

（9）应根据系统联动控制逻辑设计文件的规定，在消防控制室对排烟风机的直接手动控制功能进行检查并记录，排烟风机的直接手动控制功能应符合下列规定：

① 手动操作消防联动控制器直接手动控制单元的排烟风机开启控制按钮、按键，对应的风机控制箱、柜应控制排烟风机启动。

② 手动操作消防联动控制器直接手动控制单元的排烟风机停止控制按钮、按键，对应的风机控制箱、柜应控制排烟风机停止运转。

③ 消防控制室图形显示装置应显示消防联动控制器的直接手动启动、停止控制信号。

6. 3. 7　消防应急照明和疏散指示系统控制调试

（1）集中控制型消防应急照明和疏散指示系统控制调试应使消防联动控制器与应急照明控制器等设备相连接，接通电源，使消防联动控制器处于自动控制工作状态。应根据系统设计文件的规定，对消防应急照明和疏散指示系统的控制功能进行检查并记录，系统的控制功能应符合下列规定：

① 应使报警区域内任意两只火灾探测器，或者一只火灾探测器和一只手动火灾报警按钮发出火灾报警信号。

② 火灾报警控制器的火警控制输出触点应动作，或者消防联动控制器应发出相应联动控制信号，点亮启动指示灯。

③ 应急照明控制器应按预设逻辑控制配接的消防应急灯具光源的应急点亮、系统蓄电池电源的转换。

④ 消防联动控制器应接收并显示应急照明控制器应急启动的动作反馈信号，显示设备的名称和地址注释信息，且控制器显示的地址注释信息应符合《消防联动控制系统》（GB 16806—2006）第 4. 2. 2 条的规定。

⑤ 消防控制器图形显示装置应显示火灾报警控制器的火灾报警信号、消防联动控制器的启动信号、受控设备的动作反馈信号，且显示的信息应与控制器的显示一致。

（2）非集中控制型消防应急照明和疏散指示系统控制调试应使火灾报警控制器与应急照明集中电源、应急照明配电箱等设备相连接，接通电源。应根据设计文件的规定，对消防应急照明和疏散指示系统的应急启动控制功能进行检查并记录，系统的应急启动控制功能符合下列规定：

① 应使报警区域内任意两只火灾探测器，或者一只火灾探测器和一只手动火灾报警按钮发出火灾报警信号。

② 火灾报警控制器的火警控制输出触点应动作，控制系统蓄电池电源的转换、消防应急灯具光源的应急点亮。

6.3.8　火灾警报、消防应急广播系统调试

（1）应对火灾声警报器的火灾声警报功能进行检查并记录，警报器的火灾声警报功能应符合下列规定：

① 应操作控制器使火灾声警报器启动。

② 在警报器生产企业声称的最大设置间距、距地面1.5～1.6 m处，声警报的A计权声压级应大于60 dB，环境噪声大于60 dB时，声警报的A计权声压级应高于背景噪声15 dB。

③ 带有语音提示功能的声警报应能清晰播报语音信息。

（2）应对火灾光警报器的火灾光警报功能进行检查并记录，警报器的火灾光警报功能应符合下列规定：

① 应操作控制器使火灾光警报器启动。

② 在正常环境光线下，警报器的光信号在警报器生产企业声称的最大设置间距处应清晰可见。

（3）应对火灾声光警报器的火灾声警报、光警报功能分别进行检查并记录，警报器的火灾声警报、光警报功能应分别符合《消防联动控制系统》（GB 16806—2006）第4.12.1条和第4.12.2条的规定。

（4）应将各广播回路的扬声器与消防应急广播控制设备相连接，接通电源，使广播控制设备处于正常工作状态，对广播控制设备的下列主要功能进行检查并记录，广播控制设备的功能应符合现行国家标准《消防联动控制系统》（GB 16806—2006）的规定：

① 自检功能。

② 主、备电源的自动转换功能。

③ 故障报警功能。

④ 消音功能。

⑤ 应急广播启动功能。

⑥ 现场语言播报功能。

⑦ 应急广播停止功能。

（5）应对扬声器的广播功能进行检查并记录，扬声器的广播功能应符合下列规定：

① 应操作消防应急广播控制设备使扬声器播放应急广播信息。

② 语音信息应清晰。

③ 在扬声器生产企业声称的最大设置间距、距地面1.5～1.6 m处，应急广播的A计权声压级应大于60 dB，环境噪声大于60 dB时，应急广播的A计权声压级应高于背景噪声15 dB。

（6）应将广播控制设备与消防联动控制器相连接，使消防联动控制器处于自动状态，根据系统联动控制逻辑设计文件的规定，对火灾警报和消防应急广播系统的联动控制功能进行检查并记录。火灾警报和消防应急广播系统的联动控制功能应符合下列规定：

① 应使报警区域内符合联动控制触发条件的两只火灾探测器，或者一只火灾探测器和一只手动火灾报警按钮发出火灾报警信号。

② 消防联动控制器应发出火灾警报装置和应急广播控制装置动作的启动信号，点亮启动指示灯。

③ 消防应急广播系统与普通广播或背景音乐广播系统合用时，消防应急广播控制装置应停止正常广播。

④ 报警区域内所有的火灾声光警报器和扬声器应按下列规定交替工作：

报警区域内所有的火灾声光警报器应同时启动，持续工作 8～20 s 后，所有的火灾声光警报器应同时停止警报。

警报停止后，所有的扬声器应同时进行 1～2 次消防应急广播，每次广播 10～30 s后，所有的扬声器应停止播放广播信息。

⑤ 消防控制器图形显示装置应显示火灾报警控制器的火灾报警信号、消防联动控制器的启动信号，且显示的信息应与控制器的显示一致。

（7）联动控制控制功能检查过程应在报警区域内所有的火灾声光警报器或扬声器持续工作时，对系统的手动插入操作优先功能进行检查并记录。系统的手动插入操作优先功能应符合下列规定：

① 应手动操作消防联动控制器总线控制盘上火灾警报或消防应急广播停止控制按钮、按键，报警区域内所有的火灾声光警报器或扬声器应停止正在进行的警报或应急广播。

② 应手动操作消防联动控制器总线控制盘上火灾警报或消防应急广播启动控制按钮、按键，报警区域内所有的火灾声光警报器或扬声器应恢复警报或应急广播。

6.4 消防系统检测验收与维护保养

6.4.1 火灾自动报警系统装置的检测验收

火灾自动报警系统装置包括各种火灾探测器、手动报警按钮、区域报警控制器、集中报警控制器等。

1. 火灾探测器的检测验收(包括手动报警按钮)

（1）探测器是否按照《火灾自动报警系统施工及验收规范》进行安装。

（2）应按要求进行模拟火灾响应试验和故障报警抽验。

（3）探测器应能输出火警信号，且报警控制器所显示的位置应与该探测器安装位置相同。

2. 报警(联动)控制器的检测验收

报警（联动）控制器应能够直接或间接地接收来自火灾探测器及其他火灾报警触发器件的火灾报警信号并发出声光报警信号，指示火灾发生的部位并予以保持；火灾报警信号在火灾报警控制复位之前应不能手动消除，声报警信号应能手动消除，但再次有火灾报警信号输入时，应能再次启动。此外，还需对表6-1中所列功能进行检测验收。

表6-1　报警（联动）控制器各项功能的检测验收

序号	功能名称	要求
1	故障报警功能	火灾报警控制器内部、火灾报警控制器与火灾探测器、火灾报警控制器与起传输火灾报警信号作用的部件间发生故障时，应能在100 s内发出与火灾报警信号有明显区别的声光故障信号
2	火灾优先功能	当火警与故障报警同时发生时，火警应优先于故障报警。当火警被清除后又自动恢复报原有故障
3	报警记忆功能	火灾报警控制器应有显示或记录火灾报警时间的计时装置，其记录误差不超过30 s；仅使用打印机记录火灾报警时间时，应打印出月、日、分等信息
4	消音、复位功能	通过消音键消音，通过复位键整机复位
5	火灾报警自检功能	火灾报警控制器应能对其面板上的所有指示灯、显示器进行功能检查
6	电源的欠压和过压报警功能	火灾报警控制器应能在不足或超过额定电压（220 V）的10%～15%范围内可靠报警，其输出直流电压的电压稳定度（在最大负载下）和负载稳定度应不大于5%，当出现欠压和过压时均应报警
7	电源自动转换和备用电源的自动充电功能	当主电源断电时能自动转换到备用电源；当主电源恢复时，能自动转换到主电源上；主、备电源均应有过电流保护措施
8	发出动作信号功能	消防联动控制设备在接收火灾信号后应在3 s内发出联动动作信号，特殊情况需要延时时，最大延时时间不应超过10 min

6.4.2　灭火系统控制装置的检测验收

灭火系统控制装置包括消火栓、自动喷水、卤代烷、二氧化碳、干粉、泡沫等固定灭火系统的系统控制，其检测验收要求见表6-2。

表 6-2　灭火系统控制装置的检测

序号	灭火系统	检测验收要求
1	消火栓	（1）出水压力符合现行国家有关建筑设计规范的要求。 （2）工作泵、备用泵转换运行。 （3）消防控制室内操作启、停泵。 （4）消火栓手动报警按钮应在按下后启动消防泵，按钮本身有可见光显示表明已经启动，消防控制室应能显示按下的消火栓报警按钮的位置。 （5）消火栓安装质量检测主要是：箱体安装应牢固，暗装消火栓箱的四周、背面与墙体之间不应有空隙，栓口的出口方向应向下或与设置消火栓的墙面相垂直，栓口中心距地面高度宜为 1.1 m
2	自动喷水灭火系统	（1）应符合《自动喷水灭火系统施工及验收规范》（GB 50261—2005）要求。 （2）工作泵、备用泵转换运行。 （3）消防控制室内操作启、停泵。 （4）水流指示器、闸阀关闭器及电动阀动作，消防控制中心有信号显示

6.4.3　电动防火门、防火卷帘门控制装置的检测验收

1. 电动防火门

（1）检查防火门的开启方向。安装在疏散通道上的防火门应向疏散方向开启，并且关闭后应能从任何一侧手动开启；安装在疏散通道上的防火门必须有自动关闭的功能。

（2）关闭有关部位的防火门并接收其反馈信号。

2. 防火卷帘

（1）电动防火卷帘门应在两侧（入口无法操作的除外）分别设置手动按钮，控制电动防火卷帘的升、降、停，并应在防火卷帘门下降关闭后能提升该防火卷帘门，且该防火卷帘门提升到位后能自动恢复原关闭状态。

（2）消防控制室应有强制电动防火卷帘门下降功能（应急操作装置）并显示其状态。

6.4.4　通风空调、防排烟及电动防火阀等控制装置的检测验收

（1）火灾报警后，消防控制设备应启动有关部位的防烟、排烟风机（包括正压送风机）及排烟阀，并接收其反馈信号。

（2）加压送风口安装应牢固可靠，手动及控制室开启送风口正常，手动复位正常。

（3）排烟防火阀平时处于开启状态，手动、电动关闭时动作正常，并应向消防控制室发出排烟防火阀关闭的信号，手动能复位。

6.4.5　火灾事故广播、消防通信、消防电源、消防电梯和消防控制室的检测验收

火灾事故广播、消防通信、消防电源、消防电梯和消防控制室的检测验收要求见表6-3。

表 6-3　火灾事故广播、消防通信、消防电源、消防电梯和消防控制室的检测验收

序号	设备名称	检测验收要求
1	火灾事故广播	（1）在消防控制室选层广播。 （2）公用的扬声器强行切换试验。 （3）备用扩音机控制功能试验
2	消防通信	（1）消防控制室与设备间所设的对讲电话进行通话试验。 （2）电话插孔进行通话试验。 （3）消防控制室的外线电话与“119台”进行通话试验
3	消防电源	消防用电设备的两个电源或两回线路，应在最末一级配电箱处自动切换
4	消防电梯	（1）强制消防电梯进行人工控制和自动控制功能检验，其控制功能、信号均正常。 （2）消防电梯从首层进行到顶层的时间应不大于1 min。 （3）消防电梯轿厢内应设消防专用电话
5	消防控制室的控制装置	（1）控制装置应有保护接地且接地标志明显。 （2）控制装置的主电源应为消防电源引入线，应直接与消防电源连接，严禁使用电源插头。 （3）工作接地电阻满足规范要求。 （4）由消防控制室接地引到各消防设备的接地线，应选用铜芯绝缘软线，其线芯截面面积不小于4 mm^2。 （5）报警控制器的安装应符合相关规范。 （6）盘、柜内配线清晰、整齐、绑扎成束、避免交叉、导线线号清晰，导线预留长度不小于20 cm；线号清晰，端子板的每个端子的接线不得超过两根

6.4.6　火灾事故照明及疏散指示控制装置的验收

（1）疏散指示灯的指示方向应与实际疏散方向一致，与天花板的距离小于1.2 m或距地面1 m以下，间距不宜大于20 m，人防工程不宜大于10 m。

（2）疏散指示灯的照度应不小于0.5 lx，地下工程内的事故照明灯的照度为5 lx。

（3）疏散指示灯采用蓄电池作为备用电源时，其应急工作时间应不少于20 min，建筑物高度超过100 m时其应急工作时间不少于30 min。

（4）疏散指示灯的三备电源切换时应不大于5 s。

6.5 消防系统的使用和维护

6.5.1 一般规定

（1）火灾自动报警系统必须经当地消防监督机构检查合格后方可使用，任何单位和个人不得擅自决定使用。

（2）使用单位应有专人负责系统的管理、操作和维护，无关人员不得随意触动。

（3）系统的操作维护人员应经过专门培训，并由经消防监督机构组织考试合格的专门人员担任。值班人员应熟悉掌握本系统的工作原理及操作规程，应清楚地了解本单位报警区域或探测区域的划分和火灾自动报警系统的报警部位号。

（4）系统正式启用时，使用单位必须具备下列文件资料：

① 系统竣工图及设备技术资料和使用说明书。

② 调试开通报告、竣工报告、竣工验收情况表。

③ 操作使用规程。

④ 值班员职责。

⑤ 记录和维护图表。

（5）使用单位应建立系统的技术档案，将上述所列文件资料及其他资料归档保存，其中试验记录表至少应保存 5 年。

（6）火灾自动报警系统应保持连续正常运行，不得随意中断。一旦中断，必须及时通报当地消防监督机构。

（7）为了保证火灾自动报警系统的连续正常运行和可靠性，使用单位应根据本单位的具体情况制定出具体的定期检查试验程序，并依照程序对系统进行定期的检查试验。在任何试验中，都要做好准备和安排，以防发生不应有的损失。

6.5.2 火灾自动报警系统的定期检查和试验

1. 每日检查

使用单位每日检查集中报警控制器和区域报警器控制器的功能是否正常，检查方法如下：有自检、巡检功能的，可通过扳动自检、巡检开关来检查功能是否正常；没有自检、巡检功能的，也可采用给一只探测器加烟（或加温）的方法使探测器报警，检查集中报警控制器或区域报警控制器的功能是否正常。同时检查复位、消声、故障报警的功能是否正常，如发现不正常，应在日登记表中记录并及时处理。

2. 季度试验和检查

使用单位每季度对火灾自动报警系统的功能应进行下列试验和检查：

（1）用专用检测仪分期、分批试验探测器的动作及确认灯显示。

（2）试验声、光显示是否正常，可一次或部分进行试验。

（3）检查水流指示器、压力开关等报警功能，信号显示是否正常。

（4）备用电源进行 1～2 次充放电试验，1～3 次主电源和备用电源自动转换试验，检查其功能是否正常。具体试验方法：切断主电源，看是否自动转换到备用电源供电，备用电源指示灯是否点亮，4 h 后再恢复主电源供电，看是否自动转换，检查备用电源是否正常充电。

（5）有联动控制功能的系统，应用自动或手动检查下列消防控制设备的控制显示功能是否正常。

① 防排烟设备、电动防火门、防火卷帘等的控制设备。

② 室内消火栓、自动喷水灭火系统等的控制设备。

③ 卤代烷、二氧化碳、干粉、泡沫等固定灭火系统的控制设备。

④ 火灾事故广播、火灾事故照明及疏散指示标志灯。

以上试验均应有信号反馈消防控制室，且信号清晰。

（6）强制消防电梯停于首层试验。

（7）消防通信设备应进行消防控制室与所设置的所有对讲电话通话试验。

（8）检查所有手动、自动转换开关。

（9）进行强切非消防电源功能试验。

（10）检查备品备件、专用工具及加烟、加温试验器等是否齐备，是否处于安全无损和适当保护状态。

（11）直观检查所有消防用电设备的动力线、控制线、报警信号传输线、接地线接线盒及设备等是否处于安全无损状态。

（12）巡视检查探测器、手动报警按钮和指示装置的位置是否准确，有无缺漏、脱落和丢失，每个探测器的下方及周围各方向、手动报警按钮的周围是否留有规定的空间。

（13）可燃气体探测器应按生产厂家说明书的要求进行试验和检查。

3. 年度检查试验

使用单位每年对火灾自动报警系统的功能应进行全面检查试验，并填写年检登记表。

4. 清洗

点型感温、感烟探测器投入运行1年后，每隔3年必须由专门的清洗单位全部清洗一遍。清洗后应做响应阈值及其他必要的功能试验，试验不合格的探测器一律报废，严禁重新安装使用。被要求更换检修的探测器应用备用品或新生产的原型号探测器补替。

项目小结

本情境从消防系统的安装、布线与接地入手，叙述了消防系统的调试、验收及维护运行，最后阐述了消防系统的供电选择。

消防系统的安装从探测器的安装入手，讲述了报警附件的安装，包括手动报警按钮、消防专用电话、灭火设备、防火卷帘、消防电梯、非消防电源的安装。

消防系统的布线与接地主要介绍有关要求，以便在实际应用中考虑。

消防系统供电主要介绍了对消防供电的要求及规定，讲述了消防供电系统，并对备用电源的自动投入进行了阐述。

消防系统调试叙述了稳压装置、室内消火栓、自动喷水灭火、防排烟、防火卷帘、火灾报警及联动系统的调试，目的是检验施工质量并为验收打好基础；说明了验收所包含的内容、程序及方法；概括了消防系统的具体使用、维护及保养的内容及其相关注意事项；同时阐述了设备选择技巧及与调试的配合技巧。

本情境的内容可使学习者掌握消防系统的全部调试过程，掌握验收程序及今后运行中的维护保养知识。

复习思考题

1. 手动火灾报警按钮安装在墙上时，其底边距地高度正确的为（　　）m。

A. 0.8　　B. 1.2　　C. 1.4　　D. 1.6

2. 下列探测器安装方法错误的是（　　）。

A. 探测器导线应采用红、蓝导线

B. 探测器的底座应固定牢靠，其导线连接必须可靠压接或焊接

C. 探测器底座的外接导线，应留有不小于 15 cm 的余量，入端处应有明显标志

D. 探测器在底座安装完成后即可安装

3. 关于消火栓报警按钮的安装的说法，错误的是（　　）。

A. 编码型消火栓报警按钮，可直接接入控制器总线，占一个地址编码

B. 墙上安装，底边距地 1.3～1.5 m，距消火栓箱 200 mm 处

C. 应安装牢固并且安装倾斜角不得大于 45°

D. 消火栓报警按钮的外接导线，应留有不小于 15 cm 的余量

4. 下列设备的安装位置错误的是（　　）。

A. 输入模块墙上安装，中心距顶棚 0.5 m

B. 声光报警盒墙上安装，中心距地 2.2 m

C. 总线隔离器一般安装在总线的分支处，直接并联在总线上，吸顶安装

D. 诱导灯（引导灯）安装在各疏散通道上

5. 下列消防系统的布线要求错误的是（　　）。

A. 火灾自动报警系统的传输线路应采用铜芯绝缘导线或铜芯电缆，其电压等级不应低于交流 250 V

B. 火灾探测器的传输线路宜采用不同颜色的绝缘导线

C. 火灾自动报警系统的传输线，当采用绝缘电线时，应采取穿管或封闭式线槽进行保护

D. 不同电压、不同电流类别、不同系统的线路，可以共管或在线槽的同一槽孔内敷设

6. 下列火灾自动报警系统接地要求错误的是（　　）。
A. 当采用专用接地装置时，接地电阻值不大于4 Ω；当采用共用接地装置时，接地电阻值不应大于1 Ω
B. 火灾报警系统应设专用接地干线，由消防控制室引至接地体
C. 消防电子设备凡采用直流供电的，设备金属外壳和金属支架等应作保护接地，接地线应与电气保护接地干线（PE线）相连接
D. 消防控制室接地板引至各消防电子设备的专用接地线应选用铜芯塑料绝缘导线
7. 下列消防广播的安装错误的是（　　）。
A. 用于事故广播扬声器，间距不超过25 m
B. 广播线路单独敷设在金属管内
C. 当背景音乐与事故广播共用的扬声器有音量调节时，应有保证事故广播音量的措施
D. 事故广播应设置备用扩音机（功率放大器），其容量不应小于火灾事故广播扬声器的本层（区）扬声器容量的总和
8. 下列室内消火栓系统的调试步骤错误的是（　　）。
A. 消火栓水灭火系统在水压试验、严密性试验正常后，方可进行消防水泵的调试
B. 先用设备现场控制按钮手动启动消防水泵，运行后观察启动信号灯应指示正常，水泵运行平稳，水压应满足设计及设置要求
C. 将消防泵控制转入自动联动控制状态，分别启动主泵和备用泵，并测试水泵运行反馈信号接线端子是否有反馈信号输出
D. 双电源自动切换装置实施自动切换，测量备用电源相序是否与主电源相序相同。利用备用电源切换时消防泵应在10 min内投入正常运行
9. 喷淋泵调试的步骤应该是（　　）。
A. 手动启停试验→放水启动调试→联动控制的调试→备用电源切换试验
B. 放水启动调试→联动控制的调试→备用电源切换试验→手动启停试验
C. 备用电源切换试验→手动启停试验→放水启动调试→联动控制的调试
D. 手动启停试验→联动控制的调试→放水启动调试→备用电源切换试验
10. 下列防排烟系统的调试，错误的是（　　）。
A. 手动操作及调试排烟阀（口）的动作应灵活，无卡阻现象
B. 采用设备现场控制按钮手动启停防排烟系统的各类风机，操作及运行应正常
C. 在防排烟分区的感烟探测器模拟火灾信号，排烟阀（口）应及时动作，并反馈动作信号
D. 排烟阀动作后应自动启动相关的排烟风机和正压风机，同时自动启动相关范围的空调系统风机及其他送、排风机，反馈其动作信号
11. 下列关于防火卷帘的调试方法，错误的是（　　）。
A. 防火卷帘门安装结束后，首先要进行的是机械部分的调整，设定限位（一步降、二步降的停止位置）位置

B. 手动速放装置的试验通过手动速放装置拉链下放防火卷帘门，帘板下降顺畅，速度均匀，一步停降到底
C. 通过手动拉链拉起防火卷帘门，拉起全程应顺利，停止后防火卷帘门应当靠其自重下降到底
D. 防火卷帘门单侧安装的手动按钮升、停、降防火卷帘门，防火卷帘门应能在任意位置通过停止按钮停止防火卷帘门

12. 消防系统的检测验收内容不包括（　　）。
A. 火灾事故照明及疏散指示
B. 通风空调、防排烟及电动防火阀
C. 电动防火门、防火卷帘控制装置
D. 室内易燃物的摆放位置

13. 系统正式启用时，使用单位必须具备下列文件资料（　　）。
A. 系统竣工图及设备技术资料和使用说明书
B. 调试开通报告、竣工报告、竣工验收情况表
C. 操作使用规程和值班员职责
D. 记录和维护图表

14. 关于验收合格的规定，错误的是（　　）。
A. 火灾自动报警系统必须经当地消防监督机构检查合格后方可使用，任何单位和个人不得擅自决定使用
B. 使用单位应有专人负责系统的管理、操作和维护，无关人员不得随意触动
C. 使用单位应建立系统的技术档案，将所提到的文件资料及其他资料归档保存，其中试验记录表至少应保存 3 年
D. 系统的操作维护人员应由经过专门培训，并经消防监督机构组织考试合格的专门人员担任

15. 为了保证火灾自动报警系统的连续正常运行和可靠性，使用单位应（　　）。
A. 根据本单位的具体情况制定出具体的定期检查试验程序
B. 依照程序对系统进行定期的检查试验
C. 在任何试验中，都要做好准备和安排，以防发生不应有的损失
D. 不能对系统做更改

16. 消防系统的维护保养包括哪些内容？

参考文献

[1] 孙景芝. 电气消防技术 [M]. 北京：中国建筑工业出版社，2014.

[2] 李桂芳. 高层建筑防火细节详解 [M]. 南京：江苏凤凰科学技术出版社，2015.

[3] 谢东. 建筑消防技术与设备 [M]. 北京：中国电力出版社，2011.

[4] 罗晓梅，孟宪章. 消防电气技术 [M]. 2版. 北京：中国电力出版社，2013.

[5] 薛维虎. 火灾自动报警与联动控制系统 [M]. 北京：中国人民公安大学出版社，2013.

[6] 龚延风，张九根，孙文全. 建筑消防技术 [M]. 2版. 北京：科学出版社，2009.

[7] 王学谦. 建筑防火设计手册 [M]. 北京：中国建筑工业出版社，2008.

[8] 谢社初，周友初. 火灾自动报警系统 [M]. 北京：中国建筑工业出版社，2018.

[9] 杨连武. 火灾报警及联动控制系统施工 [M]. 北京：电子工业出版社，2010.